Office Scriptによる Excel on the web 開発入門

掌田津耶乃 著

本書に掲載されているソースコードは、サポートサイト（http://www.rutles.net/download/522/index.html）からダウンロードすることができます。

「ExcelはWebで使う」時代がやってくる！

「すべてをWebに！」

ここ数年のソフトウェア界の流れを一言で表すなら、これでしょう。現在、あらゆるものはローカル環境からWebへとシフトしつつあります。そんな中、未だに「アプリケーションをインストールして使う」ソフトの代表とも言えるのが「Excel」です。ExcelもWeb版がリリースされています。それなのに、なぜ多くの人はアプリケーション版を使い続けるのでしょうか？

その最大の理由は、「Web版は機能が限られているから」でしょう。Web版ではExcelの細々とした機能までをすべて再現できていません。足りない機能もあります。中でも最大のものが、「マクロ」です。Web版Excelにはマクロがなかったのです。

そう。「ない」ではなく、「なかった」のです。時代は変わりました。Web版Excelにも、とうとう「Office Script」というマクロ言語が搭載されたのです。これにより、Excelを自動化することができるようになりました。

Office Scriptは、それまでのマクロとなにが違うのか。基本文法や使い方など多くの違いがありますが、その最大のものは「Web上にある」という点です。このことを見逃してOffice Scriptを論ずることはできません。Webにあるということは、「Web上にある、あらゆるものとつながる可能性を秘めている」ということなのです。

本書ではOffice ScriptのベースとなっているTypeScript（JavaScriptを拡張したものです）の文法から、Excelのセルやグラフ、テーブルなどの操作まで細かく説明をしています。のみならず、Power AutomateというiSaaS（Integration Software As A Service、サービスの統合化）ツールを使い、外部とやり取りする方法まで触れています。

Office Scriptは、それまで閉ざされていた「Excelと外の世界との扉」をこじ開けるものなのです。登場したばかりですからまだまだ未熟ですし、荒削りでしょう。けれど、これは確かに「これから先、Web中心となる時代にExcelが進むべき方向」を示しているのです。

先んずれば人を制す。今こそ、この真新しい道具「Office Script」を誰よりも早く学ぶチャンスです。とにかく一度触ってみましょう。きっとあなたにも見えるはずですよ、「未来のExcel」の姿が。

2021年9月　掌田津耶乃

Contents

Office Script による Excel on the web 開発入門

COLUMN

Chapter 1

Office Scriptの基本

ようこそ、Office Scriptの世界へ!
まずはMicrosoft 365に登録し、
Web版ExcelでOffice Scriptが使えるようにしましょう。
そして実際にワークブックを作成して、マクロを使ってみましょう。

Chapter
1

1.1.
Office Scriptを使おう

ExcelとVBA

仕事でコンピュータを使っている人にとって、「Excelとは何か？」など改めて聞くまでもないでしょう。ExcelといえばMicrosoft Excelのことであり、スプレッドシートの代名詞とも言えるものです。この他にもさまざまなビジネススィートがありますが、Excel以上に広く使われており、多くの人に親しまれているものは他にないでしょう。

なぜ、Excelはここまで広く利用されているのか？　その理由はいろいろと考えられますが、「VBA」が果たした役割も大きかったのではないでしょうか。

VBAとは「Visual Basic for Applications」のことです。マイクロソフトが開発した「Visual Basic」というプログラミング言語をアプリケーション向けに改良したもので、Excelのマクロに使われています。「マクロ」と言うとおまけで付けられている機能のように感じる人もいるかもしれませんが、VBAというれっきとしたプログラミング言語によって動いている、かなり本格的な開発環境だったのです。

このVBAにより、単純な処理の自動化から、本格的なビジネスロジックを駆使したアプリケーションの開発まで、さまざまなマクロが生み出されました。「Excelは、もっとも多くの人が利用するプログラミング言語である」と言ってもいいかもしれません。

VBAの限界

しかし、この「Excel + VBA」という無敵の組み合わせがこの先いつまでも続いていくのでしょうか？　これはかなり疑問かもしれません。「VBAは、実はそろそろ限界ではないか？」という見方をする人も意外と多いのです。なぜか？　それは、こういうことです。

「VBAは、10年以上前にサポート終了したVB6.0ベースの言語である」

VBAという言語は、実は非常に古めかしい言語なのです。VBAの元になっているVisual Basicは、ver. 6.0というバージョンの言語仕様をベースにして作られています。これは1998年にリリースされたものであり、2008年にはサポートも終了しています。10年以上も前に「終わった言語」なのです。

Visual Basicそのものはその後「Visual Basic .net」という.net対応の新しい言語に進化し、現在も使われています。Visual Basic自体は決して「終わった言語」ではなく、今でも広く利用されています。

VBAでも、このVB .netの対応を試みたことがありました。しかしVB .netへの切り替えは結局行われず、VB 6.0の言語仕様のまま現在に至っています（その後、VBAでは64bitサポートなどが追加され、VBAのバージョンそのものは7.0となっていますが、内容的には6.0のままです)。

「言語仕様が古かったら使えなくなるのか？　もっと古くからある言語だってたくさんあるはずだろう？」

そう思う人もいるかもしれません。もちろん、その通りです。ただし、そうした古くからある言語も時代と共にアップデートされ、新しい技術に対応しています。Visual Basicも、ちゃんとVB .netという次世代の言語にアップデートされているのです。VB 6.0を引きずったまま、ほとんどメジャーなアップデートもされず放置されているのはVBAだけなのです。

では、言語仕様が古いVB 6.0のままだと何が問題なのでしょうか？

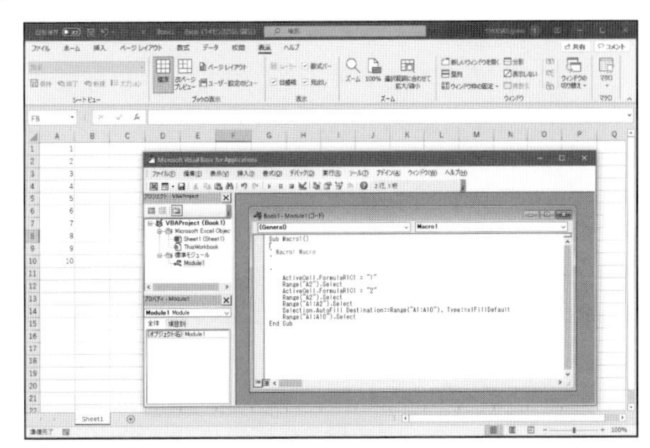

図1-1：ExcelとVBAのスクリプト編集画面。ExcelのマクロはVBAで書かれている。

不完全なオブジェクト指向

現在、広く使われているプログラミング言語のほとんどは「オブジェクト指向」という技術に対応しています。オブジェクト指向とは、プログラムを「オブジェクト」と呼ばれる独立した小さなコードの塊として定義し利用できるようにするもので、複雑化した現在のプログラム開発には不可欠の技術と言えます。

VBAは、このオブジェクト指向に部分的にしか対応できていません。Excelで使われるアプリケーションやワークシートをオブジェクトという形で提供したり、クラスモジュールというオブジェクト的に扱えるような機能などが用意されていたりはしますが、言語としては「オブジェクト指向に対応している」とはとても言えない状態です。

古めかしい言語仕様

プログラミング言語は、変わらないようでいて実は日々進化しています。基本的な文法だけでなく、例えば関数やクラスといった要素も少しずつ機能強化され進化しているのです。が、VBAはそうした言語の進化から取り残されています。現在、広く使われている言語に慣れた人間がVBAを始めたら、その旧態依然とした書き方と文法の貧弱さに愕然とすることでしょう。

基本的な文法にもいろいろな問題があります。VBAでは変数を利用するとき、型の指定をしない（バリアント型と呼ばれます）で利用する人が大半ですが、これによりさまざまなトラブルを引き起こしています。

ちなみに、これから学ぶOffice Scriptという言語はTypeScriptという言語ベースであり、変数の型指定を非常に厳密に行えるため、不定型によるトラブルを極力排除できます。また、TypeScriptではnullの問題（変数が未定だったり値が存在しないときのトラブル）などにも文法上で対応しています。このように

「言語そのものが厳密にコードを書けるような文法になっている」ということの意義は非常に大きいものがあります。

セキュリティの問題

VBAは悪意あるコードが埋め込まれ、知らずに実行されてしまう危険をはらんでいます。このためExcelのアップデートにより少しずつ「VBAが動かないExcel」へと変わっていきました。例えば現在、広く使われているExcelの.xlsxファイルではVBAのマクロを保存できません。VBAマクロを動かすためには.xlsmというフォーマットで保存しなければいけません。Excelは、今では「デフォルトではVBAが動かない」ようになっています。

また､VBAでは｢Active X｣と呼ばれる古いコントロールが使われています。これはマイクロソフトによって開発されたプログラムを拡張する機能ですが、セキュリティ上の問題をはらんでおり、現在では.netと呼ばれる技術に変わっています。いまだにActive Xコントロールが利用されているのはExcelとIEぐらいでしょう。

「Webの時代」の到来！

そうして、Excelを世界に広める立役者の一人であったはずのVBAは、次第に表舞台から姿を消しつつありました。

それと同時に、まったく違うところで、Excelのあり方をガラリと変えてしまうような変化が進行しつつありました。それは、

「アプリからWebへ」

の移行です。ほんの10年も前では、パソコンではアプリケーションをインストールして使うのが当たり前でした。ところが気がつけば、アプリをインストールせず「Webにアクセスして使う」というWebアプリケーションが少しずつ広まりつつあります。

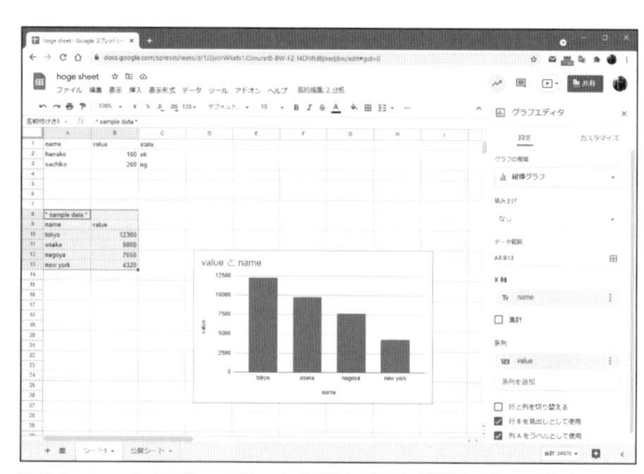

図1-2：GoogleスプレッドシートはWebブラウザだけですべて動く。

Googleの逆襲

その急先鋒は、言わずと知れた「Google」です。GoogleはChromebookという「Webブラウザだけのパソコン」を生み出し、そしてすべてがWebで動くビジネススィートを構築しました。この1～2年でChromebookは劇的とも言える成長を果たしており、世界中で使われるようになりつつあります。

それに比例してGoogleスプレッドシートなどのGoogle製ビジネススイートも広まりつつあります。こ

れらはすべてWebベースで提供されており、どんな環境でもWebブラウザでアクセスすれば、いつでもどこでもスプレッドシートやワープロで作業できるようになっています。

マイクロソフトもこうした現状に手をこまねいていたわけではありません。「Excel on the Web」というWeb版のExcel（もちろん、WordやPower Pointなどもあります）を公開し、WebベースでのExcel利用も可能にしました。

しかし、Web版Excelには「VBAがない」という致命的な欠点がありました。WebアプリはWebブラウザの中で動きます。したがって、動作するのはJavaScriptのみです。サーバー側で各種の言語を動かすことは可能ですが、VBAの機能をWeb版Excelに実装するのはかなりな困難を伴っていたのでしょう。

一方、ライバルとも言えるGoogleスプレッドシートではJavaScriptベースの「Google Apps Script」という専用言語が搭載され、スプレッドシートだけでなくGoogleが提供するWebアプリ全般を統合的にプログラミングできました。ことWebアプリに関する限り、マイクロソフトはGoogleの後塵を拝していたのです。

Office Scriptの登場！

そのWeb版Excelに「マクロ」機能が搭載されたのが2020年。その後パブリックプレビューを経て、2021年5月にようやく正式リリースとなりました。

といってもこのマクロは「VBA」ではありません。「Office Script」という、まったく新しい言語なのです。マイクロソフトはWeb版ExcelにVBAを搭載することを諦め、新しいマクロ言語を開発したのです。

このOffice Scriptとはいったいどういうものなのでしょうか？　その特徴について整理しましょう。

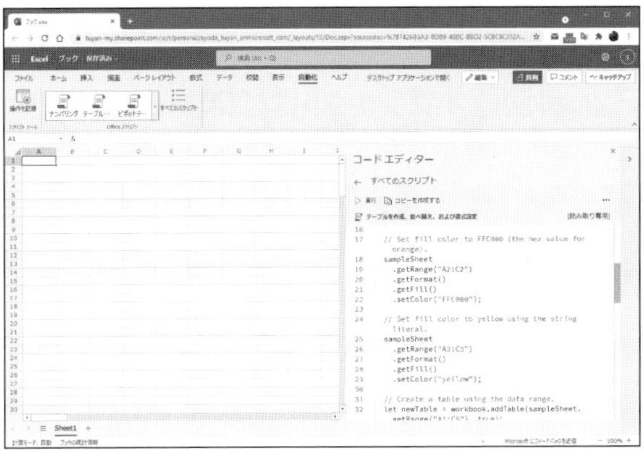

図1-3：Web版ExcelとOffice Scriptの編集エディター。Webブラウザだけですべて動く。

Microsoft 365 for Business以上が必須

Office Scriptは、Web版Excelであればすべて使えるわけではありません。これを利用するためには、「Microsoft 365 Business Standard」以上のプランによる契約が必要です。無料で使えるWeb版Excelや、Microsoft 365 Personalなどの家庭用プランでは利用できないので注意してください。

またBusiness Standard以上の法人向けプラン契約であっても、管理者によりOffice Scriptの機能がOFFにされている場合は使えません。Business StandardでありながらOffice Scriptが使えない場合は管理者に確認しましょう。

すべてがクラウド上にある

Office Scriptでは、作成したマクロはワークブックとは別ファイルとして管理されています。このため、作成したマクロを複数のワークブックで利用することもできます。

このマクロファイルは、(ワークブックファイルもですが)すべてマイクロソフトのクラウド上にあるOne Drive内に保管されています。このため、ファイルを他人と共有したりすることも簡単に行えます。

また、クラウドにあるデータにWebブラウザからアクセスして利用しますから、特定の環境に縛られずに利用できます。インターネットに接続できWebブラウザさえ動くなら、PCでもタブレットでもスマートフォンでも、どんなところからでも作業することができます。

Office Script = TypeScript + ライブラリ

Office Scriptはマイクロソフトが開発した「TypeScript」という言語をベースに作られています。TypeScriptはJavaScriptの「トランスコンパイラ言語」です。

TypeScriptでは、書いたコードをJavaScriptコードに変換して動くようになっているのです。この機能により、TypeScriptは本来ならばJavaScript以外の言語は動かないはずのWebの世界で広く使われるようになっています。

TypeScriptは、いわば「将来のJavaScript」です。JavaScriptに搭載される各種の新機能をいち早く取り入れ、さらに多くの新しい言語機能を追加しています。このTypeScriptベースでプログラムを書けるのです。

また、TypeScriptには各種のオブジェクトやクラスが用意されていますが、これら標準で用意されている機能はOffice Scriptでもそのまま使うことができます。これを利用し、例えば外部サイトにアクセスしてデータを取得するなどといったことも行えます。

Excel関連オブジェクトはほぼ同じ

Excelの機能を扱うために用意されているオブジェクト類はVBAのオブジェクトとほぼ同じような形になっていますから、基本的な言語の文法さえ覚えれば、それまでVBAでマクロを書いていた人も比較的スムーズにOffice Scriptに移行できるでしょう。ただし、用意されているのはワークブック内のオブジェクトのみです。

VBAでは、例えばファイルを利用するのにFileSystemObjectというオブジェクトを利用できましたが、こうしたワークブック外のオブジェクトについてはOffice Scriptでは利用できません。細かな部分では実装の仕方が異なるところもあるので、「まったく同じようにコードを書けば動く」とは限りません。「だいたいは同じ感覚で書ける」ということです。

すべてはWebへ!

現在、さまざまなプラットフォームで静かに進行しつつあるのが「Webへの回帰」です。PC、スマホ、タブレットなど、さまざまなプラットフォームでアプリが作られ使われています。が、そのかなりの割合が実は「Webアプリ」になっていることに気がついているでしょうか?

PCではWebの技術でアプリを開発する「Electron」という開発環境が着実に広まりつつあります。スマートフォンやタブレットでは「React Native」をはじめとする多くのフレームワークにより、Webアプリをそのままネイティブアプリとしてリリースできるようになりつつあります。

Webならばプラットフォームに依存することなく、すべての環境で同じようにプログラムが動きます。ハードウェア技術の進歩により、Webベースであってもアプリはまったく問題なく高速に動くようになりました。

さらに、アプリを作ればすべてのプラットフォームで使えます。わざわざWindows用、macOS用、Android用、iOS用というように別々に開発する必要がなくなるのです。

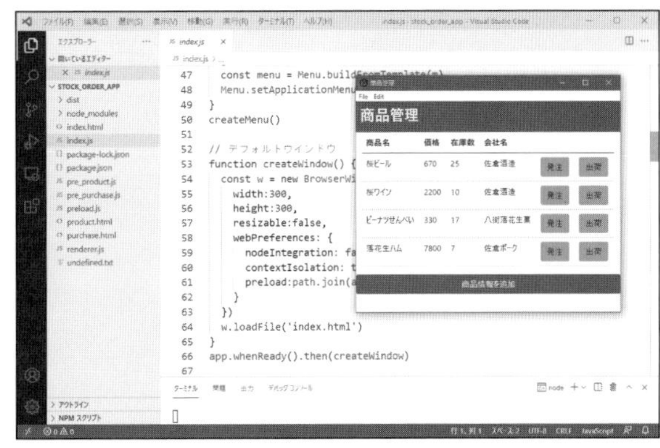

図1-4：パソコン用アプリ開発環境Electron。Webと同じHTMLとJavaScriptでアプリを開発する。

また、Chromebookが一般に認知されたことで「そもそもアプリである必要はない、Webで十分だ」と考える人が少しずつ増えてきています。

Web版Excelは、確かにアプリ版のExcelに比べると足りない機能もあります。けれど、「アプリ版でないとダメ」というほどExcelを使いこなしている人ばかりではないでしょう。おそらく大半の人は、実はWeb版で十分なのかもしれません。

逆に、すべてがクラウドで動く利点もあります。ファイルがすべてクラウドにあれば、「パソコンにコーヒーをこぼしてすべて使えなくなった」「ハードディスクが破損してファイルが開けない」といったトラブルから開放されます。

万が一パソコンが壊れても、近くの電気屋さんで安いChromebookを買ってきてログインすればすべて元通りです。会社だけでなく自宅でもGoogleやマイクロソフトのサイトにログインすれば同じ環境で作業できるため、リモートワークにも簡単に対応できます。

開発する側からも、利用する側からも、「すべてをWebにする」のは順当な進化と言えるでしょう。そうしたことを考えたなら、これから先、「Web版Excelこそがメインストリーム」となる可能性は意外と高いかもしれません。

Microsoft 365に登録する

では、Office Script利用の準備を進めていきましょう。

Office Scriptを利用するためにはMicrosoft 365のプラン契約が必要です。すでに述べたように、Office Script利用には「Microsoft 365 Business Standard」以上のプラン契約が必要です。法人契約をしておりアカウントを持っている場合は、そのアカウントでそのまま使うことができます。

まだプランの契約をしていない場合は、新たにMicrosoft 365のプランを申し込みましょう。Microsoft 365は1ヶ月間、無料で利用することができます（その後、必要があればさらに1ヶ月延長できます）。まずはプランに申し込みましょう。

Webブラウザを起動し、以下のアドレスにアクセスしてください。

https://www.microsoft.com/ja-jp/microsoft-365/business/compare-all-microsoft-365-business-products
（短縮URL…https://bit.do/ms365b）

ここに法人向けのプランが一覧表示されます。その中から「Microsoft 365 Business Standard」というプランのところにある「1か月間無料で試す」というリンクをクリックしてください。

図1-5：Microsoft 365 Business Standardの「1か月間無料で試す」をクリックする。

アカウントのセットアップ

新しいウインドウが開かれ、「アカウントをセットアップしましょう」という表示になります。この時点で、マイクロソフトのアカウントを持っている場合はそのアカウントでログインしているはずです。個人のアカウント（無料メールアドレスなどで作られたアカウント）の場合は、そのままではBusiness Standardプランを購入できません。このプランは法人向けのプランであるためです。

このような場合、「ログアウトして、代わりに新しいアカウントを作成する」というリンクをクリックしてください。そしてアカウントのセットアップを開始します。

図1-6：アカウントのセットアップ画面。ここから新しいアカウントを作成する。

1始めましょう

「始めましょう」でメールアドレスを入力します。自分が使っているアドレスを記入してください。そのまま次に進みます。

図1-7：メールアドレスを入力する。

2アカウントのセットアップ

「新しいアカウントを登録する必要があるようです」とメッセージが表示されます。ここから「アカウントのセットアップ」をクリックし、アカウントの作成を行います。

図1-8:「アカウントのセットアップ」をクリックする。

onmicrosoft.comのアカウント作成

アカウントの作成は、法人ユーザーとして登録を行うためのものです。以下の手順に従って作業をしてください。

3利用者情報の入力

利用者の名前、メールアドレス、電話番号、企業名などの情報を入力します。これはすべて記入する必要があります。

図1-9:利用者の情報を記入する。

4利用者の確認

SMSまたは音声電話により利用者を確認します。SMSの場合は「確認コードを送信」をクリックしてください。指定の携帯電話番号にSMSで確認コードが送られるので、それを入力してください。

図1-10:利用者の確認。SMSで確認コードを送る。

5 ドメイン名の入力

ドメイン名はそれぞれの法人に割り当てられるonmicrosoft.comのサブドメインです。すでに使われているものは使えません。記入して「利用可能かどうか確認」をクリックし、利用可能であれば次に進みます。

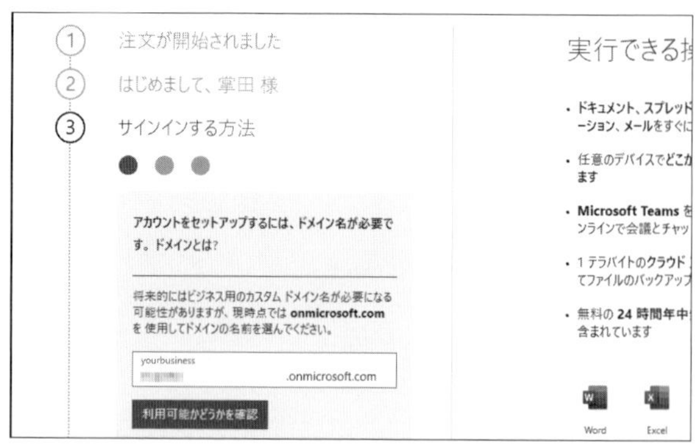

図1-11：ドメイン名を入力する。

6 ユーザーIDとパスワード

アカウントのユーザーIDとパスワードを入力します。このユーザーが、入力したドメインの管理者となります。

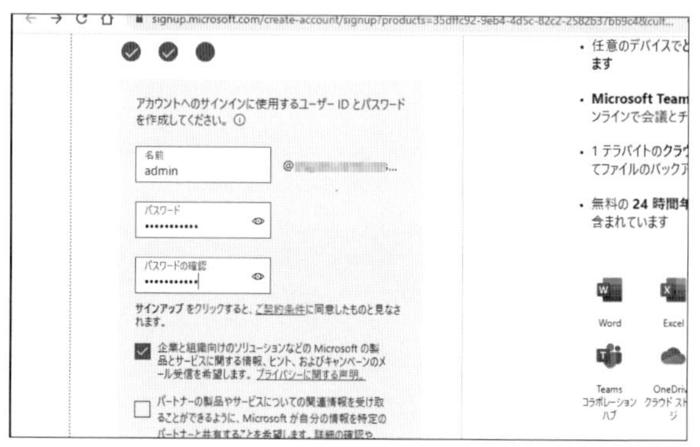

図1-12：ユーザーIDとパスワードを入力する。

Microsoft 365アカウント登録（続き）

Microsoft 365 Business Standardプランの登録作業に戻ります。アカウントの作成が必要なかった人は、アカウント登録の部分を飛ばしてここに進んでいるはずです。引き続き入力を行いましょう。

7 数量と支払い

使用するプランの数量を入力します。自分だけなら「1」のままにしておきます。

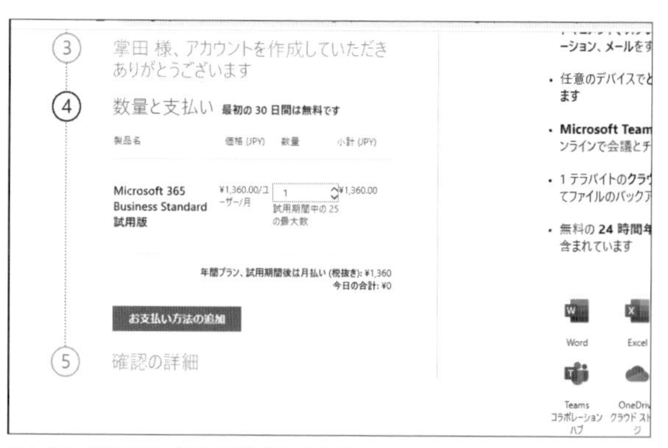

図1-13：使用するプランの数を入力する。

8 クレジットカードの登録

クレジッドカードの登録画面となりますので、カード情報を入力してください。カードを登録しないとプランの購入はできません。

図1-14:カード情報を入力する。

9 設定が完了

設定が完了しました。Microsoft 365が利用可能になっているはずです。

なお、下にある「自分のサブスクリプションの管理」をクリックすると、管理センターというサイトに移動し、ドメインに登録されたユーザーとライセンス情報を管理できます。今はアクセスする必要はありません。

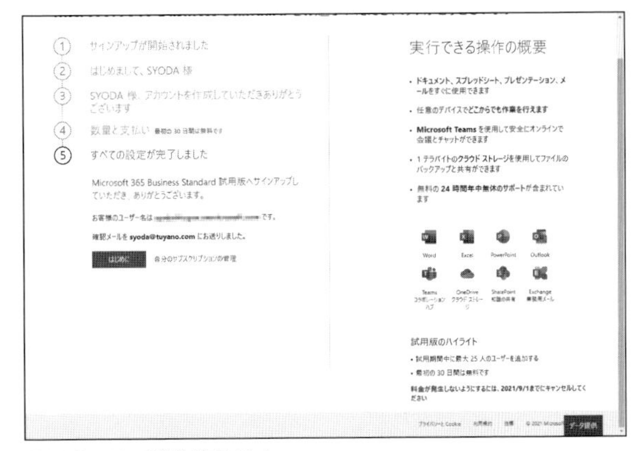

図1-15:これで登録が完了した。

Chapter 1

1.2. Web版Excelを使ってみよう

office.comにアクセスする

アカウントの登録とプランの購入（1ヶ月は無料です）が完了すると、Web版のオフィススィートが利用可能になります。オフィスの利用は、大きく2つのサイトにアクセスして行います。1つはOneDriveのサイト、もう1つはオフィスのサイトです。

まずはオフィスのサイトにアクセスしてみましょう。Webブラウザから以下のアドレスにアクセスしてください。

https://www.office.com/

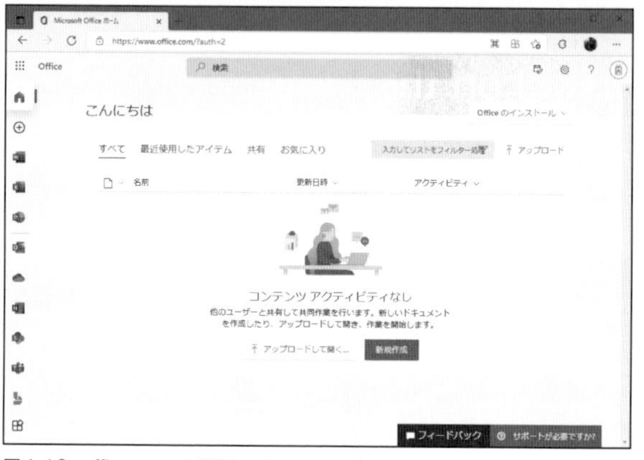

図1-16：office.comの画面。オフィス関連のファイルがここで作成できる。

このサイトはマイクロソフトのオフィス関連のアプリだけを管理するものです。Word、Excel、Power Point、OneNoteといったアプリのファイルをここでまとめて管理します。デフォルトでは、まだファイルは何もありません。実際にファイルを作ると、ここにそれらが一覧表示されます。

左側には、Microsoft 365で利用できるアプリのアイコンが一列に並んでいます。ここから使いたいアプリのアイコンをクリックすると、そのアプリのページが開かれます。ExcelやWordなどoffice.comで管理できるファイル類も、それぞれのアプリのアイコンをクリックするとそのアプリのファイルだけを管理するページに移動します。実際に「Excel」のアイコンをクリックしてみてください。Excelのファイルを管理する表示に変わります。

図1-17：Excelのサイト画面。Excelのファイルだけ管理する。

C O L U M N

Web版Excelの名称は?

Web版のExcelはさまざまな呼び方をされています。Web版Excel、Excel on the web等々。いったいどれが正式な名称なのでしょう?
これは、「わかりません」。実際のところ、マイクロソフトの正式ドキュメントでも、場所によって「Excel on the web」とあったり、「Web版のExcel」とあったりします。また、Power Automateといったツールでは「Excel Online」という名前になっていたりします。
要するに、「Webベースで提供されているExcel」ということがわかれば呼び方は何でもいい、ということでしょう。したがって、いろいろな名称が登場しても「全部、Web版Excelのことだな」と考えてください。

Excel on the webを起動しよう

では、Web版のExcel（Excel on the web）を起動しましょう。「Excel」アイコンでExcelのサイトに移動しているなら、「新規作成」というところにある「新しい空白のブック」をクリックしてください。これで新しい画面が開かれ、Web版Excelが表示されます。

office.comにいる場合は、「新規作成」ボタンをクリックしましょう。これで作成するファイルの種類が表示されるので、そこから「スプレッドシート」を選んでください。

図1-18:「新規作成」ボタンをクリックし、「スプレッドシート」を選ぶ。

Web版Excelの画面

Web版Excelの画面は、一見したところパソコンのアプリ版Excelとほとんど変わらない感じがするでしょう。最上部にメニューバーがあり、その下にツールが並んだバー（リボンビュー）が表示されています。それらの下にスプレッドシートが配置されています。

使い方はアプリ版とほとんど同じです。メニューバーからメニューをクリックするとそのメニューの項目がリボンビューに表示され、そこから使いたい機能を選びます。Excelをすでに使ったことがあれば、改めて説明する必要はほとんどないでしょう。

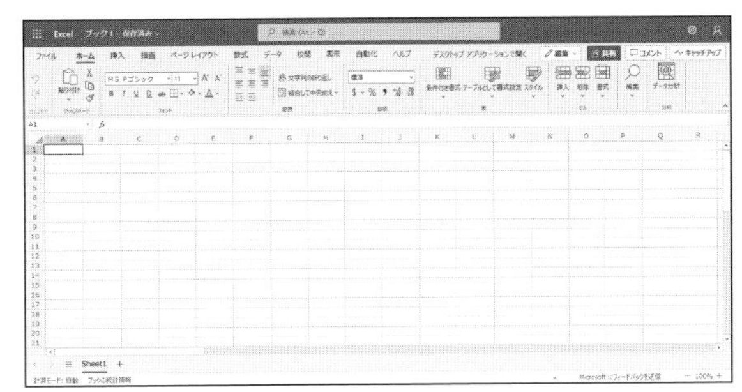

図1-19:Web版Excelの画面。

Office Scriptと「自動化」メニュー

Office Scriptの機能を見てみましょう。Office Scriptの機能は「自動化」メニューにまとめられています。このメニューをクリックすると、リボンビューにOffice Script関連の項目が表示されます。以下に簡単に整理しておきます。

操作を記録	操作を記録しマクロを自動生成します。
新しいスクリプト	新しいマクロのファイル(スクリプト)を作成します。
アイコンのリスト表示	「テーブル…」ピボットテーブル…」といったアイコンが3つほど並んでいるところは、最近利用したマクロが表示されます。
すべてのスクリプト	専用のスクリプト編集ツール(コードエディター)が開かれ、スクリプトの編集などを行います。

アイコンのリストが表示されている欄は、クリックすると最近使ったスクリプトがメニュー表示されます。まだ何もマクロを作っていないので、サンプルで用意されているマクロがいくつか表示されています。

なお、Webは常に改良され続けていますので、Web版Excelの表示や機能も少しずつ変わっていきます。「自動化」メニューのリボンビューの表示も、今後、少しずつ変化していくことでしょう。皆さんがアクセスしたときには、ここでの説明とは微妙に違っているかもしれません。「まったく同じもの」でなくとも、ほぼ同等のものが用意されているはずです。表示が多少違っても、機能を推測して使用しましょう。

(※「自動化」メニューが表示されない場合、管理者によって機能が設定されていない可能性があります。このChapterの最後でこれについて触れています)

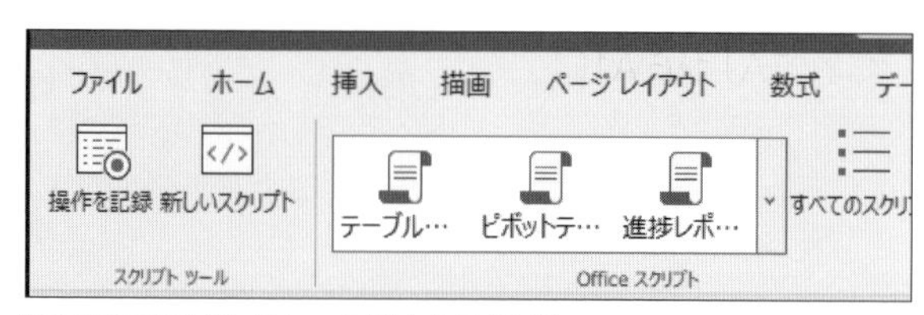

図1-20:「自動化」メニューで現れるリボンビュー。

マクロを記録しよう

Office Scriptによるマクロを実際に使ってみましょう。マクロには自動記録機能が搭載されています。これを利用すれば、自分でOffice Scriptのスクリプトを書かなくともマクロを作ることができます。

では、以下の手順でマクロの記録を行いましょう。

1. まず「自動化」メニューを選択し、現れたリボンビューから「操作を記録」のアイコンをクリックします。

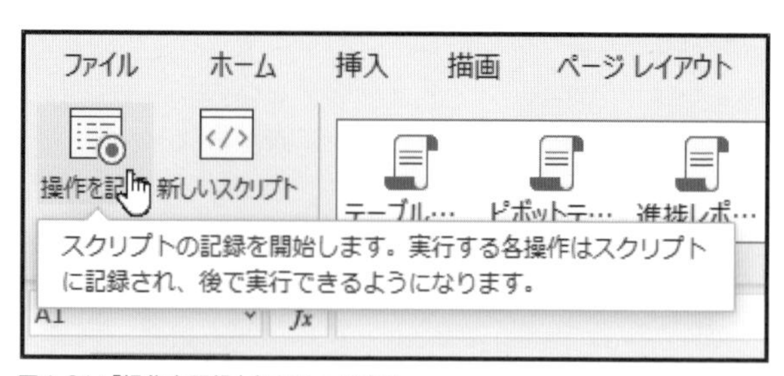

図1-21:「操作を記録」をクリックする。

2画面右側に「操作を記録」という表示エリアが現れ、そこに「記録中」というアイコンが表示されます。これで記録中であることを示します。

図1-22:「記録中」アイコンが表示される。

3「A1」セルをクリックし、「1」と入力します。続けて「A2」セルをクリックし、「2」と記入します。

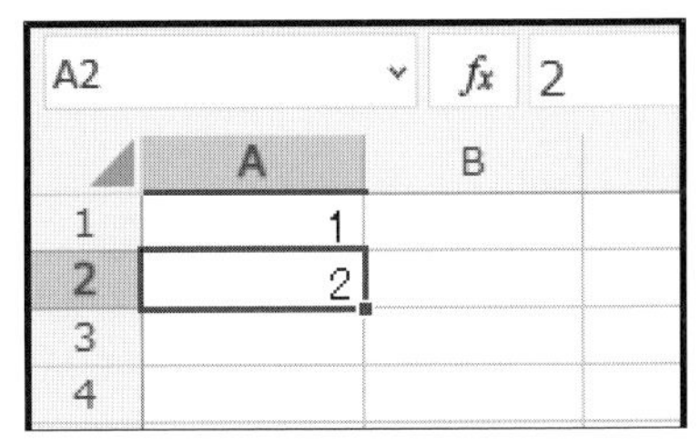

図1-23:A1とA2セルを入力する。

4A1～A2セルをドラッグして選択します。そして右下のハンドルを下にドラッグし、A10セルまで選択されるようにします。これでA1からA10まで1から順にナンバリングされます。

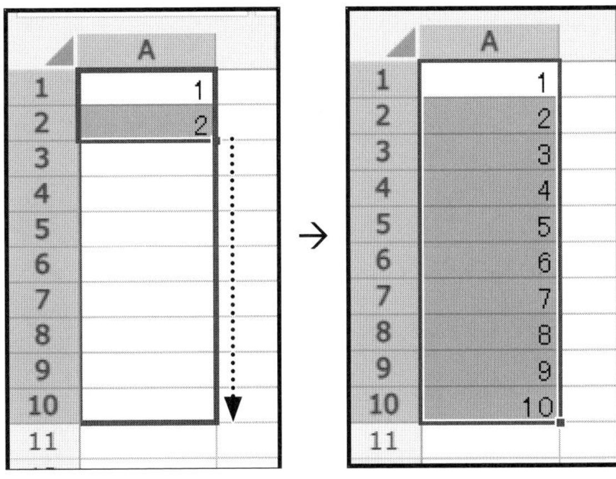

図1-24:A1,A2を選択し、A10まで選択範囲を広げるとナンバリングされる。

5右側にエリアにある「停止」ボタンをクリックします。これで自動記録が停止します。

図1-25:「停止」ボタンをクリックする。

6右側のエリアに「スクリプト1」というスクリプトが表示されます。これが、今の自動記録で作成されたマクロのスクリプトファイルです。

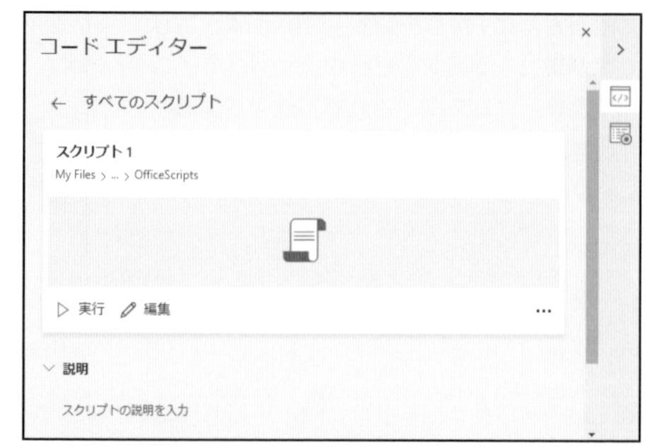

図1-26:「スクリプト1」というマクロができた。

記録したマクロを実行する

記録したマクロがちゃんと動作を再現できるか試してみましょう。まずA1 ~ A10セルを選択し、deleteキーで値をすべて削除してください。

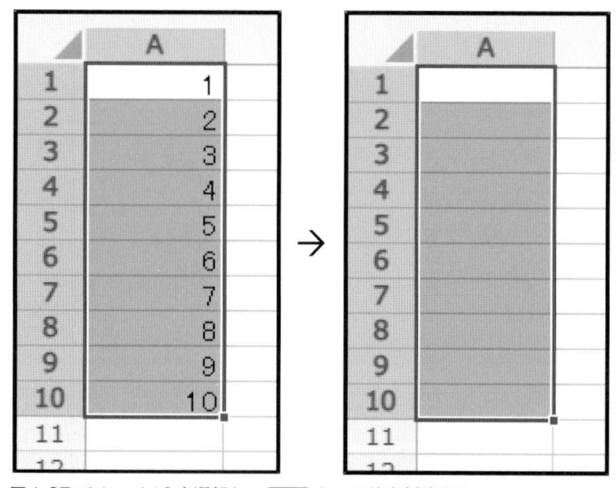

図1-27:A1 ~ A10を選択し、deleteキーで値を削除する。

左側のエリアに「スクリプト1」というアイコンが表示され、その下に「実行」というボタンがあります。これをクリックしてください。

図1-28:「実行」ボタンをクリックする。

記録されたマクロが実行され、A1 ～ A10セルに1から10までの数字が出力されます。初めて実行するときは実行までにかなり時間がかかる場合もあるので、気長に待ちましょう。いつまで待っても実行されなかったら一度「停止」ボタンで停止し、改めて実行してみてください。

このように記録したマクロを実行すると、現在開いているシートのA1 ～ A10セルに1 ～ 10の数字が書き出されます。記録した操作がそのまま再現されることがわかりますね！

	A	B
1	1	
2	2	
3	3	
4	4	
5	5	
6	6	
7	7	
8	8	
9	9	
10	10	

図1-29：「実行」ボタンで実行する。

マクロはどうなっているの？

このマクロはいったいどのように記述されているのか見てみましょう。右側のエリアにある「スクリプト1」の下部に「編集」というボタンがあります。これをクリックしてください。

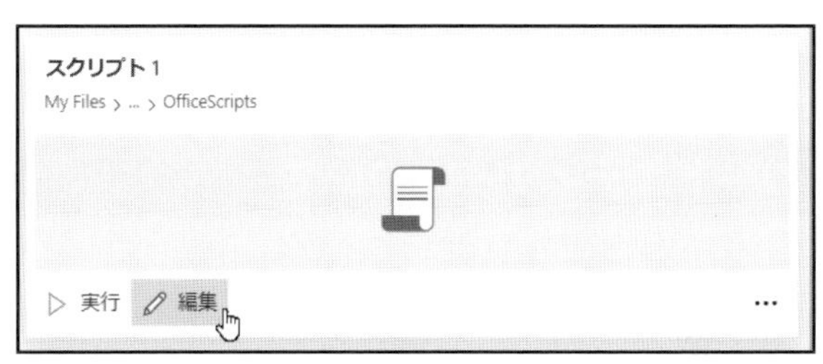

図1-30：「編集」ボタンをクリックする。

エリア内にテキストを編集する表示が現れ、そこにスクリプトが表示されます。これがスクリプト1の内容です。このように自動記録によってスクリプトが作成され、それが実行されていたのですね。

スクリプトが表示されているエリアは、Office Scriptの「コードエディター」というものです。このコードエディターを使ってスクリプトを編集します。

▷ 実行　スクリプトを保存　...

スクリプト1　保存しました ✓

```
1  function main(workbook: ExcelScript.Workbook) {
2    let selectedSheet = workbook.getActiveWorksheet();
3    // Set range A1:A2 on selectedSheet
4    selectedSheet.getRange("A1:A2").setValues([["1"],["2"]]);
5    // Auto fill range
6    selectedSheet.getRange("A1:A2").autoFill("A1:A10", ExcelScript.
       AutoFillType.fillDefault);
7  }
8
```

図1-31：コードエディターでマクロの内容が表示される。

マクロの内容を見てみる

どのようなスクリプトが作成されているのか見てみましょう。おそらく、以下のようなものが記述されているはずです(ただし、状況によっては多少違っている場合もあります)。

▼リスト1-1

```
function main(workbook: ExcelScript.Workbook) {
  let selectedSheet = workbook.getActiveWorksheet();
  // Set range A1:A2 on selectedSheet
  selectedSheet.getRange("A1:A2").setValues([["1"],["2"]]);
  // Auto fill range
  selectedSheet.getRange("A1:A2").autoFill("A1:A10",↵
    ExcelScript.AutoFillType.fillDefault);
}
```

なんだか難しそうに見えますが、これがOffice Scriptのスクリプトです。難しそうな単語がたくさんあるのは、Excelのさまざまな要素を扱うためのオブジェクトを利用しているからです。

Office Scriptでは「ワークシートのオブジェクト」「開いたシートのオブジェクト」「選択したセルの範囲のオブジェクト」というように、ワークシート内のさまざまな要素を扱うオブジェクトが揃っています。それらのオブジェクトを取り出し、そこにあるさまざまな処理や値を設定することでワークシートを操作できるようになっているのです。

作成されたマクロの内容を理解する必要はまだありません。これから少しずつ学んでいけば、これぐらいはすぐにわかるようになります。今は、「マクロというのがこんな具合にOffice Scriptのスクリプトとして作られているんだ」ということがわかれば十分です。

コードエディターについて

スクリプトが表示されている部分は、「コードエディター」と呼ばれる専用の編集ツールになっています。ワークシート全体の半分以下のスペースに固定されているため、少し操作しにくいかもしれません。なるべくウインドウ全体を広げて編集するようにしてください。

このコードエディターは、ただテキストを書いて編集するだけのものではなく、Office Scriptの編集を支援するための機能が備わっています。それらを活用することで、スクリプトの作成がずいぶんとしやすくなっています。

色分け表示、オートインデント

スクリプトを記述すると、構文に応じて自動的に「インデント」が付けられます。インデントというのはタブを使って、文の開始位置を右にずらして表示することです。これにより、構文が適用されるのがどの範囲かひと目で把握できます。

また、Office Scriptという言語でサポートされているキーワードが青い文字で表示されたり、実行されないコメント文がグリーンで表示されるなど、記述された語の役割に応じて色分け表示してくれます。これにより、スクリプトがずいぶん読みやすくなります。

候補の表示

スクリプトをキーボードからタイプしていくと、利用可能な語がリアルタイムにポップアップ表示されます。例えば「set」とタイプすれば、「set○○」という利用可能な語がその場に表示され、選べばその語が自動入力されます。

単に入力が楽になるというだけでなく、リアルタイムに候補が表示されることでタイプミスが劇的に減ります。

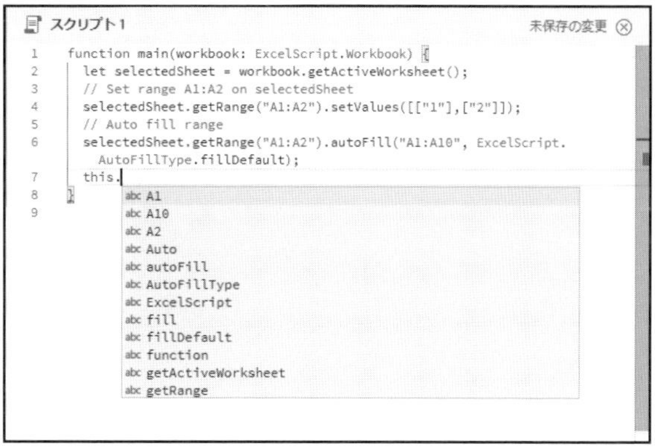

```
スクリプト1                                   未保存の変更
1  function main(workbook: ExcelScript.Workbook) {
2    let selectedSheet = workbook.getActiveWorksheet();
3    // Set range A1:A2 on selectedSheet
4    selectedSheet.getRange("A1:A2").setValues([["1"],["2"]]);
5    // Auto fill range
6    selectedSheet.getRange("A1:A2").autoFill("A1:A10", ExcelScript.
       AutoFillType.fillDefault);
7    this.
8  }
9
       abc A1
       abc A10
       abc A2
       abc Auto
       abc autoFill
       abc AutoFillType
       abc ExcelScript
       abc fill
       abc fillDefault
       abc function
       abc getActiveWorksheet
       abc getRange
```

図1-32：タイプすると候補がポップアップ表示される。

語の説明表示

記述されているスクリプトでよくわからないものがあったら、その語の上にマウスポインタを持っていくと、記述フォーマットと簡単な説明文がポップアップ表示さます。スクリプトの働きなどを調べるのに役立ちます。

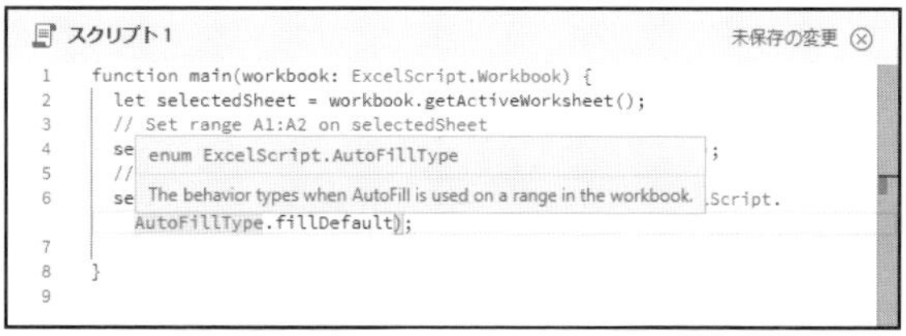

```
スクリプト1                                   未保存の変更
1  function main(workbook: ExcelScript.Workbook) {
2    let selectedSheet = workbook.getActiveWorksheet();
3    // Set range A1:A2 on selectedSheet
4    se  enum ExcelScript.AutoFillType                          ;
5    //
6    se  The behavior types when AutoFill is used on a range in the workbook.  Script.
       AutoFillType.fillDefault);
7
8  }
9
```

図1-33：語をマウスでポイントすると説明が現れる。

エディターのメニュー

コードエディターの右上には「…」マークが表示されており、これをクリックするとメニューがプルダウンして現れます。スクリプトのコピーや削除、名前の変更、修正の破棄（元の状態に戻す）といった操作をここから行えます。

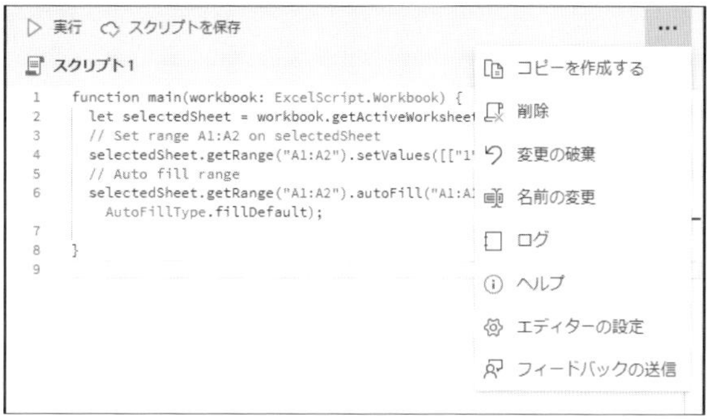

```
▷ 実行  スクリプトを保存                                   ...
スクリプト1                                     コピーを作成する
1  function main(workbook: ExcelScript.Workbook) {
2    let selectedSheet = workbook.getActiveWorksheet  削除
3    // Set range A1:A2 on selectedSheet
4    selectedSheet.getRange("A1:A2").setValues([["1"  変更の破棄
5    // Auto fill range
6    selectedSheet.getRange("A1:A2").autoFill("A1:A  名前の変更
       AutoFillType.fillDefault);
7                                                ログ
8  }
9                                                ヘルプ
                                                 エディターの設定
                                                 フィードバックの送信
```

図1-34：コードエディターのメニュー。

エディターの設定

「エディターの設定」メニューを選ぶと、エディターの設定項目が現れます。ここで以下の設定を行えます。

テーマ	エディタのテーマを指定します。これでダークモード（黒背景）などに変更できます。
フォントサイズ	エディタのフォントサイズを変更します。
右端で折り返す	ONにすると長い文を折り返し表示します。OFFだと横にスクロールして表示するようになります。
タブのサイズ	インデントされる幅（半角スペースいくつ分か）を選びます。
ミニマップ	スクリプトの縮小を右側に表示します。
折りたたみ	構文に応じてスクリプトを折りたためるようにします。

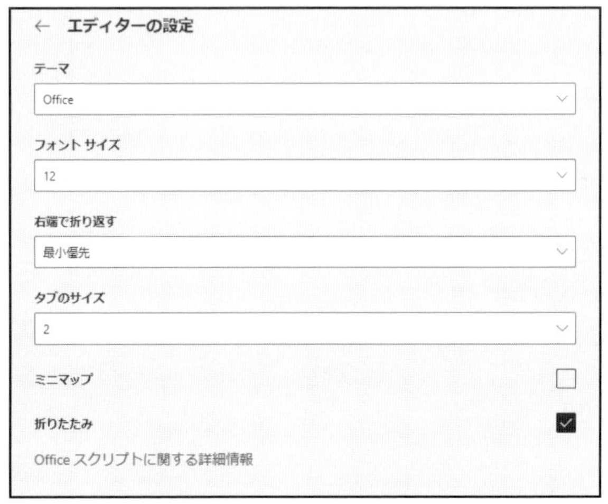

図1-35：エディターの設定。

中でも重要なのが「テーマ」でしょう。テーマにより、いわゆるダークモードで表示したり、コントラストを強めの表示にしたりすることができます。テキストを編集するエディタは、自分にとって見やすいことが重要です。テーマとフォントサイズを調整して、一番見やすい状態にしておきましょう。

← すべてのスクリプト
▷ 実行　スクリプトを保存　…
スクリプト1　未保存の変更

```
1  function main(workbook: ExcelScript.Workbook) {
2    let selectedSheet = workbook.
       getActiveWorksheet();
3    // Set range A1:A2 on selectedSheet
4    selectedSheet.getRange("A1:A2").setValues([
       ["1"],["2"]]);
5    // Auto fill range
6    selectedSheet.getRange("A1:A2").autoFill
       ("A1:A10", ExcelScript.AutoFillType.
       fillDefault);
7
8  }
9
```

図1-36：テーマとフォントサイズを変更したところ。見やすい表示設定にしておく。

マクロの保存場所

では、作成したマクロはどこに保存されているのでしょうか？ office.comやExcelのサイトを見ても作成したブックしか表示されず、マクロについては何も表示されません。これらのサイトでは、Excelなどオフィスアプリのファイルだけが表示されるようになっているため、マクロは表示されないのです。

図1-37：office.comでは、作成したブックだけが表示される。

OneDriveでチェックする

Web版のオフィススィートで作成したファイルは、すべてOneDriveに保存されます。OneDriveのサイトを見れば、作成されたファイルすべてを確認できます。左側にあるアイコンのリストからOneDriveのアイコン（青い雲のようなアイコン）をクリックし、OneDriveを開いてみてください。

OneDriveには、作成したブックの他に「ドキュメント」というフォルダーが作成されているのがわかります。これをクリックすると「Office Scripts」というフォルダーが現れ、さらにこのフォルダーを開くと、先ほど作成した「スクリプト1.osts」というマクロのファイルが表示されます。Office Scriptで作成したマクロはここに保管されていたのです。

OneDriveでは、ファイルの共有も行えます。このマクロファイルを共有すれば、作成したマクロを他人に渡すことも簡単に行えます。OneDriveの指定場所にあるものがマクロとして認識されますから、新しいワークブックを作成しても、作ったマクロはすべてそちらでも使えるようになります。

「Excelもマクロも、Web版のデータはすべてOneDriveに保存される」ということをよく頭に入れておきましょう。

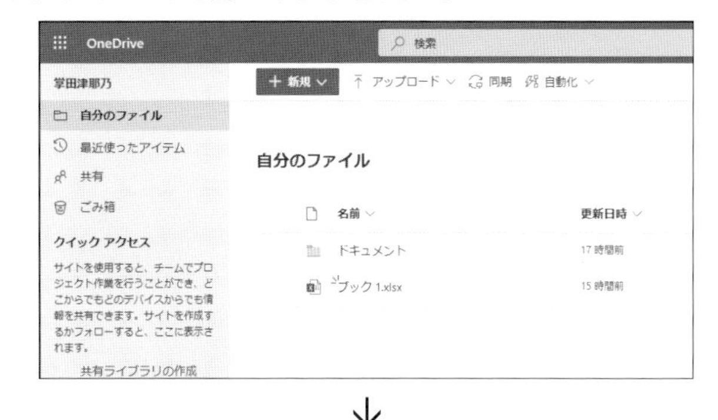

図1-38：OneDriveから「ドキュメント」内の「Office Scripts」を開くとマクロが保存されている。

Office Script機能の管理

最後に、「自動化」メニューが表示されない問題について触れておきましょう。

Office Scriptの機能は、Microsoft 365のBusiness Standardプラン以上で利用可能になっています。Web版Excelを起動しても「自動化」メニューが表示されない場合、使用しているアカウントがBusiness Standardではない可能性があります。まずはアカウントを確認しましょう。

Business StandardプランのアカウントでありながらOffice Scriptが使えない場合、管理者によってOffice Scriptの機能がOFFにされている可能性もあります。その場合は以下の手順で設定を行ってください。なお、この作業は必ず管理者のアカウントで行ってください。管理者でない場合、この作業はできません。

1 Microsoft 365管理センターを開きます。office.comから左側のアイコンリストの「管理センター」のアイコンをクリックして開いてください。

2 管理センターの左側にあるリストから「設定」項目内の「組織設定」を選びます（「設定」が表示されない場合は「すべてを表示」をクリックすると現れます）。

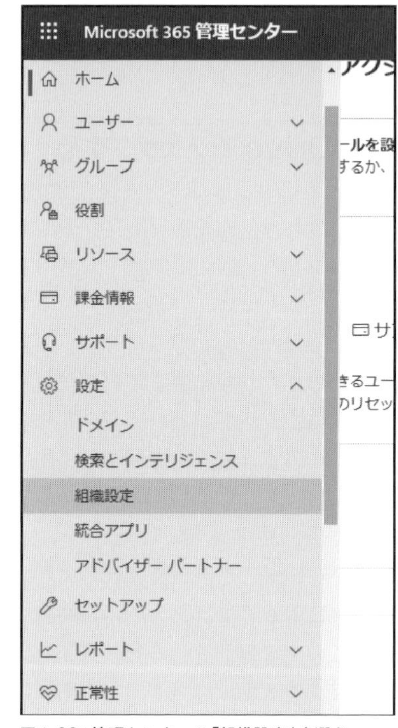

図1-39：管理センターの「組織設定」を選ぶ。

3 上部にある「サービス」という項目が選択されていると利用可能なサービスの一覧が表示されるので、その中から「Office Scripts」という項目を探してクリックます。

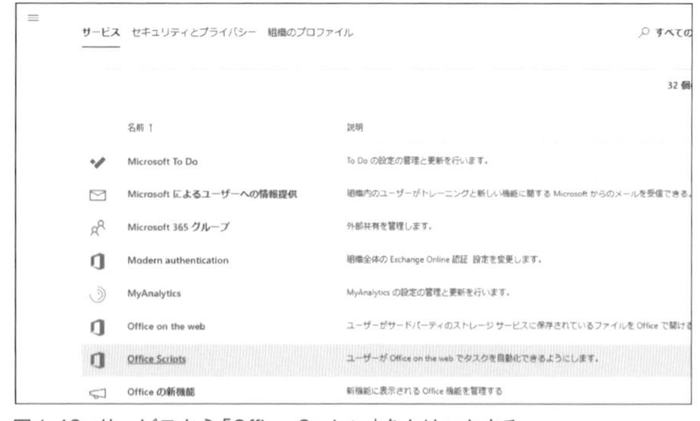

図1-40：サービスから「Office Scripts」をクリックする。

4右側にOffice Scriptの設定が現れます。ここにある以下の2つのチェック項目をONにします。

- 「ユーザーがExcel on the webでタスクを自動化できるようにする」
- 「Office Scriptsへのアクセス権を持つユーザーが組織内の他のユーザーとスクリプトを共有できるようにします」

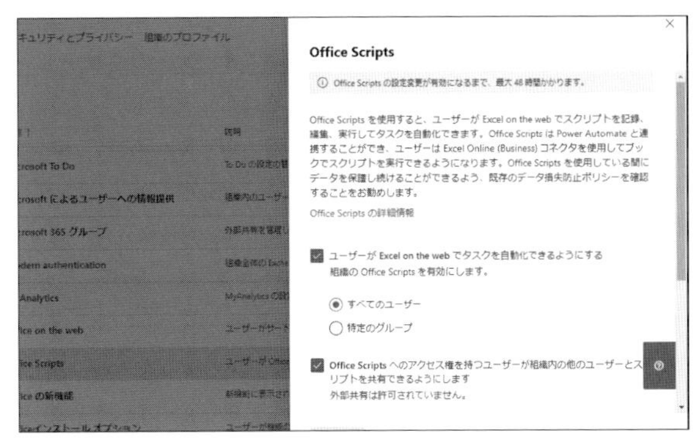

図1-41：Office Scriptの設定を行う。

これらを設定して「保存」ボタンをクリックすれば、Office Scriptが利用可能になります。これでもなお「自動化」メニューが現れずOffice Scriptが使えない場合は、何らかの問題がMicrosoft 365上で発生している可能性があります。Microsoft 365のサポートに連絡してください。

Chapter 2

TypeScriptの基本

Office Scriptは「TypeScript」というプログラミング言語をベースに作られています。
そこでExcelの操作を始める前に、
このTypeScriptという言語についてしっかり学んでおくことにしましょう。

Chapter 2

2.1. 値の基本

TypeScriptを使おう！

Office Scriptは「TypeScript」というプログラミング言語を使っています。ですから、Office Scriptを使うためには、このTypeScriptという言語の基本を理解しておく必要があります。ここではExcelから少し離れて、TypeScriptの学習を行うことにしましょう。

TypeScriptはJavaScriptの代わりにWebサイトなどで活用されています。最近ではサーバープログラムの開発でも用いられるようになっています。この言語はExcelと同じくマイクロソフトによって開発が行われており、オフィシャルサイトも用意されています。

このオフィシャルサイトには「プレイグラウンド」と呼ばれるページが用意されています。Web版のTypeScript環境で、その場でTypeScriptのスクリプトを記述し実行して、結果を表示させることができます。TypeScriptの学習には最適なサービスでしょう。このプレイグラウンドを使ってTypeScriptを学びましょう。Webブラウザから以下のアドレスにアクセスしてください。

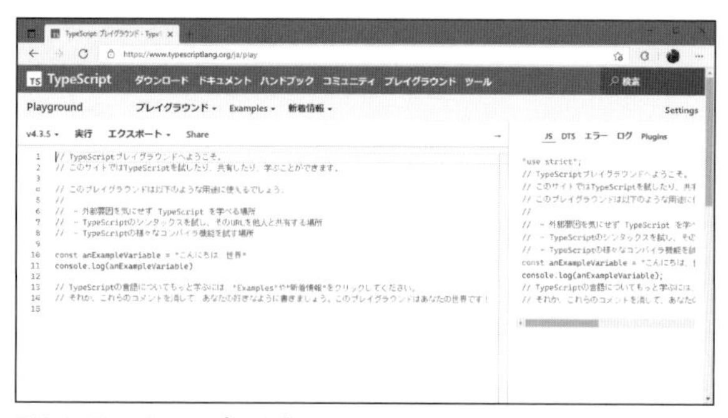

図2-1：TypeScriptプレイグラウンドのサイト。

https://www.typescriptlang.org/ja/play

このページは、大きく2つのエリアに別れています。左側は簡易テキストエディタになっており、ここにTypeScriptのスクリプトを記述します。スクリプトの上にある「実行」ボタンをクリックして実行すると、右側のエリアに実行結果が表示されます。

他にもいくつか機能が用意されていますが、とりあえず「左側に書いて実行したら右側に表示される」という基本だけわかれば、プレイグラウンドは使えます。

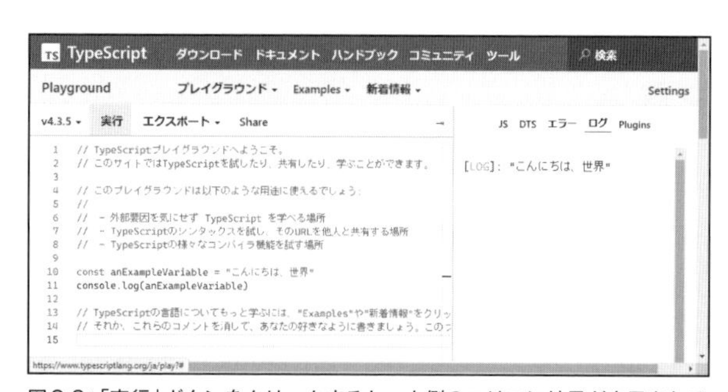

図2-2：「実行」ボタンをクリックすると、右側のエリアに結果が表示される。

C O L U M N

TypeScriptはJavaScriptの仲間

「TypeScriptなんて新しい言語、覚えるのは大変そう」と思っている人も多いかもしれません。けれど、皆さんの中には「JavaScriptなら少しぐらい使ったことがある」という人も多いんじゃないでしょうか。
TypeScriptは「JavaScriptをパワーアップした言語」です。JavaScriptの文法がTypeScriptの中にまるごと入っているのです。ですから、JavaScriptを知っている人はJavaScriptとしてスクリプトを書けば、そのままTypeScriptのスクリプトとして使えます。それにプラスして、TypeScript特有の機能を少しでも覚えれば、よりTypeScriptらしいコードが書けるようになります。

値と変数

プログラミング言語は「値」を操作するものです。TypeScriptでは非常に多くの値が使われています。重要なのは、「値には種類(型、Type)がある」という点です。

値の型というのは、「それがどういう内容の値なのか」を示すものです。例えば数字なのか、文字なのか、あるいはその他の特定の用途に使われるものなのか。それぞれの値の型を理解し、1つ1つの値が「これはどういう値なのか」をきちんと把握してスクリプトを書く、それがTypeScriptの基本です。

この値の型は「基本型」と、それ以外に分かれます。基本型とはその名の通りプログラムで使われるもっとも基本的な型で、以下の3つがあります。

- 数値(number)
- テキスト(string)
- 真偽値(boolean)

数値とテキストはだいたいわかるでしょう。問題は「真偽値」というものですね。これは「真か偽か」という二者択一の状態を扱うためのものです。

例えば、「正しいか、正しくないか」というような状態を扱うのに真偽値は使われます。二者択一なので、値は「true」「false」という2つしかありません。

特殊な値

この他、TypeScriptには特別な状態を示す値がいくつか用意されています。以下のようなものです。

null	「値が存在しない」状態を示します。
undefined	「値が用意されていない」状態を示します。
NaN	数値の演算ができない状態を示します。

これらは実際にスクリプトを書くようになるといずれ目にすることになるでしょう。ここでは「こういう特別な値が用意されている」ということだけ頭に入れておいてください。

変数の定義

値はスクリプトの中でそのまま使うこともありますが、それ以上に「値を保管する入れ物に入れておいて、そこから値を出し入れしながら使う」ということが多いでしょう。

この「値の入れ物」は「変数」と呼ばれます。この変数は、以下のような形で作成します。

```
let 変数名 : 型
let 変数名 = 値
```

最初に「let」というものを付け、その後に変数の名前を指定します。

変数だけを用意しておく(まだ値は保管しない)ときは、「変数名:型」というように変数の名前とそこに保管する値の型をコロンでつなげて記述します。保管する値がすでにある場合は、「変数名 = 値」というようにイコール記号を使って値を変数に設定します(これを「代入」と言います)。値を代入するときは、代入する値の型が自動的に変数にも設定されます。

「定数」もある

この他、「定数」という入れ物もあります。これは「値が変更できない変数」です。以下のようにして作成します。

```
const 定数名 = 値
```

定数は値を変更することができません。したがって、最初に定数だけ用意しておいて後で値を代入するといった使い方ができません。定数を作ったときに用意されていた値が設定され、それ以後は一切値を変更できないのです。

四則演算について

数値の値や変数は四則演算の記号を使って計算できます。用意されている演算記号は「+-*/」といったものです。キーボードのテンキーのところにある記号そのままですね。また、ちょっと見慣れないものですが「%」という演算記号も用意されています。これは割り算のあまりを計算するもので、例えば「10 % 3」とすると結果は「1」になります。

この他、演算の優先順位を指定する()記号も使うことができます。

計算をさせよう

では、「値」「変数」「演算記号」といったものを組み合わせ、簡単な計算を行ってみましょう。プライグラウンドで、左側のテキストエディタの内容を以下に書き換えてください。

▼リスト2-1

```
const tax = 0.1
const price = 12500
const result = price * (1.0 + tax)
console.log(price + 'の税込価格は、' + result + '円です。')
```

実行すると、変数priceの値（12500）を1.1倍して税込価格を計算し表示します。ここではconstで3つの定数を用意し、これを組み合わせて結果を表示させています。

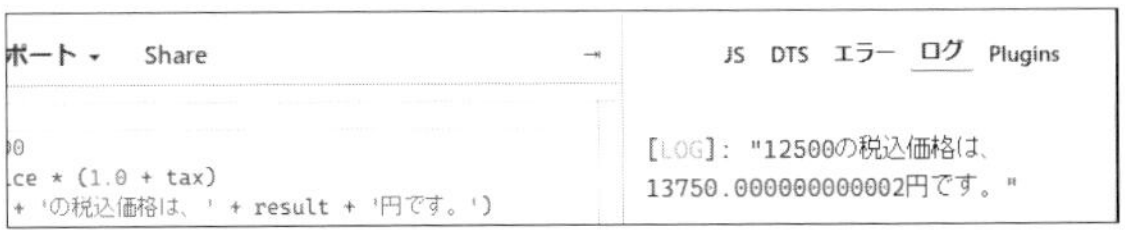

図2-3：実行すると右側に結果が表示される。

C O L U M N

文の終わりは改行かセミコロン

ここでは複数の文を記述していますね。TypeScriptでは、文は「改行」か、またはセミコロンで区切られます。1つ1つの文を改行して書くか、文の最後にセミコロンを付ければいいのです。もちろん、「セミコロンを付けて改行」してもOKです。

結果の表示

結果の表示には、「console.log」というものを使っています。以下のような形で記述します。

```
console.log( 表示する値 )
```

これだけで、実行すると指定の値を右側のエリアに表示します。このconsole.logというのは、「consoleオブジェクトのlogメソッド」というものです。

TypeScriptでは、オブジェクトと呼ばれる複雑な内容の値が多数使われています。このconsoleもその1つで、そこにあるlogというものを呼び出しているのです。

オブジェクトについては改めて説明するので、ここでは「console.logの後の()内に値を書けば、それが表示される」ということだけ頭に入れておいてください。

テキストの演算

ここでは、logの()部分でいくつもの値を1つにつなげる書き方をしています。この部分ですね。

```
log(price + 'の税込価格は、' + result + '円です。')
```

テキストとの値と計算結果の値（数値）が＋記号でつながっていますね。この＋記号は、実は「足し算」ではありません。これは「値をテキストとしてつなげる」という働きをするものです。

TypeScriptには、テキストの値にも演算記号が用意されています。それが「＋」です。これは左側と右側の値をテキストとして1つにつなげます。

この「テキストの＋演算」は、＋の左右どちらかの値がテキストでなければいけません。両方とも数値だと、普通に「数値の足し算」になってしまいます。テキストが混じっていれば、それは「テキストの演算」であると判断されます。

C O L U M N

13750.000000000002の秘密

リスト2-1を実行する計算結果が表示されますが、その値に驚いたかもしれません。表示されるのは以下のような値なのです。

[LOG]: "12500の税込価格は、13750.000000000002円です。"

「13750.000000000002って何だ?」と思ったでしょう。これは「実数の演算誤差」です。プログラミング言語では、実数の演算には誤差が含まれる可能性があります。実数は完全に正確な値ではないのです。このため、時々こういう誤差が現れてしまいます。これはTypeScript固有の問題ではなく、「コンピュータを使っている限り必ず起こる現象」と考えてください。

型の変換

TypeScriptを使い始めて最初にぶつかる問題は、「値の型が変えられない」ということでしょう。例えば先ほどのリスト2-1で、最初の文を以下のように書き換えてみましょう。

▼修正前

```
const tax = 0.1
```

▼修正後

```
const tax = "0.1"
```

こうすると、その後の行にある(1.0 + tax)という部分に赤い波線が表示されます。右側のエリアから「エラー」という項目をクリックして表示を切り替えると、発生したエラーが表示されます。

このエラーは、price * (1.0 + tax)という演算の右側の値である(1.0 + tax)がテキストであるために、「数字とテキストを掛け算しようとした」としてエラーになっているのです。

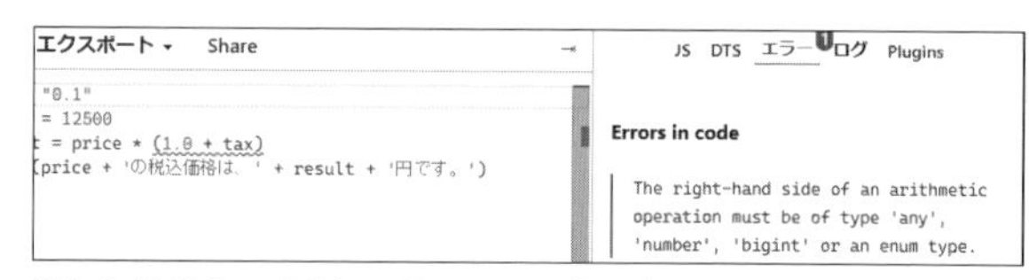

図2-4:(1.0 + tax)のところにエラーの表示が現れた。

テキストを数値に変換する

このようなとき、演算を正しく行うためには「型の変換(キャスト)」という操作を行う必要があります。ここではテキストの値を数値に変換できれば、問題なく動作するようになるわけです。

では、リスト2-1の3行目を以下のように書き換えてみましょう。

▼修正前

```
const result = price * (1.0 + tax)
```

▼修正後

```
const result = price * (1.0 + Number(tax))
```

これでエラーがなくなります。taxという変数の部分を、Number(tax)というように変更していますね。これが型の変換を行っているところです。

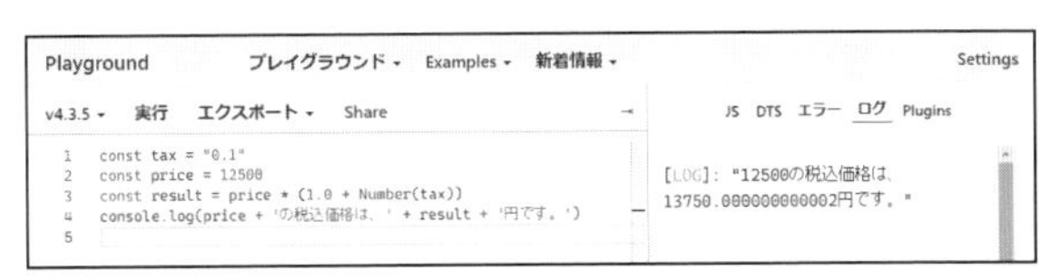

図2-5：エラーが解消された。

TypeScriptでは、以下のようにして型を変換します。

▼数値に変換

```
Number( 値 )
```

▼テキストに変換

```
String( 値 )
```

▼真偽値に変換

```
Boolean( 値 )
```

これらは型変換の基本として頭に入れておきましょう。値の型はプログラミングに慣れていないと非常にわかりにくく面倒なものに感じられます。しかし、TypeScriptは「厳密な型の扱い」こそがプログラムのさまざまな問題の発生を防ぐという考えのもとに設計された言語なのです。型の扱いはTypeScriptをマスターする上で避けて通れない不可欠のものと考え、しっかりと頭に入れておきましょう。

配列について

変数はさまざまな値を保管することができますが、基本的に「1つの変数に1つの値」しか保管できません。しかし、たくさんの値をまとめて扱いたいことはよくあります。こうしたときに用いられるのが「配列」という値です。配列は「多数の値を1つにまとめて管理する、特別な値」です。以下のようにして値を作成し、利用します。

▼配列を作る(1)

```
[値1, 値2, ……]
```

▼配列を作る(2)

```
new Array()
```

▼指定のインデックスの値を利用する

```
配列 [ 番号 ]
```

配列では、保管されている値は「インデックス」と呼ばれるものを使って取り出します。インデックスとは、保管された値にゼロから順に割り振られる番号です。この番号を指定して配列から値を取り出したり、配列の特定の要素を書き換えたりできます。

配列の型

配列は、基本的に「すべて同じ型の値」を保管します。では、配列の型というのはどのように指定するのでしょうか？　これは、型名の後に[]というものを付けて記述します。

```
let arr:string[]
```

例えばこのようにすると、stringの値を保管する配列の型が指定できます。まぁ、変数に配列の値を代入して使うときはいちいち型の指定など書くことはないでしょうから、「配列の型の書き方」など知らなくても問題ないでしょう。

けれど、この先の「関数」などを利用するようになると「型の指定」は非常に重要になります。ですから、「配列の型はこう指定するんだ」ということぐらいは今のうちに覚えておきましょう。

C O L U M N

配列とコレクション

この配列のように、多数の値を持っている値というのはTypeScriptにはたくさん登場します。それらは「オブジェクト」と呼ばれる値です(オブジェクトについては後述します)。こうした多数の値を扱うものは一般に「コレクション」と呼ばれます。コレクションは、種類は違ってもだいたい同じような機能が用意されています。

配列を使う

配列を使った簡単なサンプルを作ってみましょう。プレイグラウンドのスクリプトを以下に書き換えてください。

▼リスト2-2

```
const arr = [100, 200, 300]
let total = 0
total += arr[0]
total += arr[1]
total += arr[2]
console.log('Total: ' + total)
```

実行すると、「"Total: 600"」と結果が表示されるでしょう。ここでは配列arrを用意して、そこに100, 200, 300という3つの値を保管しています。そして、その各値を変数totalに加算していきます。

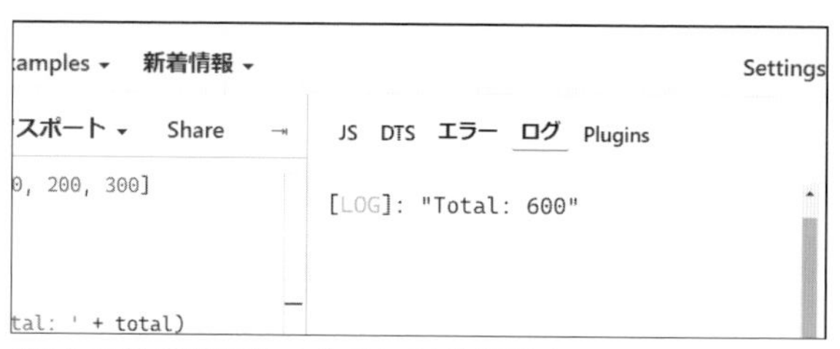

図2-6：配列の各要素をtotalに足して合計を計算する。

まず、配列を用意しています。

```
const arr = [100, 200, 300]
```

これで、変数arrの中に100, 200, 300という3つの値を持つ配列が代入されました。これらの値を順に取り出してtotalに足していきます。

```
total += arr[0]
total += arr[1]
total += arr[2]
```

配列の値はこのarr[0]のように、インデックスの番号を[]で指定して取り出します。保管されている値を変更するときも同じように番号を指定して値を代入します。

代入演算子について

今回のサンプルではtotalに値を足すのに「+=」という記号を使っていますね。これは「代入演算子」というもので、代入と演算を同時に行います。以下のように書き換えると働きがよくわかります。

```
total += arr[0]
```

⇩

```
total = total + arr[0]
```

基本的には普通のイコールと四則演算による式で表せるので、覚えなくてもまったく問題はありません。ただ、代入演算子を使ったほうがスッキリとシンプルに書けるので、使わない手はないでしょう。そう難しいものではありませんから、ここで覚えておいてください。

この代入演算子は足し算の「+=」だけでなく、「-=」「*=」「/=」「%=」といったものが用意されています。

Chapter 2

2.2. 構文を使おう

制御構文について

値と演算の基本がだいたい頭に入ったら、次に覚えるべきは「構文」でしょう。構文というのは、言語に用意されている文法の1つです。プログラミング言語では、特に「制御構文」というものが重要になります。

制御構文は、プログラムの処理の流れを制御するための構文です。これは大きく「分岐」と「繰り返し」に分かれます。

TypeScriptでは、2種類の分岐と2種類の繰り返し（細かに見ていくともう少し数が多くなります）が用意されています。これらの使い方を覚えていきましょう。

ifによる分岐

まずは「分岐」からです。分岐の基本となる構文は「if」と呼ばれるものです。以下のように記述します。

```
if ( 条件 ) {
    条件成立時の処理
} else {
    不成立時の処理
}
```

ifの後の()内に、チェックする条件となるものを用意します。その条件が成立すれば、()の後にある{}の部分を実行します。もし不成立だった場合は、elseの後にある{}部分を実行します。

このelse {……}の部分は実はオプションであり、省略することもできます。その場合は、条件が不成立だと何もしないで次に進みます。

条件と比較演算

if文の最大の問題は「条件をどうやって作るか」でしょう。チェックする条件と言われても、いったい何を書けばいいのかわかりませんね。

この条件は、「真偽値として結果が得られるもの」を指定します。真偽値というのは、「正しいかそうでないか」というように二者択一の状態を表す型でしたね。この真偽値が得られるものであれば、値や変数でも式でもそれ以外のものでも何でも条件に使うことができます。

当面の間、この条件は「2つの値を比較する式」を使う、と考えておきましょう。これはTypeScriptの「比較演算子」と呼ばれるものを使います。次表のような式です。

A == B	AとBは等しい。
A != B	AとBは等しくない。
A < B	AはBより小さい。
A <= B	AはBと同じか小さい。
A > B	AはBより大きい。
A >= B	AはBと等しいか大きい。

このようにして2つの値を比較し、それが正しいかどうかで実行する処理を分岐する、それがif文の働きです。

ifを使ってみる

実際にifを使ってみましょう。プレイグラウンドのスクリプトを以下のように書き換えて実行してください。

▼リスト2-3

```
const x = 1234 //☆
if (x % 2 == 0) {
    console.log(x + 'は、偶数です。')
} else {
    console.log(x + 'は、奇数です。')
}
```

図2-7：定数xの値が偶数か奇数かを調べる。

実行すると、"1234は、偶数です。"と表示されます。動作を確認したら、☆の数字をいろいろと書き換えて試してみましょう。いくつに変更しても、その数字が偶数か奇数かを正しく判断し表示します。

ここでは、(x % 2 == 0)という条件を用意しています。x % 2というのは、xを2で割ったあまりを計算する式です。つまり、これで「xを2で割った値がゼロである」ということをチェックしていたのです。実際にゼロならば結果はtrueとなり、()の後の{}が実行されます。ゼロでなかった場合、結果はfalseとなり、elseの後にある{}が実行されます。

switch文による分岐

もう1つの条件分岐が「switch」という構文です。これは、ifよりも若干複雑になっています。以下に使い方を整理しておきましょう。

```
switch ( 対象 ) {
  case 値1:
    値1のときの処理
    break
  case 値2:
    値2のときの処理
    break

  ……必要なだけcaseを用意……

  default:
    どれにも一致しないときの処理
}
```

switch構文は、最初の()にチェックする値を用意します。変数でも式でもかまいません。switchではこの値をチェックし、その後の{}内から同じ値のcaseを探します。そして同じ値のものが見つかったら、そこにジャンプをします。

それぞれのcaseでは、その後に実行する処理を書きますが、最後に必ず「break」という文を書いておきます。これは、「ここで構文を抜ける」というものです。

もし、同じ値のcaseが見つからなかった場合には、最後のdefaultというところにジャンプして処理を実行します。defaultはオプションなので省略することもできます。その場合は、caseで同じ値が見つからないと何もしないで次に進みます。

月の数字から季節を表示する

では、これもサンプルを挙げておきましょう。今回は「今、何月か」を示す数字から季節を調べて表示するというものです。

▼リスト2-4

```
let month = 7 //☆
let season = ''
let m:number
if (month == 12) {
    m = 0
} else {
    m = month
}
switch(Math.floor(m / 3)) {
    case 0:
        season = '冬'
        break
    case 1:
        season = '春'
        break
    case 2:
        season = '夏'
        break
    case 3:
        season = '秋'
        break
    default:
        season = '不明'
}
console.log(month + '月は、「' + season + '」です。')
```

実行すると、"7月は、「夏」です。"と表示されます。1行目にある変数monthの値を元に季節を調べて表示をしています。☆の数字をいろいろと書き換えて表示を確かめてみましょう。

図2-8：実行すると月の値から季節を調べて表示する。

割り算結果を整数で得る

ここでは、switchのチェックする内容を以下のように記述していますね。

```
switch(Math.floor(m / 3))
```

()にはMath.floor(m / 3)と書かれています。ここでは変数mの値を3で割った値がいくつかによってcaseにジャンプするようにしています。では、このMath.floorというのは何でしょうか？　これは「小数点以下を切り捨てる」ためのものです。()に記述した値の小数点以下を切り捨て整数部分だけを取り出します。

TypeScriptでは、割り算は小数点以下まで細かく計算されます。したがってm / 3の値は、整数にはならないこともあります。そうするとcaseの値に正しくジャンプできません。そこで、Math.floorという「小数点以下切り捨て」の機能を使い、割り算した整数の値でcaseにジャンプさせているのですね。このMath.floorというものは実数から整数部分だけを取り出すのによく利用されます。

while構文による繰り返し

繰り返しの構文の中でもっとも簡単なのは「while」というものです。以下のように使います。

▼while文①

```
while ( 条件 ) {
    繰り返す処理
}
```

▼while文②

```
do {
    繰り返す処理
} while ( 条件 )
```

whileは条件をチェックし、その結果を元に繰り返しを行うものです。2つ書き方がありますが、これは「繰り返す前に条件をチェックするか、後にチェックするか」の違いです。「2つもあってわかりにくい」と言う人は、①の書き方だけ覚えておきましょう。これが基本の書き方です。

whileの条件は、ifの条件と同じく「真偽値」を使います。条件の値がtrueならばその後の{}部分を実行し、再びwhileに戻ります。そしてfalseになったなら、構文を抜けて次に進みます。したがって、繰り返すごとに条件で使う値が少しずつ変化していくような仕組みを考える必要があります。まったく値が変化しないと繰り返しから抜けることができず「無限ループ」という暴走状態になってしまうので注意してください。

合計を計算する

では、while文の例を作成しましょう。1から指定の数字までの合計を計算させてみます。

▼リスト2-5

```
const max = 100
let total = 0
let n = 0

while(++n <= max) {
    total += n
}
console.log(max + "までの合計は、" + total + 'です。')
```

実行すると、"100までの合計は、5050です。" と表示されます。結果を確認したら、☆マークの値をいろいろと書き換えてどうなるか試してみてください。

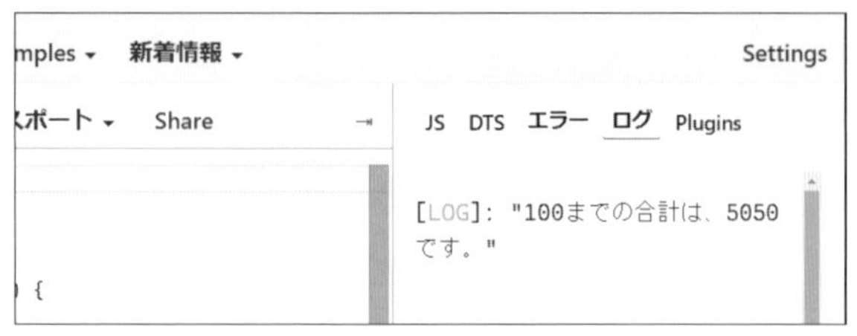

図2-9：実行すると1から100までの合計を計算する。

インクリメント演算子

ここではwhileの条件に(++n <= max)という式を指定しています。nとmaxを比較して、nがmaxと等しいか小さい間繰り返すようになっていますが、nのところに付いている++というのが気になりますね。これは何でしょう？

これは「インクリメント演算子」といって、nの値を1増やす働きをするものです。whileで呼び出されるたびに、nの値を1増やしてはmaxと比較していたのですね。

同じようなものに、変数の値を1減らす「デクリメント演算子」というものもあり、こちらは「--」というようにマイナスを2つ付けます。

これらの演算子は、変数の前にも後にも書くことができます。++nでもn++でも大丈夫なのです。ただし、働きは微妙に異なるので注意しましょう。

++n	nの値を1増やし、その値を取り出す。
n++	nの値を取り出してから1増やす。

わかりますか？　つまりn++の場合は、値は1増えるけれど、取り出されるnの値は実は増えていないのです。

この違いは、実際に利用する際にけっこう引っかかる人が多いでしょう。例えば今のwhile文ですが、これは以下のように2通りの書き方ができます。

```
while(++n <= max)
while(n++ < max)
```

この2つは、どちらもまったく同じことをしています。++の位置が変数のどちら側につくかで、比較演算子が<=になるか<になるかが変わります。なぜそうなるのか考えてみましょう。

for構文による繰り返し

繰り返しのもう1つの構文は「for」というものです。whileに比べると少し書き方が複雑です。

```
for ( 初期化 ; 条件 ; 後処理 ) {
    繰り返す処理
}
```

▼各項目の働き

初期化	繰り返しに入ると最初に実行する処理。
条件	繰り返しを行うための条件。
後処理	繰り返し後に実行する処理。

このように、forでは「繰り返しをスタートするときに実行する処理」「繰り返す条件」「繰り返すたびに実行する後処理」といったものを用意する必要があります。慣れないとかなりわかりにくいでしょう。

当面の間、これらは「変数の初期化と比較、値の増減」を行うものだと考えてください。例えば、こんな具合です。

```
for (let i = 初期値 ; i < 終了値 ; i++)
```

変数iを用意し、繰り返すごとに1増やします。そしてiが終了値になったら繰り返しを抜けます。数字を初期値から終了値まで1ずつカウントしながら繰り返しを実行していくことになります。

合計の計算をforに書き換える

利用例を見てみましょう。先ほどwhileで作成した「数字の合計を計算する」処理を、forに書き換えてみます。

▼リスト2-6

```
const max = 100 //☆
let total = 0

for(let i = 1;i <= max;i++) {
    total += i
}
console.log(max + "までの合計は、" + total + 'です。')
```

これでも、まったく同じように合計が計算されます。☆の値をいろいろと書き換えて動作を確認してみてください。

ここでは(let i = 1;i <= max;i++)というようにforを設定しています。これは以下のように働きます。

1 `let i = 1`……スタート時に変数iに1を設定する。
2 `i <= max`………iがmaxと等しいか小さい間、繰り返す。
3 `i++`……………………繰り返し後、iの値を1増やす。

繰り返しをスタートすると、まずlet i = 1でiに1が代入されます。そしてtotal += iを実行後、i++でiの値が1増えます。再び繰り返しに戻り、total += iを実行してiを1増やします。これを繰り返していき、i <= maxがfalseになるまで(つまり、iの値がmaxを超えるまで)繰り返し続けるわけです。

forの()に用意する3つの項目の書き方がしっかり理解できれば、それほど難しいものではありません。何度かサンプルをアレンジしてさまざまな繰り返しを動かしてみましょう。

for-inによる配列の処理

for構文にはもう1つ別の書き方があります。それはfor-inというもので、以下のように記述をします。

```
for ( let 変数 in 配列 ) {
     繰り返す処理
}
```

for-inは配列のための構文です。繰り返すたびに、配列からインデックスの値を変数に取り出していきます。これを使って配列から値を取り出して処理していけば、配列のすべての要素について処理を行うことができます。

for-inを使うと配列に保管されている値の数などに関係なく、常にすべての値について処理できます。通常のforでは、保管されている配列の要素すべてについて処理するにはプログラマが正しく処理を書かないといけません。配列の全要素を処理するときは、このfor-inを使ったほうがいいでしょう。

配列データを合計する

これも例を上げましょう。配列に保管されている値をすべて合計し、平均を計算してみます。

▼リスト2-7

```
const arr = [10,20,30,40,50] //☆
let total = 0

for(let i in arr) {
    total += arr[i]
}
let ave = Math.floor(total / arr.length)
console.log("合計は、" + total + '、平均は、'
     + ave + 'です。')
```

実行すると、"合計は、150、平均は、30です。"といった結果が表示されます。☆の配列の内容をいろいろと書き換えて動作を確認してみましょう。

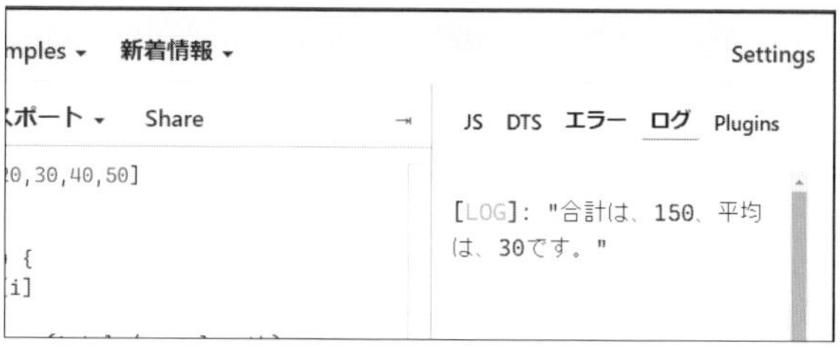

図2-10：配列データの合計と平均を計算する。

ここではfor-inを使って、配列arrから順に値を取り出しtotalに加算しています。

```
for(let i in arr) {
    total += arr[i]
}
```

(let i in arr)でarrからインデックスの値を変数iに取り出していきます。そしてarr[i]で配列から値を取り出し、それをtotalに加算します。

配列の要素数

これで合計は計算できますが、その後で平均を計算している文を見てみましょう。このようになっていますね。

```
let ave = Math.floor(total / arr.length)
```

合計のtotalをarr.lengthというもので割っています。このarr.lengthというのは、配列arrの要素数を示すものです。配列の変数名の後に「.length」と付けることで、その配列の要素数が得られます。

これは、配列の「プロパティ」という値を利用しています。プロパティについてはオブジェクトの説明のところで改めて説明しますので、今は「.lengthと付ければ要素数が得られる」とだけ覚えておきましょう。

Chapter 2

2.3. 関数を使いこなそう

関数とは？

ここまでサンプルで作成したスクリプトは、基本的に「最初から最後まで順に処理を実行する」というものでした。

しかし、ある程度複雑な処理を行うようになると、このような「順番に実行して終わり」というものでは処理の実現が難しくなってきます。

例えば、データを決まった形式で出力するような場合を考えてみましょう。スクリプトの中でさまざまな計算処理を行い、そのたびに決まった形式で出力を行います。ということは、同じ「決まった形式で出力する」という処理をスクリプトのあちこちに用意しないといけません。

このように頻繁に利用する処理があったなら、その部分をメインプログラムから切り離し、いつでも呼び出せるようにできれば、同じ処理を何度も書かずに済みます。これを実現するのが「関数」です。

関数は独立した小さなスクリプト

関数は、スクリプト全体の処理の流れから切り離された小さなスクリプトです。これはメインの処理から独立しており、そのままでは決して実行されることはありません。

逆に、「ここでこの関数を実行したい」と思ったなら、スクリプトのどこからでも呼び出して処理を実行させることができます。

関数は、「名前」「引数」「戻り値」といったもので構成されています。さまざまな書き方があるのですが、一番の基本は以下のような形になるでしょう。

```
function 名前 ( 引数 ): 戻り値 {
    実行する処理
}
```

functionの後に関数の名前を指定します。その後にある()には「引数」と呼ばれる変数を用意します。引数は、関数を呼び出す際に必要な値を渡すのに用いられます。

その後には「:戻り値」というものが用意されていますね。これは関数の処理を実行後、呼び出したスクリプトに特定の値を返すためのものです。というとちょっとわかりにくいでしょうが、要するに「関数の実行結果を呼び出し元に伝えるためのもの」とイメージしてください。

引数と戻り値については後で改めて説明するので、とりあえず関数の基本的な書き方だけでも理解しておきましょう。

関数を利用する

簡単な関数を定義して利用してみましょう。プレイグラウンドのスクリプトを以下のように書き換えてください。

▼リスト2-8

```
function hello() {
    console.log('Hello!')
}

hello()
hello()
```

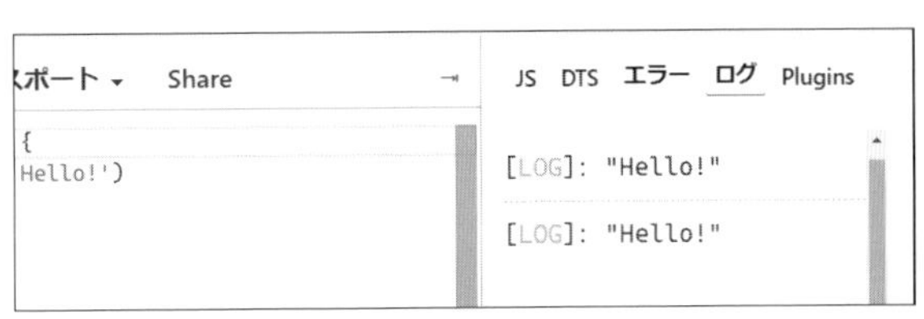

図2-11：「Hello!」という出力が2回表示される。

実行すると、"Hello!"という出力が計2回書き出されていることがわかるでしょう。ここでは、hello関数を以下のように定義しています。

```
function hello() {……}
```

引数なし、戻り値の指定なしのシンプルな関数です。これを呼び出しているのが、その後のhello()という文です。関数は、このように「名前 (引数)」という形で呼び出せます。

定義された関数は、何度でも呼び出すことができます。ここでは2回呼び出していますが、何百回でも何千回でも問題なく利用できます。

引数を使う

単純な関数はこんな具合にとても簡単に使えます。では、これに「引数」を追加してみましょう。スクリプトを以下のように修正してください。

▼リスト2-9

```
function hello(name:string) {
    console.log('Hello!, ' + name + '!!')
}

hello('Taro')
hello('Hanako')
```

これを実行すると、以下のように2つのメッセージが出力されます。

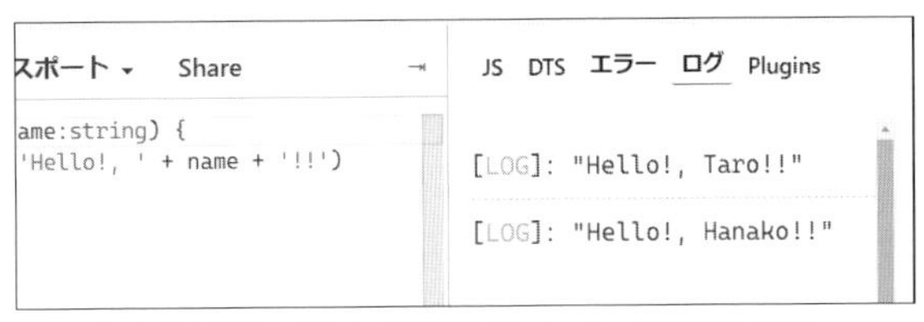

図2-12：名前を引数に指定して呼び出すとメッセージが表示される。

```
"Hello!, Taro!!"
"Hello!, Hanako!!"
```

このhello関数では、(name:string)というように引数が指定されています。これは、string型の値を()に付けて呼び出すことを示します。この関数を実行している部分を見てみると、このようになっていますね。

```
hello('Taro')
hello('Hanako')
```

()に引数の値を指定して呼び出すことで、その値が引数に用意された変数に代入され、利用できるようになります。このように、関数の中で必要な値は引数として渡して利用することができます。

ここでは1つの値だけを渡していますが、カンマで区切って複数の引数を記述することもできます。

戻り値を使う

関数のもう1つの重要な要素が「戻り値」です。これは関数の処理を実行後、関数の呼び出し元に返される値のことです。これにより、「結果を返す関数」を作ることができます。

値を返すには、「return」というキーワードを使います。

```
function 関数(○○):型 {
    ……略……
    return 値
}
```

例えばこのように、処理を実行後に「return 値」とすると、その場で関数を抜けて指定した値を返します。returnで関数から抜けるため、その後に処理があってもそれらは実行されません。

では、関数を利用した例を見てみましょう。

▼リスト2-10

```
function total(max:number):number {
    let total = 0
    for(let i = 1;i <= max;i++) {
        total += i
    }
    return total
}

console.log('合計:' + total(100))
console.log('合計:' + total(200))
```

実行すると、1から100までと200までの合計を計算して表示します。ここではtotalという関数を定義し、引数に数値を渡すとその合計を計算して返します。最後にreturn totalとしているのがわかるでしょう。

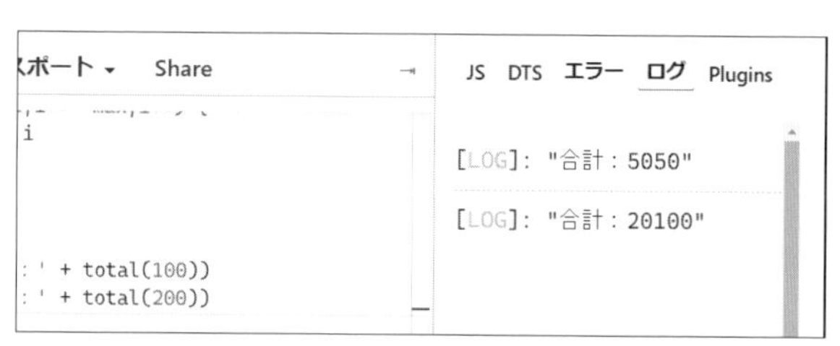

図2-13:実行すると指定した数までの合計を計算して表示する。

利用している部分は、log('合計:' + total(100))と記述しています。logの()の中に、'合計:' + total(100)というように式が書かれています。まるでtotal(100)というのがなにかの値であるかのようですね。

関数は、「戻り値の値」と同じものとして使うことができるのです。ここではnumberを返していますから、このtotal関数は「numberの値」と同じように、式や他の関数の引数などで使うことができます。

省略可能な引数

関数の「引数」は関数利用の上でもっとも重要なものです。これらは、さまざまな利用の仕方が用意されています。覚えておくと便利な機能をいくつかピックアップして説明しましょう。

まずは「オプション」の引数についてです。引数が用意されている関数は、呼び出す際に常に引数の値を用意しなければいけません。しかし、「これは必要なければ用意しなくてもいい」といった値もあることでしょう。そのようなときに使われるのが「オプション」です。

オプションは「用意してもしなくてもいい引数」です。これは変数名の後に?を付けるだけで作れます。例えばこんな具合ですね。

```
function abc(x?:number)
```

これで、引数を用意してもしなくても呼び出せる関数が作れます。ただし、これで問題なく動くようにするためには、引数の値がある場合とない場合のそれぞれに対応する形でスクリプトを用意しないといけません。

オプション引数を使う

オプション引数を使った例を見ながら、値がない場合の対処法を説明しましょう。以下は金額と税率の引数を持った関数calcを使って税込価格を計算する例です。

▼リスト2-11

```
function calc(price:number, tax?:number):number {
    let m:number
    if (tax == undefined) {
        m = 1.1
    } else {
        m = 1.0 + tax
    }
    return Math.floor(price * m)
}

console.log('税込価格：' + calc(12300))
console.log('税込価格：' + calc(12300,0.08))
```

これを実行すると、金額から税込価格を計算して表示します。calc関数では、引数は(price:number, tax?:number)というように指定されています。priceは金額で、taxは税率の値になります。税率は省略すると、0.1（10%）として判断されます。

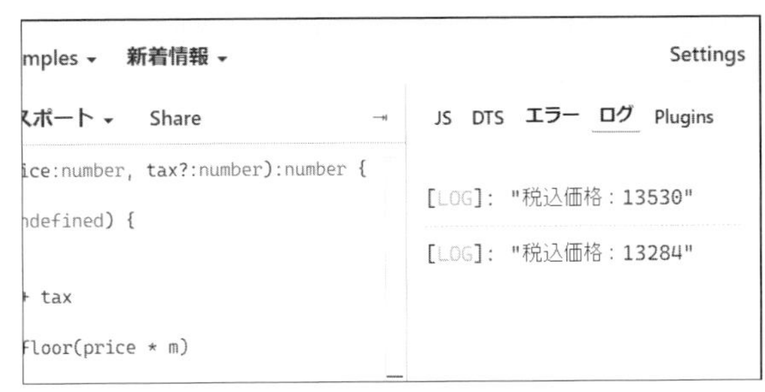

図2-14：金額を指定して送ると税込金額が表示される。

ここでは、オプション引数に値が渡されたどうかを以下のようにしてチェックしています。

```
if (tax == undefined) {……
```

undefinedというのは、「値が存在しない状態」を示す特別な値でしたね。tax == undefinedとすることで、「taxという値が存在しない」かチェックしているのです。これがtrueならば、taxという値は用意されていない（省略されている）ことになります。

このように、渡される引数の値がundefinedかどうかを確認することで、オプション引数の値がない場合に対応できます。

引数の初期値

オプション引数は便利ですが、いちいち「値が存在するか」を調べないといけないのが面倒ですね。実は、別のやり方でも「省略可能な引数」を作ることができます。それは、「引数に初期値を指定する」のです。やってみましょう。先ほどのcalc関数を以下のように書き換えてください。

▼リスト2-12

```
function calc(price:number, tax:number = 0.1):number {
    return Math.floor(price * (1.0 + tax))
}
```

これでもまったく同じ使い方ができます。calc(12300,0.08)と2つの引数を指定しても、calc(12300)と第2引数を省略しても問題なく動きます。ここでは以下のように引数を用意しています。

```
(price:number, tax:number = 0.1)
```

taxの引数には「= 0.1」というようにして値が代入されていますね。これが初期値です。こうすると、引数に値が設定されていない場合はこの0.1が自動的に代入されます。このやり方なら、後でtaxの値があるかどうか調べたりする必要もありません。

複数の型を使える引数

引数は型を指定して用意しておくのが基本です。つまり、それぞれの引数は「この型の値を入れる」というのがあらかじめ決まっているわけです。

けれど、時には「本来指定しているのとは違う型の値も使いたい」ということもあるでしょう。通常は数字を指定するけれど、場合によってはテキストの値を指定したい、というようなことですね。

このような場合には、「条件型」と呼ばれるものが利用できます。条件型とは複数の型のいずれかを指定できるもので、以下のように記述します。

```
( 引数 : 型A | 型B )
```

これで、AとBのいずれの型の値も渡せる引数が作れます。ただし、オプション引数のときと同様に「どの型の値が渡されたか」をチェックし、それに応じて対応できるような処理を考える必要があります。

テキストで数値も渡せる関数

簡単な利用例を挙げておきましょう。値の合計を計算する関数addについて、数値だけでなく"123"というようにテキストとして値を渡しても計算できるようにしてみます。

▼リスト2-13

```
function add(value: number | string):void {
    let v = Number(value)
    if (v == NaN) {
        v = 0
    }
    let re = 0
    for (let i = 1;i <= v;i++) {
        re += i
    }
    console.log('total: ' + re)
}

add(10)
add('200')
add('abc')
```

ここではadd(10)というように数字を渡すだけでなく、add('200')というようにテキストで数字を渡しても合計を計算できます。さらにはadd('abc')というように、数字ではない値を渡しても"total: 0"と結果を表示します。

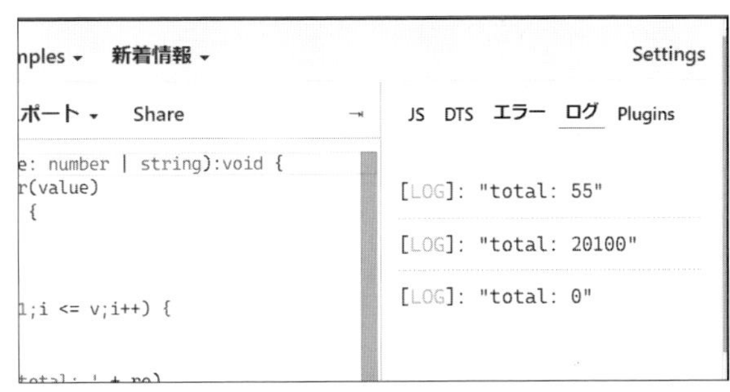

図2-15：テキストで数字を渡しても合計できるadd関数。

ここでは以下のようにして関数を作成しています。

```
add(value: number | string)
```

引数valueは数値でもテキストでもいいようになっています。実際に関数が呼び出されると、以下のようにして引数から変数vに値を取り出します。

```
let v = Number(value)
if (v == NaN) {
    v = 0
}
```

Numberは値を数値に型変換するものでしたね。これもよく見れば関数であることに気がつくでしょう。引数は数値でもテキストでも何でも指定できますが、例えば'abc'のように数値にできない値が引数に指定されることもあります。こうした場合、Numberの値はNaN（数値でないことを示す特別な値）になります。

そこで値をNumberで数値に変換した後、その値がNaNの場合はゼロとして扱うようにしました。このように複数の型が渡される場合は、渡される値がどんなものかを考えて処理することが必要になります。

C O L U M N

値を返さない戻り値は「void」

今回のadd関数では、戻り値に「void」というものが指定されていました。このvoidは「値を返さない」ことを示すものです。値を返さない関数では戻り値の指定を書かなくても問題ありませんが、きちんと指定したいときはvoidを使ってください。

複数の値を扱う「タプル」

戻り値は、実行結果を返すためのものですが、基本的には1つの値が返されます。しかし、複数の値を返したい場合もあるでしょう。そのような場合には以下のような記述の仕方ができます。

```
function 関数 (○○): [型名, 型名, ……] {……
```

わかりますか？ []の中に返される値の型を必要なだけ記述しています。これで、それらの値をまとめたものが返されます。

この[]の中に複数の値をまとめたものは配列のようですね。けれど、配列はすべて同じ型の値を保管するものです。このように型の異なる値をひとまとめにすることはできません。

このような「[]で型の異なる複数の値をひとまとめにしたもの」は「タプル」と呼ばれます。タプルは「複数の値からなる決まった形式の値」を扱うためのものです。例えば[string, number, string]というタプル型は、「テキスト、数値、テキスト」という形式の値を扱います。「数値、テキスト、テキスト」ではダメなのです。正確に同じ型の値が同じ順番で用意されていなければいけません。

タプルを使って複数の値を返す

タプルを使って複数の値を返す関数を作ってみましょう。プレイグラウンドに以下のように記述して実行してみてください。

▼リスト2-14

```
function getData(id: number):[string, number] {
    const data:[string,number][] = [
        ["taro", 39],
        ["hanako", 28],
        ["sachiko", 17]
    ]
    return data[id]
}

const [nm,ag] = getData(1) //☆
console.log('名前:' + nm + '、年齢:' + ag)
```

実行すると、"名前：hanako、年齢：28"というように結果が表示されます。☆の部分をgetData(0)やgetData(2)とすると、異なるデータが表示されるのがわかるでしょう。

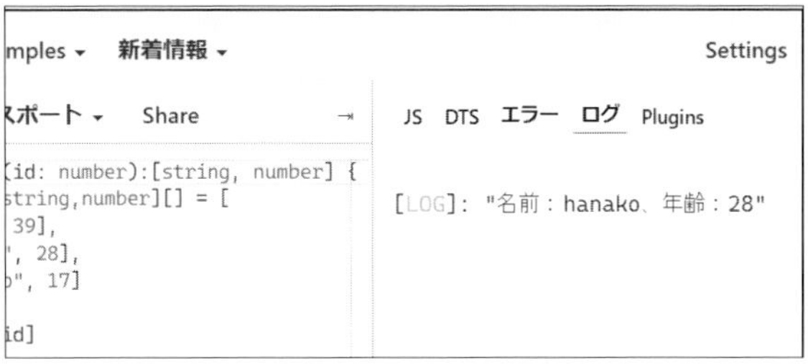

図2-16：実行すると指定した番号のデータが表示される。

ここでは以下のような形で関数が作られています。

```
function getData(id: number):[string, number] {……
```

戻り値が[string, number]と指定されていますね。これで、stringとnumberのタプルが返されることがわかります。

では、getDataを呼び出している部分を見てみましょう。

```
const [nm,ag] = getData(1)
```

タプルは普通に「const data = getData(1)」というような形で、結果のタプルを変数に入れて利用することもできます、しかし、タプルの1つ1つの要素の部分に変数を用意しておくことで、返されたタプルにある個々の値を各変数に直接代入することもできるのです。

このように、複数の値からなる戻り値をそれぞれの変数に代入するやり方を「分割代入」といいます。分割代入はタプルの他、この後に登場する「オブジェクト」でも多用されます。非常に便利な機能なので、使い方ぐらいは覚えておきましょう。

関数は値だ！

関数について学ぶとき、しっかりと頭に入れておいてほしいのが「関数は値である」という点です。そう、関数は「値」として使えるのです。

例えば、以下のように記述してみるとよくわかります。

```
変数 = function(○○) {……}
```

関数は、このように変数に代入することができます。functionの後には関数名は書きません。これで変数に関数が代入できました。この関数を使うときは、変数の後に()を付けて呼び出せばいいのです。

実際に試してみましょう。プレイグラウンドに以下のスクリプトを書いて実行してみてください。

▼リスト2-15

```
function double(n: number):number {
    return n * 2
}

console.log(double(123))
```

doubleという関数を作り、それを呼び出しています。これ自体はなんの問題もない関数です。

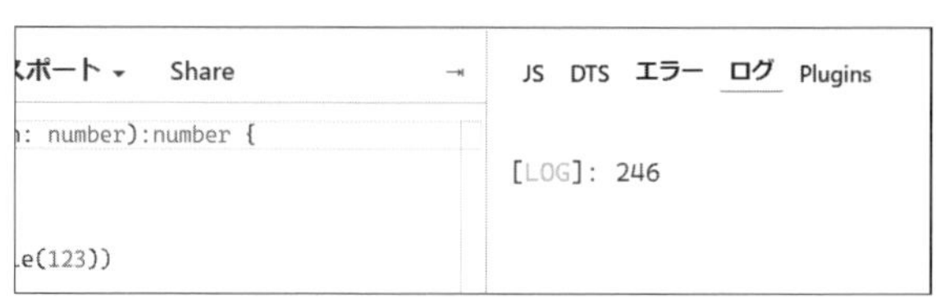

図2-17：数値を2倍する関数doubleを呼び出す。

変数に関数を代入する

これを書き換えてみましょう。関数を変数に代入し、利用するように変更してみます。

▼リスト2-16

```
const double = function(n: number):number {
    return n * 2
}

console.log(double)
console.log(double(123))
```

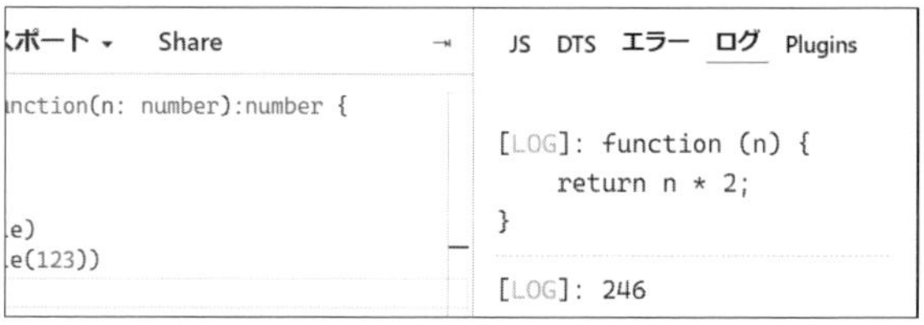

図2-18：関数をdoubleに代入し、利用する。

今度は関数をdoubleという変数に代入しています。そしてlog(double)というようにdouble変数を出力するのと、log(double(123))というようにdoubleに引数を付けて呼び出した結果を出力するのと、両方を行ってみます。すると、以下のように結果が出力されます。

```
function (n) {
    return n * 2;
}

246
```

log(double)では代入されている関数が出力され、log(double(123))では関数の実行結果が出力されます。こんな具合に、関数は値として扱うことができるのです。

引数に関数を使う

関数が値であるということは、関数を引数や戻り値に使うことだってできるということになります。「関数を引数にする」なんていうと、何だかとても難しそうに思えますね。どうなるのか、実際に試してみましょう。

▼リスト2-17

```
function print(n:number, f:Function):void {
    console.log('結果：' + f(n))
}

print(123,function(n:number){ return n+n})
print(123,function(n:number){ return Math.pow(n,2)})
print(123,function(n:number){
    return Math.floor(Math.sqrt(n))})
```

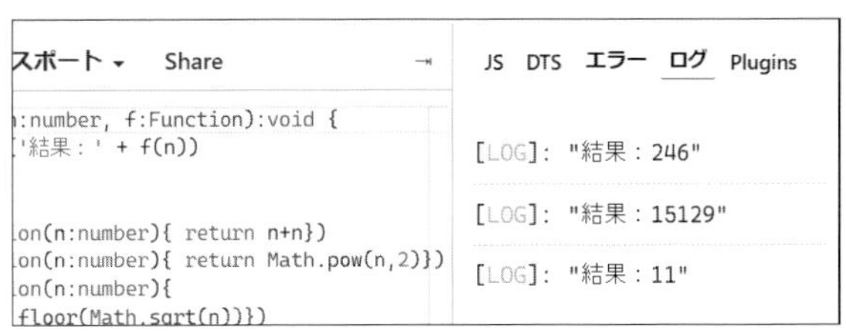

図2-19：さまざまな関数を引数に指定してprintを呼び出す。

実行すると、"結果：246"、"結果：15129"、"結果：11"というように実行結果が表示されます。このprint関数はnumberとFunctionという値を引数に指定していますね。このFunctionというのが、関数の型です。

実際にprint関数を呼び出している文を見てみましょう。

```
print(123,function(n:number){ return n+n})
```

第2引数にfunction(n:number){ return n+n}というものが指定されていますね。関数が値としてそのまま書かれているのです。

こんな具合にして、関数を値として書いて利用できるのですね。

関数の型を厳密に指定する

ただし、今のprint関数は必ずしも正確に動作しない場合があります。なぜなら、関数の指定をFunctionとしているからです。

関数とひと口にいっても、さまざまな形のものがあります。引数や戻り値が違えば動作の仕方も違ってきます。print関数の引数はnumber値を引数に指定し、実行してnumber値を返す関数でなければいけません。それ以外のものだと実行時にエラーになってしまいます。

ただf:Functionと指定しただけでは、引数や戻り値まで正確に指定することはできません。では、どうすればいいのでしょうか？

以下のようにすればいいのです。print関数を書き換えてみましょう。

▼リスト2-18

```
function print(n:number, f:(n:number)=>number):void {
    console.log('結果：' + f(n))
}
```

これは、先ほどのprint関数を書き換えたものです。引数fの型に「(n:number)=>number」というものが指定されていますね。これが、ここで使う関数の型なのです。関数の型は、このような形で記述することもできます。

```
( 引数 )=> 戻り値
```

非常に面白い書き方をしていますね。=>という記号を使い、引数と戻り値を指定しています。このようにすれば、正確に関数の型を指定できます。

アロー関数について

この書き方は型の指定だけでなく、関数そのものを書く際にも用いることができます。例えば、print関数を利用する文を以下のように書き換えてみましょう。

▼リスト2-19

```
print(123,(n:number)=> n+n)
print(123,(n:number)=> Math.pow(n,2))
print(123,(n:number)=> Math.floor(Math.sqrt(n)))
```

これでも問題なく動作するのです。ここでは関数を以下のような形で記述しています。

```
( 引数 )=> 処理
```

=>の後に書いてある計算式の結果がそのまま関数の戻り値として返されます。つまり、このようになっているのです。

```
(n:number)=> n+n
```

⇩

```
function(n:number):number {
    return n+n
}
```

ずいぶんとすっきりシンプルに書けるのですね。このような書き方は「アロー関数」と呼ばれます。アロー関数は1つの文を実行し、結果を返すだけの場合に多用されます。もし複数行の文を実行したければ、以下のように記述します。

```
( 引数 )=> {
    実行する処理
}
```

アロー関数らしいシンプルさが少しなくなっていますが、それでもfunctionを付けて書くよりは簡単ですね。

このアロー関数は、けっこうあちこちで目にすることになるでしょう。「関数のもう1つの書き方」として、ぜひここで覚えておいてください。

Chapter
2

2.4.

オブジェクトとクラス

多くの情報を1つにまとめる

プログラムが大きくなり複雑化すると、たくさんの配列や関数などを使うようになります。そうなると、「プログラムをわかりやすくまとめる」ということが非常に重要になってきます。

関数や変数がずらっと並んでいるとき、「これは何に使うのか、何のためのものなのか」がよくわからなくなってきます。そこで、用途や役割ごとにこれらをひとまとめにする工夫を考えることになります。

例えば、個人情報を扱うスクリプトを考えてみましょう。名前、メールアドレス、住所、電話番号、年齢といったものをひとまとめにして管理したいと思うはずです。さらには、それらのデータをまとめて出力するなどの関数も一緒にしておきたいところです。

このように、「関連するデータや処理をひとまとめにしておける値」として考え出されたのが「オブジェクト」というものです。このオブジェクトは以下のような形で記述します。

```
{
    キー : 値 ,
    キー : 値 ,
    ……必要なだけ用意……
}
```

わかりやすいように1つ1つの項目を改行しておきました。これらは改行せずに続けて書くこともできます。

オブジェクトの定義は「キー」と呼ばれるものと値をセットで記述します。キーは保管する値に付けるラベルのようなもので、このキーを指定して値を取り出します。

この{……}を使った書き方は「オブジェクトリテラル」と呼ばれるもので、オブジェクトを値として記述する際の基本となる書き方です。

オブジェクトを使ってみる

オブジェクトは頭で理解するよりも、実際に使ってみたほうが遥かに理解しやすいものです。実際に簡単なオブジェクトを作ってみましょう。

▼リスト2-20
```
const person = {
    name:'Taro',
    mail:'taro@yamada',
    age:39
```

```
}

console.log(person.name + '(' + person.age
    + ')' + '[' + person.mail + ']')
```

実行すると、"Taro(39)[taro@yamada]"と表示されます。personという変数にオブジェクトを代入していますね。

ここではname、mail、ageといったキーに値が用意されています。これらの値は、例えばperson.nameというように変数の後にドットを付け、キーを指定して取り出します。値を変更するときも、このように指定したキーに値を代入します。

図2-20：実行すると、personオブジェクトの内容が表示される。

nameやmail、ageのように、オブジェクトに値を保管するために用意されている項目を「プロパティ」と言います。personオブジェクトにはname、mail、ageという3つのプロパティが用意されていたわけですね。

メソッドを追加する

personにはデータだけがプロパティとして保管され、サンプルではこれらを取り出してconsole.logで内容を出力していました。しかし、考えてみればこの「内容を出力する」という機能もオブジェクトに用意されていたほうがもっと便利です。

関数も値ですから、オブジェクトの中にキーを指定して保管することができます。

▼リスト2-21

```
const person = {
    name:'Taro',
    mail:'taro@yamada',
    age:39,
    print:()=>{
        console.log(person.name + '('
            + person.age + ')' + '['
            + person.mail + ']')
    }
}

person.print()
```

ここではprintというキーに関数を設定しています。これでperson.print()とすれば関数が呼び出され、personオブジェクトの内容が出力されるようになります。

図2-21：personオブジェクトのprintメソッドで内容を表示する

personオブジェクトの定義が長くなってしまいますが、オブジェクトさえきちんと用意できれば、それを利用するのはとても簡単になりました。これがオブジェクトの利点です。つまり、「作りさえすれば、誰でも簡単に使える」という点なのです。

このprintのように、オブジェクトに組み込まれた関数は「メソッド」と呼ばれます。オブジェクトは値を保管するプロパティと、処理（関数）を設定するメソッドで構成されている、と言っていいでしょう。

thisについて

ところで、このprintメソッドの部分はちょっと問題があります。ここではperson.nameというように、personから値を取り出して利用していますね。これだと、例えばオブジェクトを代入する変数名が変わったりすると動かなくなります。

printメソッドは「personの値を表示する」のではなく、「このオブジェクト自身にある値を表示する」というものです。オブジェクトを代入する変数名がpersonだろうと別の名前だろうと常に「自分自身の値を表示する」というようにしたいところです。personオブジェクトを以下のように書き換えてみましょう。

▼リスト2-22

```
const person = {
    name:'Taro',
    mail:'taro@yamada',
    age:39,
    print:function():void {
        console.log(this.name + '('
            + this.age + ')'  +  '['
            + this.mail + ']')
    }
}
```

これでも問題なく動きます。printの中ではもうpersonオブジェクトを使っていません。this.nameというように「this」というものを使っています。このthisは「オブジェクト自身」を示す特別なオブジェクトなのです。メソッドでオブジェクトのプロパティなどを利用するときは、thisを使って指定するのが基本と考えましょう。

1つ注意したいのは、「メソッドをアロー関数で書くとthisはうまく機能しない」という点です。したがって、メソッドに関してはfunctionを使って書くようにしてください。

クラスを使う

オブジェクトは、このように割と簡単に作ることができます。けれど、オブジェクトリテラルを使ったやり方は「そのオブジェクト1つだけ使う」というときはいいのですが、複数のオブジェクトを作ることになるとけっこう面倒になります。

例えば個人情報のオブジェクトはTaroさんだけでなく、HanakoさんもSachikoさんも作って利用したいでしょう。その場合、毎回オブジェクトを定義してメソッドに関数を書いて……とやるのはかなり面倒です。しかも、常にオブジェクトの内容が同じになるように注意しなければいけません。このような「同じ内容のオブジェクトを必要に応じて作成する」というような場合には、いきなりオブジェクトを作るのではなく、オブジェクトの設計図となるものをあらかじめ用意しておき、それを元に作ると便利です。

この設計図に相当するのが「クラス」と呼ばれるものです。

クラスの定義

クラスはオブジェクトに用意するプロパティやメソッドを定義するものです。これは以下のように記述します。

```
class クラス名 {
    プロパティ : 値
    プロパティ : 値

    ……必要なだけ用意……

    メソッド ( 引数 ) : 戻り値 {……処理……}

    ……必要なだけ用意……
}
```

「class 名前」の後に{}を付け、その中にプロパティとメソッドを記述していきます。このようにして定義したクラスを元にオブジェクトを作るときは以下のようにします。

```
変数 = new クラス ()
```

newというものを付けて呼び出せば、クラスを元にオブジェクトが作られます。このやり方ならば、いくらでも同じ内容のオブジェクトを作ることができます。

クラスを利用する

では、実際にクラスを使ってみましょう。先ほどのpersonオブジェクトと同じ内容のものを「Person」というクラスにまとめ、これを利用してみます。

▼リスト2-23

```
class Person {
    name = ''
    mail  = ''
    age = 0
    print():void {
        console.log('《' + this.name + ', ' + this.age
            + ', ' + this.mail + '》')
    }
}

const taro = new Person()
taro.name = 'Taro'
taro.mail = 'taro@yamada'
taro.age = 39
taro.print()
```

実行すると、Personクラスからオブジェクトを作成し、そのプロパティを設定してprintメソッドで表示します。

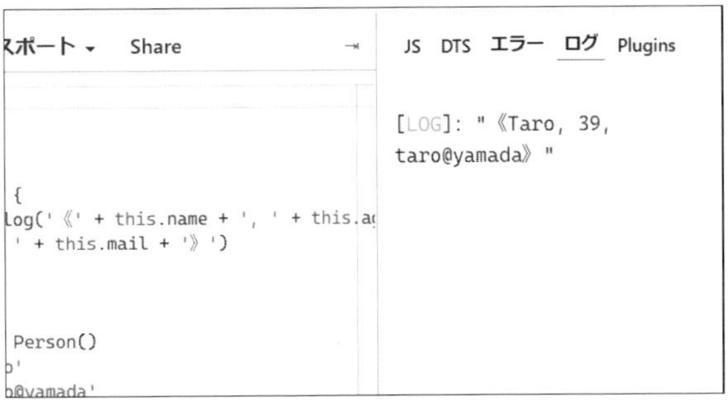

図2-22：Personクラスからオブジェクトを作り、その内容を表示する。

```
const taro = new Person()
```

まずこのようにしてオブジェクトを作成し、それからtaro.nameなどのプロパティに値を代入しています。そして最後にprintを呼び出せば内容が表示されるというわけです。クラスといっても、使い方そのものはそれほど難しくはありませんね。

このように、クラスからnewで作成されたオブジェクトのことを「インスタンス」と言います。taroは「Personクラスのインスタンス」というわけですね。

コンストラクタを使う

これでクラスは使えるようになりましたが、はっきり言って「あんまり便利とは思えない」と感じたかもしれません。これはPersonクラスを利用する部分を見ればよくわかります。

```
const taro = new Person()
taro.name = 'Taro'
taro.mail = 'taro@yamada'
taro.age = 39
taro.print()
```

ただインスタンスを作って利用するだけに、こんなに書かないといけないのです。これでは便利とはとても思えないでしょう。

なぜ、こんなに書かないといけないのか？　それは、たくさんあるプロパティに1つ1つ値を代入しているからです。これが、例えばnewでインスタンスを作る際に必要な値をすべて引数で渡せるようになっていれば、もっと簡単に利用することができますね。

これを実現するために用意されているのが「コンストラクタ」というものです。コンストラクタはnewでインスタンスを作成する際に利用される特別なメソッドです。以下のような形で記述します。

```
constructor( 引数 ) {
    初期化処理
}
```

この引数のところに必要な値をすべて用意します。これらを使ってプロパティに値を設定すればいいのです。newでインスタンスを作る際に引数として値を用意すれば、それらがすべてconstructorの引数に渡されて実行されます。

コンストラクタを使ってみる

では、実際にコンストラクタを使ってみましょう。サンプルのスクリプトを以下のように書き換えてください。

▼リスト2-24

```
class Person {
    name:string
    mail:string
    age:number

    constructor(name:string, mail:string, age:number) {
        this.name = name
        this.mail  = mail
        this.age = age
    }

    print():void {
        console.log('《' + this.name + ', ' + this.age
            + ', ' + this.mail + '》')
    }
}

const taro = new Person('Taro','taro@yamada', 39)
taro.print()
const hanako = new Person('Hanako','hanako@flower',28)
hanako.print()
```

実行すると、taroとhanakoの情報がそれぞれ表示されます。ここでは以下のような形でコンストラクタを用意していますね。

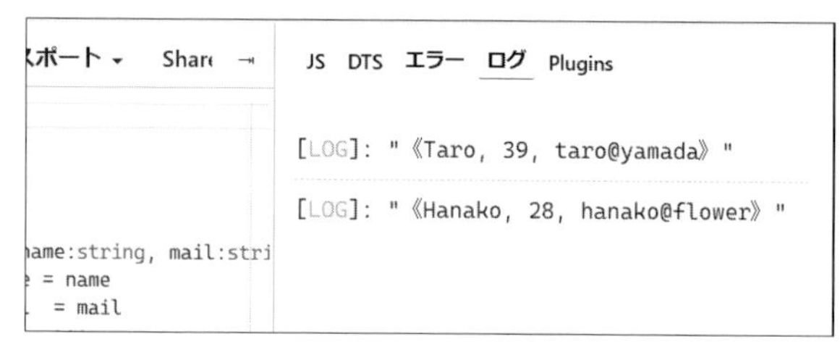

図2-23：taroとhanakoの2つのPersonを作り内容を表示する。

```
constructor(name:string, mail:string, age:number) {……
```

コンストラクタ内では、引数で渡された値をthisのプロパティに設定しています。このPersonクラスでインスタンスを作成する部分がどう変わったか見てみましょう。

```
const taro = new Person('Taro','taro@yamada', 39)
taro.print()
const hanako = new Person('Hanako','hanako@flower',28)
hanako.print()
```

newする際に必要な値を渡せば、それらがプロパティに設定されるようになりました。newしてprintするだけでインスタンスの内容が表示されます。これでだいぶ使いやすくなりました！

継承について

クラスが使えるようになると、さまざまなデータをクラスにしてまとめ利用するようになります。そうすると、同じようなデータなのに少しだけ内容が違うため、別のクラスを作らないといけないケースも出てくることでしょう。

このようなときに覚えておきたいのが「継承」という機能です。継承は、すでにあるクラスの機能(プロパティやメソッド)をすべて引き継いで新しいクラスを作る機能です。これはクラスを作成する際、以下のように記述します。

```
class クラス extends 継承するクラス {……
```

このように「extends ○○」と付けることで、すでにあるクラスの機能をすべて引き継いだ新しいクラスを作ることができます。

継承を使って新たに作られるクラスは、元のクラスの「サブクラス」と呼ばれます。また継承元のクラスは、新たに作ったクラスの「スーパークラス」と呼ばれます。このサブクラスとスーパークラスはよく使う用語なので、ここで覚えておきましょう。

継承を使ってみよう

では、実際に継承を使って新しいクラスを作り利用してみましょう。先ほどのPersonクラスを継承して「Family」というクラスを作ってみます。

▼リスト2-25

```
class Person {
    name:string
    mail:string
    age:number

    constructor(name:string, mail:string, age:number) {
        this.name = name
        this.mail  = mail
        this.age = age
    }

    print():void {
        console.log('《' + this.name + ', ' + this.age
            + ', ' + this.mail + '》')
    }
}

class Family extends Person {
    family:string
    relation:string

    constructor(family:string, name:string, mail:string,
            age:number, relation:string) {
        super(name,mail,age)
        this.family = family
        this.relation = relation
```

```
    }

    print():void {
        console.log('《' + this.family + '-' +this.name + ', '
            + this.age + ', ' + this.mail + ', ' + this.family
            + '家の' + this.relation + '》')
    }
}

const taro = new Person('Taro','taro@yamada', 39)
taro.print()
const hanako = new Family('Tanaka','Hanako','hanako@flower',28,'長女')
hanako.print()
const sachiko = new Family('Matsuzawa','Sachiko','sachico@happy',17,'次女')
sachiko.print()
```

けっこう長いスクリプトになってきましたね。ここでは1つのPersonインスタンスと2つのFamilyインスタンスを作って内容を出力しています。

Personを継承したFamilyクラスを見てください。ここにはname、mail、ageといったプロパティがありません。それでもnew Familyでインスタンスを作るとちゃんと値が保管され、printで表示されているのがわかるでしょう。

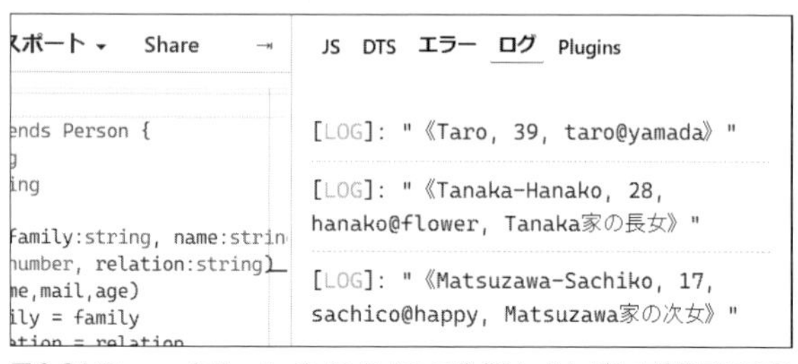

図2-24：PersonとFamilyのインスタンスを作り、それぞれ内容を表示する。

継承とコンストラクタ

このFamilyにもコンストラクタが用意されています。どのようになっているのか見てみましょう。

```
constructor(family:string, name:string, mail:string,
        age:number, relation:string) {……
```

このように引数の数が増えています。機能が増えているので、その分、こうして最初に用意しておく値も増やしているのですね。注目してほしいのは次の文です。

```
super(name,mail,age)
```

継承を使って作られたクラスでは、コンストラクタの最初に「super」という文を書かなければいけません。これは「継承元のクラス（スーパークラス）にあるコンストラクタを呼び出す」ためのものです。

Familyが継承しているPersonクラスでは、name、mail、ageといった3つの値を引数に持つコンストラクタが用意されていました。最初にsuperでこのコンストラクタを呼び出すことで、3つの値がプロパティに設定されます。

後は新たに追加されたfamilyとrelationをプロパティに設定するだけです。コンストラクタの処理も、スーパークラスの部分はそっちでやってくれるのですね。

静的メンバについて

クラスというのは、基本的に「インスタンスを作って利用する」というものです。しかし、中には「インスタンスを作らずに利用するクラス」というのもあります。例えば、割り算した値の小数点以下の値を切り捨てるのにMath.floorというものを使いましたね。これは、new Mathというようにインスタンスを作ったりはしません。Mathから直接floorを呼び出しています。

こういう計算するだけの機能などは、インスタンスを作る必要がありません。クラスから直接呼び出せたほうが便利なのです。こうした場合に用いられるのが「静的メンバ」というものです。

メンバというのはクラスに用意されている要素のこと。要するに、「プロパティとメソッド」のことですね。静的メンバというのは、クラスから直接呼び出して使えるプロパティやメソッドのことです。これは「static」というものを使って作成します。

```
static プロパティ : 型
static メソッド ( 引数 ) : 型 {……}
```

これで、プロパティやメソッドがクラスから直接呼び出せるようになります。実際に使ってみましょう。簡単な計算を行うTaxCalcというクラスを作成してみます。

▼リスト2-26

```
class TaxCalc {
    static tax:number = 0.1

    static calc(price:number):number {
        return Math.floor(price * (1.0 + this.tax))
    }

    static print(price:number):void {
        const res = this.calc(price)
        console.log(price + ' の税込価格：' + res)
    }
}

TaxCalc.print(12500)
TaxCalc.tax = 0.08
TaxCalc.print(12500)
```

実行すると、printで指定した金額の税込価格を計算し表示します。途中でtaxプロパティを変更し税率を変えて計算しているのがわかるでしょう。

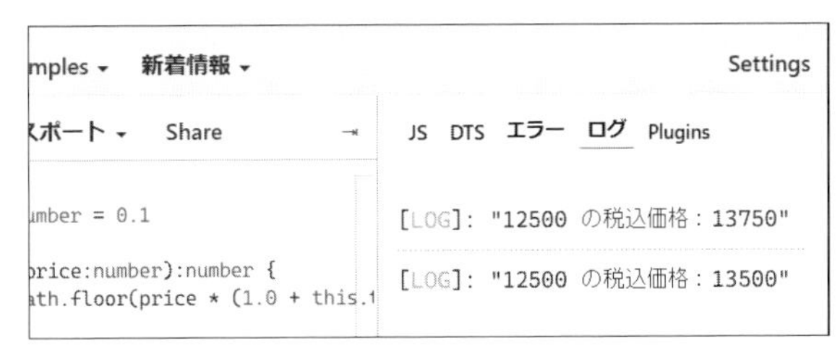

図2-25：実行すると、金額の税込価格を計算し表示する。

printもtaxも、いずれも静的メンバです。TaxCalcクラスから直接呼び出して利用しているのがわかります。

クラスにはtaxプロパティの他、計算をするcalcメソッドと出力をするprintメソッドがあります。printからcalcを呼び出し、calcではtaxプロパティを使って計算をしています。普通のクラスとまったく同じ感覚でスクリプトを作成できることがわかります。

注意したいのは、「静的メンバからは、普通のメンバは呼び出せない」という点です。TextCalcクラスにstaticが付いていないプロパティやメソッドがあった場合、それらは静的メンバの中から利用することはできません。静的メンバは、静的メンバだけしか使えないのです。この点を注意しましょう。

インターフェースについて

クラスを作成するとき、「必ずこのメソッドを用意しておいてほしい」と思うことはありませんか。例えばインスタンスを配列にまとめて処理するとき、すべてに同じメソッドが用意されていれば、繰り返しを使ってそのメソッドを呼び出すことができます。けれど、さまざまなクラスのインスタンスがあるとき、そのすべてに必ず同じメソッドが用意してあるかどうかはわかりません。

このようなときに用いられるのが「インターフェース」で、「必ず実装するメソッド」を定義するためのものです。以下のように記述します。

```
interface 名前 {
    メソッド名 ( 引数 ): 戻り値
    ……必要なだけ記述……
}
```

インターフェースには、メソッドの具体的な処理は用意しません。{}の部分は必要ないのです。メソッドの名前、引数、戻り値だけを指定しておきます。

このインターフェースはクラスを作成するときに、以下のようにして実装します。

```
class クラス implements インターフェース {……}
```

もし他のクラスを継承しているときは、「extends ○○」の後に「implements ○○」を付ければいいでしょう。このようにインターフェースを実装したクラスでは、そのインターフェースに用意されているメソッドを必ずすべて用意しなければいけません。

インターフェースを使ってみる

このインターフェースがどのような使い方ができるのか、サンプルを見てみましょう。2つのクラスを用意して、それぞれにPrintingというインターフェースを組み込んでみます。

▼リスト2-27

```
interface Printing {
    print():void
}

class Person implements Printing {
    name:string
    age:number
```

```
    constructor(name:string,age:number) {
        this.name = name
        this.age = age
    }

    print():void {
        console.log('《' + this.name + '('
            + this.age + ')》')
    }
}

class Pet implements Printing {
    name:string
    kind:string

    constructor(name:string,kind:string) {
        this.name = name
        this.kind = kind
    }

    print():void {
        console.log('*' + this.name
            + 'という' + this.kind + 'です。')
    }
}

const data:Printing[] = [
    new Person('taro',39),
    new Pet('ジョン','ハスキー犬'),
    new Person('hanako',28),
    new Pet('クロ','アメショー')
]
for(let i in data) {
    data[i].print()
}
```

実行すると、2つのPersonと2つのPetを作って配列にまとめ、繰り返しでそれらすべてのprintを呼び出して内容を表示させます。Pringingインターフェースでは、printというメソッドが用意されていますね。これを実装したPersonとPetには、必ずprintメソッドが用意されます。

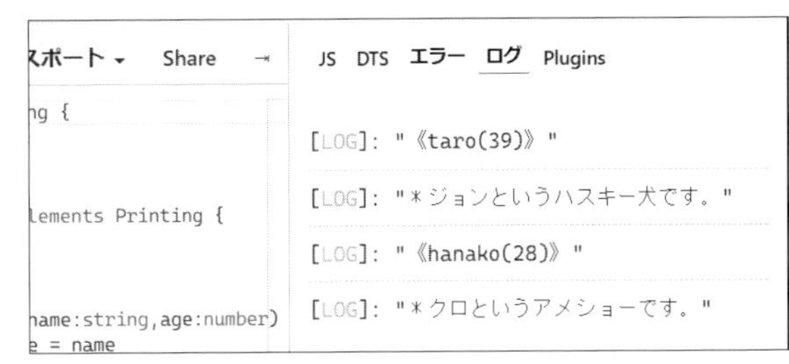

図2-26：PersonとPetを1つの配列にまとめて内容を表示させる。

これらのインスタンスをまとめている配列を見てみましょう。こうなっていますね。

```
const data:Printing[] = [……]
```

dataの型が「Printing配列」になっています。インターフェースはこんな具合に、型として機能します。Printingインターフェースを型に指定することで、Printingが実装されているクラスならどんなクラスでもすべて配列に収めることができるようになります。

総称型について

最後に、さまざまなクラスを配列などにまとめて扱う際に重要になる「総称型（ジェネリクス）」というものについて触れておきましょう。

総称型というのは「後から型を指定するための仕組み」です。例えばクラスの中で、何か別のクラスのインスタンスを保管し利用するとしましょう。どんなクラスかはわかりません。実際に利用するときに、どのクラスが設定されるかが決まります。こんなときに総称型が使われます。

```
class クラス <T> {……}
```

このように、クラスの後に<T>を付けます。これで「Tクラスが使われる」ということが示されます。といっても、実際にTというクラスを使うわけではありません。これは仮のクラス名です。実際にインスタンスを作るときに、

```
new クラス<A>()
```

とすれば、Aクラスを使うインスタンスが作られます。<B>とすれば、Bクラスを使うインスタンスになります。こんな具合に、インスタンスを作る際に<T>に利用するクラスを指定することで、そのクラスを利用するインスタンスが作られるのです。

CatとDogクラスを使う

といっても、「何を言ってるのかまるでわからない」という人が大半でしょう。これは実際にスクリプトを見てみないとわかりません。

▼リスト2-28

```
class Pet {
    name:string
    constructor(name:string) {
        this.name = name
    }
}
class Cat extends Pet {
    nyaon():void {
        console.log(this.name + 'だにゃ～ん。')
    }
}
class Dog extends Pet {
    waon() : void {
        console.log(this.name + 'だワン！')
    }
}
class PetShop<T> {
    data:T[] = []

    add(animal:T) {
        this.data.push(animal)
    }
```

```
    list():T[] {
        return this.data
    }
}

const cats = new PetShop<Cat>()
cats.add(new Cat('ローリー'))
cats.add(new Cat('ハチ'))
const data1 = cats.list()
for(let i in data1) {
    data1[i].nyaon()
}
const dogs = new PetShop<Dog>()
dogs.add(new Dog('ジョン'))
dogs.add(new Dog('たろう'))
const data2 = dogs.list()
for(let i in data2) {
    data2[i].waon()
}
```

ここではPetクラスを用意し、これを継承したCatとDogというクラスを用意しました。これらのクラスには、それぞれnyaonとwaonというメソッドがあります。Catにはnyaonはあってもwaonはなく、Dogにはwaonはあってもnyaonはありません。

これらのクラスを使うPetShoptクラスを用意しました。これは、次のような形になっていますね。

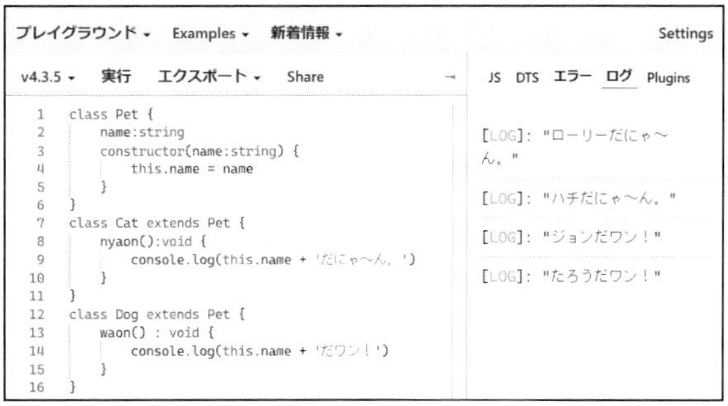

図2-27：実行するとCatとDogをそれぞれPetShoptにまとめ、それぞれ内容を出力させる。

```
class PetShop<T> {
    data:T[] = []
    ……略……
}
```

<T>が付けられています。dataプロパティは型にT[]と指定してありますね。つまり、T型の配列になっているわけです。この他、項目を追加するaddやdataを取り出すlistといったメソッドもありますが、すべて型はTになっています。

では、このPetShopを使っている部分を見てみましょう。

```
const cats = new PetShop<Cat>()
```

これは、総称型にCatを指定しています。これにaddでCatインスタンスを追加し、listでdataを取り出しています。

```
const data1 = cats.list()
```

さて、このdata1の型は何でしょうか？ 「T型配列」では、もうありません。これは「Cat配列」になっているのです。new PetShop<Cat>()としてインスタンスを作ったときから、PetShopクラスのすべてのTはCatに置き換えられています。addの引数はTからCatになり、listの戻り値もTからCatに変わっているのです。

forの繰り返しではこういう処理をしています。

```
for(let i in data1) {
    data1[i].nyaon()
}
```

data[i]のnyaonを呼び出しています。dataはCat配列になっていることがこれでわかりますね。nyaonはCatにしか用意されていないのですから。

このように、newする際に<>で指定したクラスにより、すべてのTが指定クラスに置き換わって使われるようになる、それが総称型の働きです。総称型は「型の種類は問わず、すべて同じように処理をする」というときに用いられます。

これより先はTypeScriptの専門書で！

以上、TypeScriptの基礎文法と主な機能についてざっと説明しました。中には「何だか難しくてわからない」というものもあったことでしょう。それらは、とりあえずそのままにしておいてかまいません。Office Scriptでは、ここで説明したことがすべて必要になるわけではありませんから。

ただ、せっかくTypeScriptという言語を使ってマクロを作成していくのですから、TypeScriptの主な特徴ぐらいはきちんと理解した上で使いたいものですね。ですので、今すぐすべて覚える必要はないので、これから先、Office Scriptについて勉強を進めていく傍ら、ときどきこのChapterに戻ってTypeScriptの復習をしていきましょう。

もし「ここにあるのは全部わかった！ もっとTypeScriptを勉強したい」と思う人は、もう本書では対応できません。本格的なTypeScriptの入門書を買ってしっかり勉強してください。TypeScriptはOffice Scriptに限らず、さまざまなところで活用されています。覚えれば将来、絶対に役立つはずですよ。

Chapter 3

スプレッドシートの基本操作

Excelのファイル（ワークブック）にはワークシートが用意され、
そこにセルが並んでいます。
セルにはさまざまな属性が用意されています。
こうした基本的な要素をマクロで操作できるようになりましょう。

Chapter 3

3.1.

ワークブックとシート

main関数の基本

Office Scriptによるマクロの基本について説明をしていきます。まず、先に自動記録で作ったマクロがどのようなものか見てみましょう。実行している内容の部分を省略すると、だいたい以下のような形になっていることがわかります。

```
function main(workbook: ExcelScript.Workbook) {
      ……実行する処理……
}
```

すでにTypeScriptの基本が頭に入っているなら、これが「関数」であることはすぐにわかりますね。この「main」関数はマクロを実行する際に呼び出されるものです。マクロは、スクリプトファイルの中に必ずこのmain関数を用意します。

ExcelScript名前空間について

main関数ではworkbookという引数が用意されています。これは「ExcelScript.Workbook」という型になっていますね。

これは「ExcelScript」という名前空間の中に用意されている「Workbook」というクラスです。「名前空間」というのは「クラスを整理するためのフォルダーのようなもの」と考えてください。Office ScriptはExcelのさまざまな要素を扱うため、用意されるクラスの数も相当なものになります。さらには、Excel以外のオフィススィートへの拡張も考えているはずです。

そこでExcel関連のクラスは、このExcelScriptという名前空間にまとめられているのです。ExcelScript内にあるWorkbookならば「ExcelScript.Workbook」というように、名前空間とクラス名をドットでつなげて記述します。

Workbookクラスについて

このWorkbookというクラスは、その名前の通りワークブックを扱うためのものです。Office Scriptでは、ワークブックはそれを扱うためのWorkbookインスタンスを用意して操作をします。

引数で渡されるWorkbookは、マクロが実行されるワークブックを扱うものです。このWorkbookから、開いているワークブックに関するさまざまな情報などを取り出していきます。

Workbookを使う

このWorkbookクラスを使った簡単なサンプルを挙げておきましょう。Excelのワークブックから前回作成したマクロをコードエディターで開いてください(「自動化」メニューをクリックし、現れたリボンビューにあるマクロのリストから前回作成したマクロのアイコンを選択して右があのエリアに表示される「編集」ボタンをクリックします)。

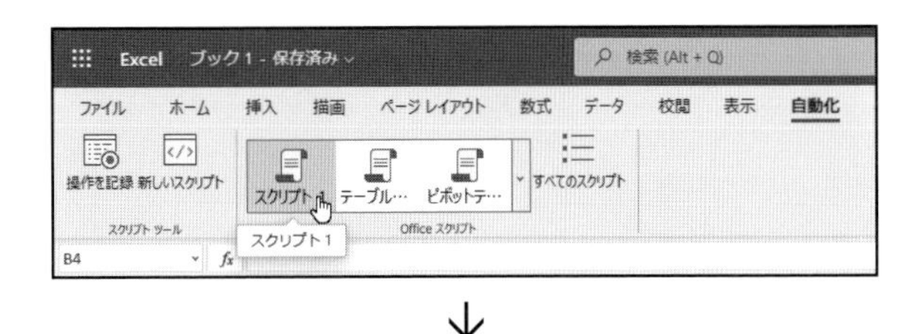

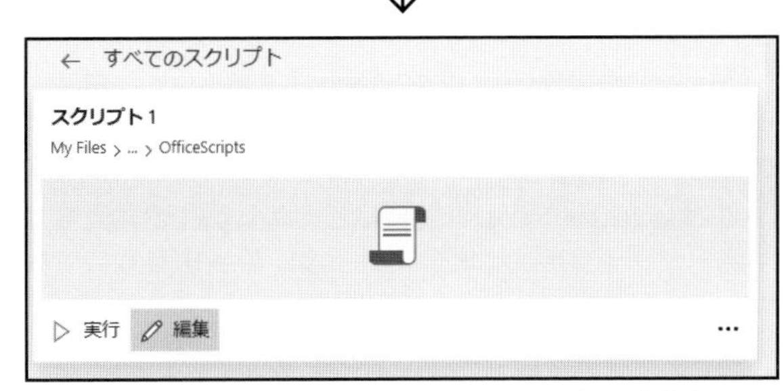

図3-1:「自動化」メニューで現れるマクロアイコンを選択し、編集する。

そして、マクロの内容を以下のリスト3-1に書き換えます。

▼リスト3-1

```
function main(workbook: ExcelScript.Workbook) {
  const wbname = workbook.getName()
  console.log(wbname)
}
```

修正したら「スクリプトを保存」をクリックして保存し、「実行」をクリックして実行しましょう。すると、開いているブックの名前が下に現れる「出力(1)」というタブのエリアに表示されます。これは「出力」ビューというものです。

図3-2:実行するとブック名が表示される。

getNameについて

スクリプトを見てみましょう。ここでは、Workbookインスタンスからワークブックの名前を以下のように取り出しています。

```
const wbname = workbook.getName()
```

「getName」がワークブックの名前を返すメソッドです。これで取り出したものを出力ビューに書き出します。

```
console.log(wbname)
```

console.logはTypeScriptの学習をしたときにイヤというほど目にしたものですね。Office Scriptでも、このconsole.logで結果を出力させることができます。

ここでも、TypeScriptのときにやったのと同じように「クラスのインスタンスからメソッドを呼び出して操作する」というやり方をします。クラスとメソッドさえわかれば操作の仕方は同じなのです。

ワークシートについて

ワークブックはExcelのファイルに相当するものです。その中にある、実際にデータを書き込んだりしているところが「ワークシート」です。

ワークシートは、ワークブックの中に複数作成することができ、Excelの左下に表示されるタブを使って表示を切り替えながら作業できます。

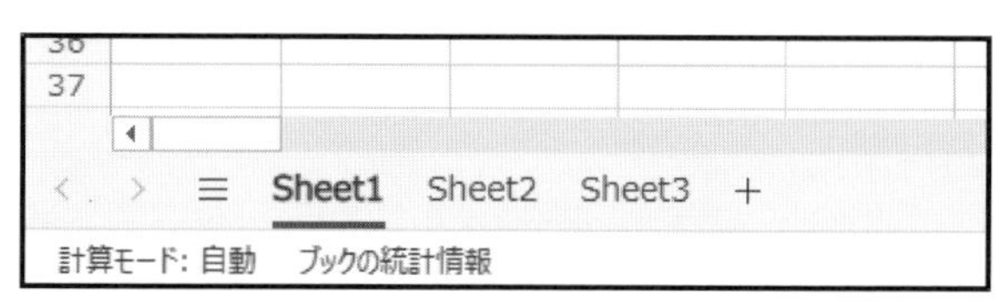

図3-3：ワークシートは左下のタブで表示を切り替えられる。

このワークシートは、Office Scriptでは「Worksheet」というクラスとして用意されており、ワークブックのWorkbookクラスからメソッドを使って取り出すことができます。主なメソッドを以下に整理しておきましょう。

▼開いているワークシートを得る

```
getActiveWorksheet()
```

▼指定した名前のワークシートを得る

```
getWorksheet( 名前 )
```

▼最初のワークシートを得る

```
getFirstWorksheet()
```

▼最後のワークシートを得る

```
getLastWorksheet()
```

これらはすべてWorksheetインスタンスを返します。では、Worksheetを取得するサンプルを見てみましょう。

▼リスト3-2

```
function main(workbook: ExcelScript.Workbook) {
  const sheet1 = workbook.getActiveWorksheet()
  const sheet2 = workbook.getWorksheet('Sheet1')
  const sheet3 = workbook.getFirstWorksheet()
  const sheet4 = workbook.getLastWorksheet()
  console.log(sheet1.getName())
  console.log(sheet2.getName())
  console.log(sheet3.getName())
  console.log(sheet4.getName())
}
```

実行すると、「現在のシート」「'Sheet1'という名前のシート」「最初のシート」「最後のシート」をそれぞれ取得し、そのシート名を出力します。

実際に複数のワークシートを作成して試してみましょう。

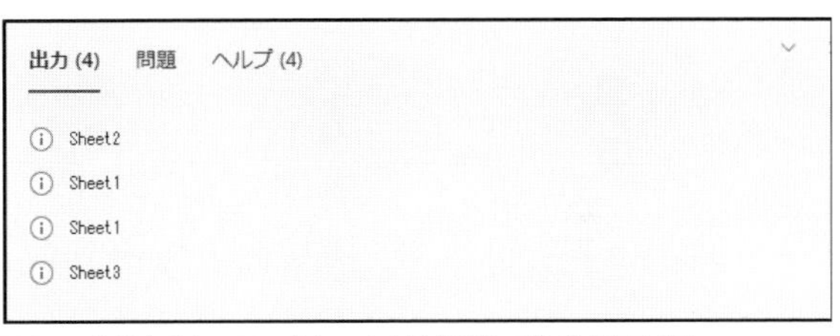

図3-4：実行すると、ワークシートを取り出して名前を表示する。

ここではWorksheetを取得したら、そこから「getName」メソッドを呼び出してシート名を表示しています。WorksheetもWorkbookと同様、getNameで名前を取り出すことができます。

すべてのシートを操作する

複数のシートがある場合、「すべてのシートをまとめて処理する」ということもあるでしょう。そのようなときは以下のようにします。

```
変数 : Worksheet[] = 《Workbook》.getWorksheets()
```

「getWorksheets」はWorkbookにあるすべてのWorksheetを配列にして返すものです。ここからfor-in構文などを使い、個々のWorksheetを取得して操作していけばいいのですね。

ワークシートを取得し、利用する例を挙げましょう。まず、事前にワークシートを何枚か用意しておきます。Excelではシートの左下にシートの切り替えタブが並んでいますが、そこにある「+」をクリックすると新しいシートを作ることができます。

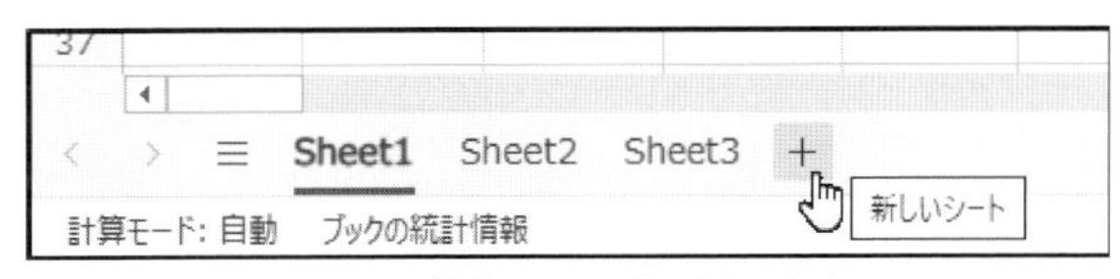

図3-5：「+」をクリックして複数のシートを用意しておく。

シートの名前を設定する

マクロを修正します。先ほど使ったマクロをそのまま書き換えればいいでしょう。以下のように内容を変更してください。

▼リスト3-3

```
function main(workbook: ExcelScript.Workbook) {
  const sheets = workbook.getWorksheets()
  for (let i in sheets) {
    let sheet = sheets[i]
    sheet.setName('No,' + i)
  }
}
```

実行すると、ワークシートの名前を「No, 0」「No, 1」「No, 2」……というように「No, 番号」という形に設定し直します。

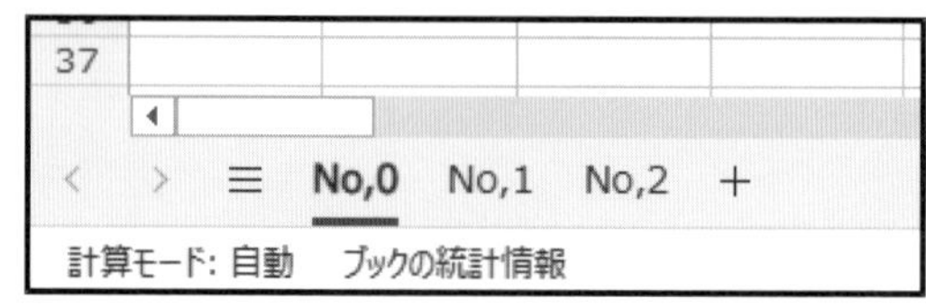

図3-6：ワークシートの名前を「No, 番号」という形に付け替える。

ここでは、まずワークブックにあるすべてのワークシートを取り出します。

```
const sheets = workbook.getWorksheets()
```

これでsheetsにWorksheetの配列が代入されました。後はfor-inでここから順にWorksheetを取得し、名前を設定します。

```
for (let i in sheets) {
  let sheet = sheets[i]
  sheet.setName('No,' + i)
}
```

名前の変更は、Worksheetの「setName」というメソッドを使って行います。引数に指定した値（string値）にワークシート名を変更するものです。

ワークシートの作成と削除

ワークシートは名前だけでなく、「ワークシートそのものの作成・削除」も行うことができます。以下のようにします。

▼ワークシートの作成

```
《Workbook》.addWorksheet( 名前 )
```

▼ワークシートの削除

```
《Worksheet》.delete()
```

ワークシートの作成は、Workbookにあるメソッドを使います。「addWorksheet」は引数に作成するワークブックの名前を指定して呼び出すと、最後に新しいワークブックを追加します。

削除は対象のWorksheetを取得し、そこにある「delete」Methodを呼び出して行います。引数はありません。

ワークシートの作成と削除を行う

実際に試してみましょう。マクロを以下のように書き換えて実行してください。

▼リスト3-4

```
function main(workbook: ExcelScript.Workbook) {
  workbook.addWorksheet('新しいシート')
  workbook.getFirstWorksheet().delete()
}
```

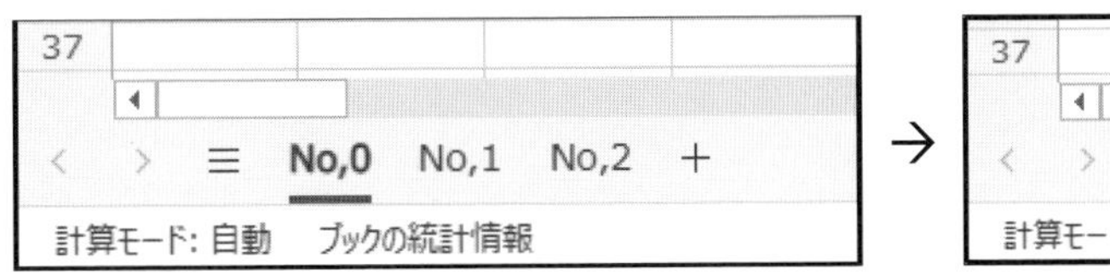

→

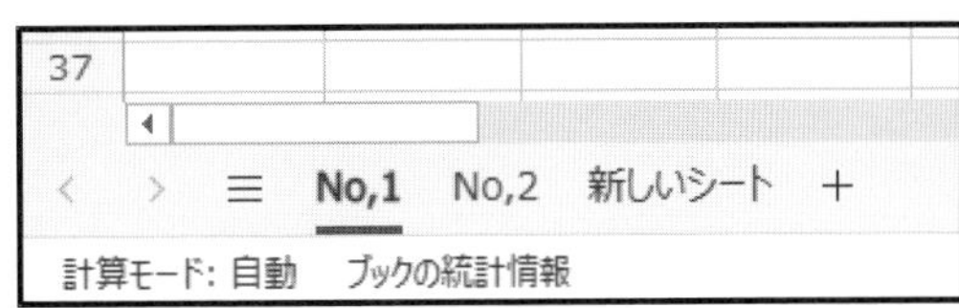

図3-7：最後に新しいワークシートを追加し、最初のワークシートを削除する。

実行すると、最後に「新しいシート」というワークシートを作成し、最初のワークシートを削除します。

ワークシートの作成はworkbook.addWorksheetを呼び出すだけですね。非常に簡単です。削除の場合は、まず削除するWorksheetを取得する必要があります。ここではworkbook.getFirstWorksheet()を実行し、そこで得られたWorksheetからdeleteを呼び出して削除をします。こちらは「どうやって削除するWorksheetを取得するか」が重要です。Worksheetのインスタンスさえ得られれば、後はdeleteを呼び出すだけです。

セルの操作

ワークシートには縦横にずらりと「セル」が並んでいます。セルはワークシートで値を入力する際の最小単位です。特定のセルに値を設定したり、セルの値を取り出し値して利用することもできます。これもいくつかのやり方が用意されていますが、ここではもっとも基本となる2つのMethodを挙げておきましょう。

▼選択されているセルを取得

```
《Workbook》.getActiveCell()
```

▼指定のセルを取得

```
《Worksheet》.getCell( 行番号, 列番号 )
```

2つのMethodはそれぞれ用意されているクラスが違うので注意しましょう。「getActiveCell」メソッドですが、これはWorksheetではなく「Workbook」クラスに用意されています。getActiveWorksheetで得られるのは、選択されているセルを使うオブジェクトです。

「getCell」はWorksheetのメソッドとして用意されています。行と列の番号を引数に指定します。行と列はそれぞれ「1」「A」から開始していますが、getCellでセルを指定する場合、左上の地点にあるセル(「A1」セル)の番号はどちらも「ゼロ」です。getCellで指定する値は最初をゼロとして算出した位置になります。これは間違えないでください。

値の操作

セルに記入されている値は「getValue」「setValue」というメソッドで操作することができます。

▼セルの値を取得

```
変数 = セル.getValue()
```

▼セルの値を変更

```
セル.setValue( 値 )
```

どちらも簡単なメソッドです。とりあえず「セルの取得」「値の操作」がわかれば、スクリプトでセルの値を操作できるようになりますね。

指定のセルの値を変更する

では、これも使ってみましょう。マクロの内容を以下のように書き換え、適当なセルを選択してから実行してください。

▼リスト3-5

```
function main(workbook: ExcelScript.Workbook) {
  const sheet = workbook.getActiveWorksheet()
  sheet.getCell(2,2).setValue('C3セル')
  workbook.getActiveCell().setValue('active')
}
```

実行すると、選択されているセルには「active」というテキストが、C3セルには「C3セル」と表示されます。

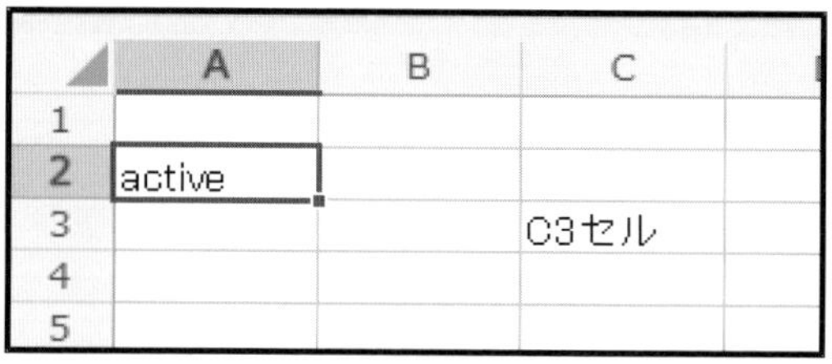

	A	B	C
1			
2	active		
3			C3セル
4			
5			

図3-8:実行すると、選択されたセルとC3セルに値を設定する。

getActiveCellとgetCell

ここではgetActiveWorksheetで選択されているWorksheetインスタンスを取得し、さらに「getCell」でC3セルを取得しています。そして、そこからさらに「setValue」メソッドを呼び出してセルの値を変更しています。

getCellは、セルの縦横の位置を指定して取得するものです。ここでは「getCell(2,2)」として、縦横のインデックスが2のセルを取得しています。インデックスはゼロから始まりますから、行2列2は「C3」セルになるのです。

もう1つは、Workbookから「getActiveCell」で選択されているセルを取得し、setValueで値を設定しています。

セルの指定の仕方さえわかれば、このようにセルの値の操作のは簡単に行えます。

セルと「Range」クラス

ところで、getCellなどで得られるセルというのはどういうクラスなのでしょうか？　これは「Range」と呼ばれるクラスのインスタンスとして得られています。

Rangeは「セル」を示すものではありません。実を言えば、「セルのクラス」というのはExcelには存在しないのです。あるのは「範囲を示すクラス」だけです。それが「Range」です。

Rangeは範囲を示すものです。ということは特定のセルだけでなく、複数のセルをまとめて扱うこともできます。getCellなどでは1つのセルの範囲を示すRangeが得られていた、というわけです。

Excelでは複数のセルを選択することができます。この複数セルの範囲を示すRangeは、以下のように取得できます。

▼選択された範囲

```
《Workbook》.getSelectedRange()
```

間違えないでほしいのは、これがWorksheetではなく、Workbookのメソッドである、という点です。これでRangeが得られるので、そこからgetValue/setValueで値の操作を行えます。

範囲の値を変更する

では、選択された範囲の値を取り出して変更してみましょう。値の変更はsetValueで行うことができましたね。

▼リスト3-6

```
function main(workbook: ExcelScript.Workbook) {
  const range = workbook.getSelectedRange()
  range.setValue('*selected*')
}
```

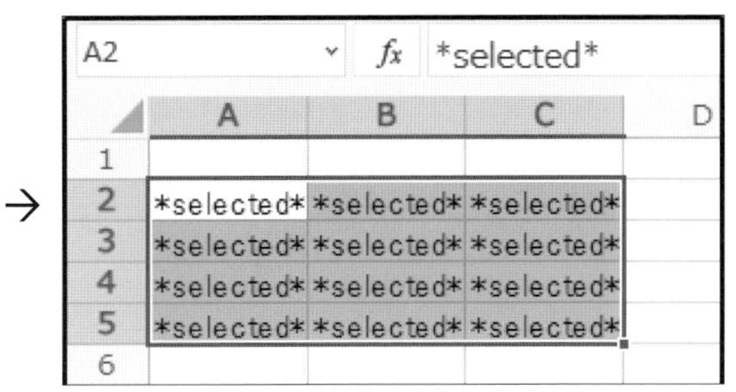

図3-9：実行すると、選択された範囲のセルがすべて「*selected*」に変わる。

これは選択範囲のセルの値をまとめて変更するサンプルです。ワークシートの適当なところを選択し、このマクロを実行してみましょう。すると、選択されているセルの値がすべて「*selected*」と変わります。

ここではgetSelectedRangeで選択範囲のRangeを取得し、そのsetValueで値を設定しているだけです。たったこれだけで、複数セルをまとめて操作できるのです。

複数セルの値の操作

複数セルをまとめて扱う場合はgetValue/setValueでいいのですが、個々のセルの値を扱うにはどうするのでしょうか？

これには「getValues」「setValues」というメソッドを使います。このメソッドはRangeの範囲の値をすべて取得・変更するものです。これらのメソッドではセルの値を「2次元配列」として扱います。2次元配列というのは「配列が入った配列」のことです。メソッドでは各行の値を配列にまとめ、それをさらに1つの配列にまとめています。

getValuesで得られる値の配列から値を取り出すと、1行のデータがまとめられた配列が得られるようになっています。

setValuesする場合も同様に、各行のデータを配列にしたものをさらに配列にまとめたものを設定すれば、指定範囲の値がまるごと変わります。

全セルの値を操作する

では、すべてのセルの値を順に操作していくサンプルを作成してみましょう。以下のようにマクロを修正してください。

▼リスト3-7

```
function main(workbook: ExcelScript.Workbook) {
  const range = workbook.getSelectedRange()
  const vals = range.getValues()
  console.log(vals)
  for(let i in vals) {
    for (let j in vals[i]) {
      vals[i][j] = '[' + i + ',' + j + ']' + vals[i][j]
    }
  }
  range.setValues(vals)
}
```

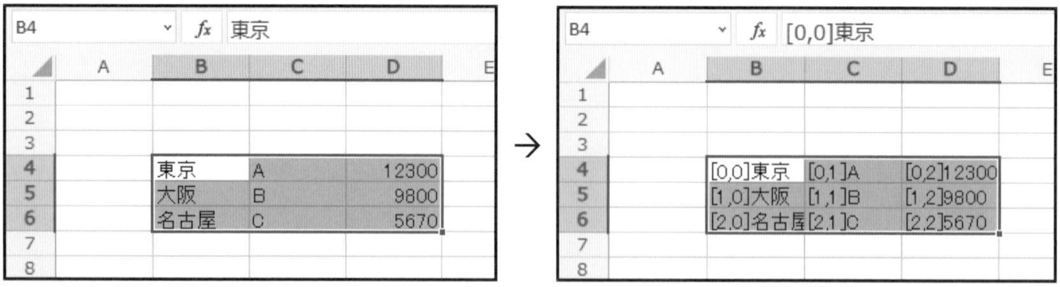

B4 ｜ fx 東京

	A	B	C	D	E
1					
2					
3					
4		東京	A	12300	
5		大阪	B	9800	
6		名古屋	C	5670	
7					
8					

→

B4 ｜ fx [0,0]東京

	A	B	C	D	E
1					
2					
3					
4		[0,0]東京	[0,1]A	[0,2]12300	
5		[1,0]大阪	[1,1]B	[1,2]9800	
6		[2,0]名古屋	[2,1]C	[2,2]5670	
7					
8					

図3-10：選択範囲のセルの値の前後に<<と>>を追加する。

ワークシートから適当な範囲を選択してマクロを実行すると、それぞれのセルに[0,0]という形で縦横のインデックスが付けられます。ここではgetValuesでRangeの値を取り出した後、二重のfor-inを使ってすべての値を処理しています。

```
for(let i in vals) {
  for (let j in vals[i]) {
    ……val[i][j] を操作する……
  }
}
```

外側のfor(let i in vals)ではvals[i]とすることで、valsから各行のデータをまとめた配列が得られます。内側のfor (let j in vals[i])ではvals[i][j]で行の個々の値が取り出されます。for-inの中にさらにfor-inがあるため、何だか難しそうに見えるかもしれません。

二次元配列は、実際にデータがどうなっているか確認できればずいぶんと理解しやすくなるものです。マクロを実行すると、「出力」のところに「(番号) [Array(番号), Array(3),……]」という表示がされます。これをクリックすると中身が展開表示され、「0: Array(番号)」といった項目がズラッと並びます。これをさらにクリックすれば、そこに配列の中の値が表示されます。

これらをよく見て、配列の値が実際の選択されたセルの値と同じような構造になっていることを確認しておきましょう。この「2次元配列の値の構造」がしっかり頭に入っていれば、決して難しいことはないでしょう。

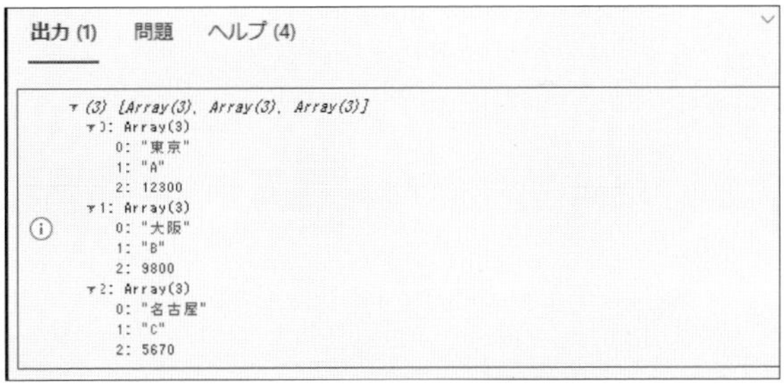

```
出力 (1)   問題   ヘルプ (4)

▾ (3) [Array(3), Array(3), Array(3)]
  ▾ 0: Array(3)
      0: "東京"
      1: "A"
      2: 12300
  ▾ 1: Array(3)
      0: "大阪"
      1: "B"
      2: 9800
  ▾ 2: Array(3)
      0: "名古屋"
      1: "C"
      2: 5670
```

図3-11：「出力」を見ると、getValuesの値が配列の配列になっているのがわかる。

特定の範囲を指定する

getSelectedRangeは選択された範囲のRangeを得るものでしたが、行と列の位置を直接指定してRangeを得ることもできます。これはWorksheetの「getRange」というメソッドを使います。

▼指定範囲のRangeを得る

```
getRangeByIndexes( 開始行 , 開始列 , 行数 , 列数 )
getRange( 範囲を示すテキスト )
```

範囲の指定は大きく2つのやり方ができます。セルの位置はR1C1形式とA1形式ですね。

getRangeByIndexesは位置と行数列数をすべて数値で指定する、いわゆるR1C1形式の値を使って範囲を指定します。開始行と開始列は、最初のセル(「A1」セル)からのインデックス番号になります(インデックスですから、ゼロから始まります)。

getRangeはA1形式によるテキストで範囲を指定します。例えば"A1:B2"といったテキストを指定すれば、A1からB2までの範囲(セル4つ)の範囲が得られます。

特定範囲のセルに値を設定する

では、実際に特定の範囲を選択して値を設定してみましょう。マクロを以下に書き換えて実行してみてください。

▼リスト3-8

```
function main(workbook: ExcelScript.Workbook) {
  const sheet = workbook.getActiveWorksheet()
  const range = sheet.getRangeByIndexes(1,2,10,1)
  const vals = [[9], [8], [7], [6], [5], [4], [3], [2], [1], [0]]
  range.setValues(vals)
}
```

実行すると、C1 ~ C11の範囲に9 ~ 0の数字が書き出されます。ここではC2 ~ C11の範囲を以下のように取り出しています。

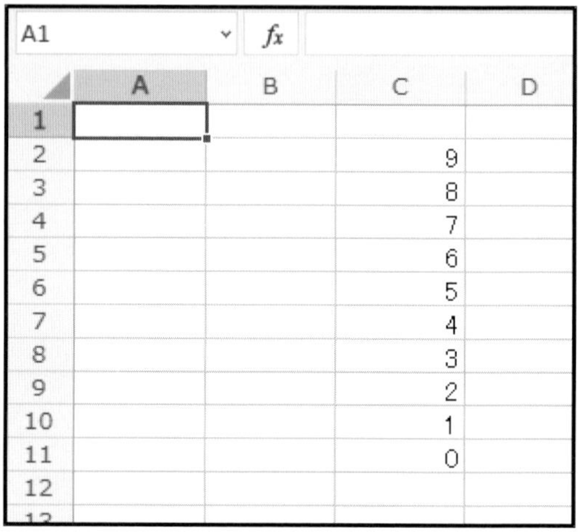

図3-12：C2 ~ C11の範囲に数字を出力する。

```
const range = sheet.getRangeByIndexes(1,2,10,1)
```

これでC2からC11までの範囲が指定できます。getRangeを使ってA1形式で指定する場合は以下のようにすればいいでしょう。

```
const range = sheet.getRange('C2:C11')
```

どちらでも同じ範囲が指定されます。この範囲に指定する値は以下のような形で用意しています。

```
const vals = [[9], [8], [7], [6], [5], [4], [3], [2], [1], [0]]
```

縦に10個のセルが範囲として選択されています。Rangeの値は行ごとに値とまとめたものがさらに配列になった形をしていましたね。したがって、1つの値だけの配列10個がさらに配列にまとめられた形になります。

値が用意できれば、後はそれをsetValuesで設定するだけです。Rangeの利用は「範囲を正確に指定する」「値を正確に用意する」という、この2点に注意が必要です。

行単位・列単位の操作

ワークシートでは行単位あるいは列単位で処理を行うこともあります。例えば「Aの列にすべて○○と値を設定したい」というような場合ですね。

ワークシートから行単位・列単位でRangeを取り出すにはまずRangeを用意し、そこから「getRow」「getColumn」といったメソッドを呼び出します。

▼指定した行のRangeを得る

```
《Range》.getRow( 番号 )
```

▼指定した列のRangeを得る

```
《Range》.getColumn( 番号 )
```

それぞれ番号を引数に指定すると、その番号の行または列のRangeを返します。注意したいのは、この「番号」です。これは指定範囲内の相対的な番号です。例えば、選択された範囲をgetSelectedRangeで取得していたなら、その範囲の一番上の行がゼロ行となり、一番左端がゼロ列となります。getRow(1)ならば、選択範囲の上から2行目が得られるわけです。

これらはシート全体の中の位置ではないので注意しましょう。Worksheetにはget Row/getColumnといったメソッドはありません。

列単位で処理をする

利用例を挙げておきましょう。まずは列単位の処理です。ワークシートで適当に範囲を選択し、以下のマクロを実行しましょう。

▼リスト3-9

```
function main(workbook: ExcelScript.Workbook) {
  const range = workbook.getSelectedRange()
  const c = range.getColumnCount()
  for(let i = 0;i < c;i++) {
    let col = range.getColumn(i)
    col.setValue('No, ' + i)
  }
}
```

これを実行すると、選択された範囲の一番左側の列に「No, 0」、その隣の列に「No, 1」というように、「No, 番号」という値が割り振られていきます。

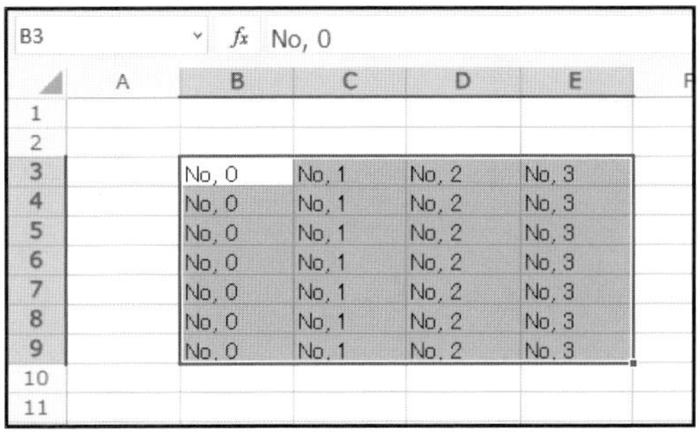

B3 | fx No, 0

	A	B	C	D	E
1					
2					
3		No, 0	No, 1	No, 2	No, 3
4		No, 0	No, 1	No, 2	No, 3
5		No, 0	No, 1	No, 2	No, 3
6		No, 0	No, 1	No, 2	No, 3
7		No, 0	No, 1	No, 2	No, 3
8		No, 0	No, 1	No, 2	No, 3
9		No, 0	No, 1	No, 2	No, 3
10					
11					

図3-13：選択範囲を列ごとに「No,番号」と値を設定する。

まず選択範囲のRangeを取得した後、その範囲の列数を調べています。

```
const c = range.getColumnCount()
```

これでRangeの列数が得られます。後はこの値を使い、forで繰り返し処理を行っていくだけです。

```
for(let i = 0;i < c;i++) {
  let col = range.getColumn(i)
  col.setValue('No, ' + i)
}
```

range.getColumn(i)で1行ごとに列のRangeを取得し、setValueで値を設定しています。これで列単位で値が設定できます。

行単位で処理をする

やり方がわかったら、行単位での処理もやってみましょう。先ほどのサンプルを行単位の処理に書き直しただけのものです。

▼リスト3-10

```
function main(workbook: ExcelScript.Workbook) {
  const range = workbook.getSelectedRange()
  const r = range.getRowCount()
  for (let i = 0; i < r; i++) {
    let row = range.getRow(i)
    row.setValue('No, ' + i)
  }
}
```

適当に範囲を選択して実行すると、行ごとに「No, 0」「No, 1」というように値が設定されていきます。

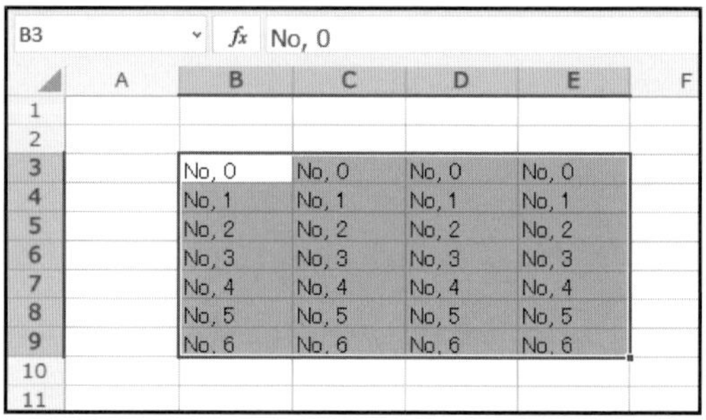

B3　fx　No, 0

	A	B	C	D	E	F
1						
2						
3		No, 0	No, 0	No, 0	No, 0	
4		No, 1	No, 1	No, 1	No, 1	
5		No, 2	No, 2	No, 2	No, 2	
6		No, 3	No, 3	No, 3	No, 3	
7		No, 4	No, 4	No, 4	No, 4	
8		No, 5	No, 5	No, 5	No, 5	
9		No, 6	No, 6	No, 6	No, 6	
10						
11						

図3-14：選択範囲を行ごとに「No, 番号」と設定していく。

ここでは選択範囲の行数を以下のように取り出しています。

```
const r = range.getRowCount()
```

これで行数が得られました。後はforを使い、range.getRow(i)で順に行のRangeを取り出して値を設定していくだけです。

複数のRangeとRangeAreas

Rangeの範囲は「開始セルと終了セルの間の四角い領域内のセル」を扱います。連続したセルの範囲を扱うものです。では、不連続な領域を扱うにはどうするのでしょうか？

これには「RangeAreas」というものが使われます。RangeAreasは複数の範囲をまとめて扱うためのものです。以下のように作成します。

```
変数 =《Worksheet》.getRanges( 範囲を示すテキスト )
```

getRangesはgetRangeと同様に、A1形式で範囲を示すものです。ただし、得られる値はRangeではなくRangeAreasになります。複数の範囲を示すテキストは、A1形式の範囲指定をカンマで区切ってつなげて指定します。

```
"A1:B2,C3:D4,E5:F6,……"
```

例えば、このようにして範囲のテキストをいくつもカンマでつなげていくことで、それらの範囲すべてを扱うRangeAreasが作成できます。

RangeAreasからRange配列を得る

では、RangeAreasはどうやって利用するのでしょうか？　実は、RangeAreasには範囲や値を自由に扱えるようなメソッドはほとんど用意されていません。ではどうするのかというと、RangeAreasから「Rangeの配列」を取り出し、これを利用して処理をするのです。

▼Range配列を得る

```
変数 =《RangeAreas》.getAreas()
```

Range配列が得られたら、後はforなどを使って1つずつRangeを取り出し処理していけばいいのです。

複数範囲に値を設定する

RangeAreasを使ってみましょう。いくつかの範囲を指定し、それらに値を設定してみます。

▼リスト3-11

```
function main(workbook: ExcelScript.Workbook) {
  const sheet = workbook.getActiveWorksheet()
  const ra = sheet.getRanges('A1:C3,D4:F6,A7:C9,D10:F12')
  const rar = ra.getAreas()
  const vals = [
    ['A', 'one', 1],
    ['B', 'two', 2],
    ['C', 'three', 3]
  ]
  for(let i in rar) {
    rar[i].setValues(vals)
  }
}
```

これを実行すると、A:1C3、D4:F6,、A7:C9、D10:F12という4つの領域に同じ値が設定されます。設定される値は、変数valsに用意してあるものです。

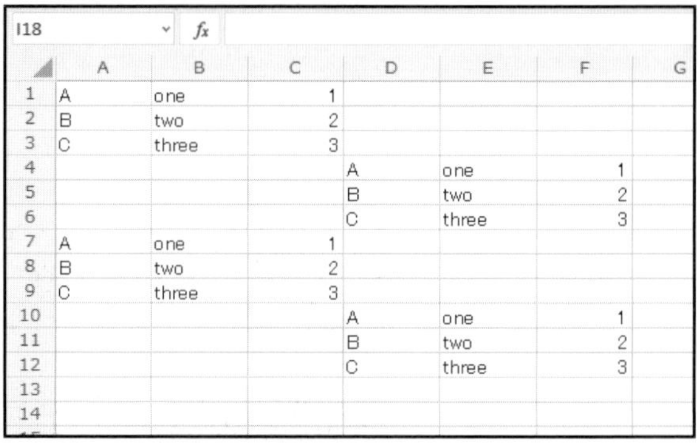

I18

	A	B	C	D	E	F	G
1	A	one	1				
2	B	two	2				
3	C	three	3				
4				A	one	1	
5				B	two	2	
6				C	three	3	
7	A	one	1				
8	B	two	2				
9	C	three	3				
10				A	one	1	
11				B	two	2	
12				C	three	3	
13							
14							

図3-15：4つの領域に同じ値が設定されていく。

まず、RangeAreasを以下のように作成しています。

```
const ra = sheet.getRanges('A1:C3,D4:F6,A7:C9,D10:F12')
```

これで得られたRangeAreasからRange配列を以下のように取り出します。

```
const rar = ra.getAreas()
```

後はここからforを使って順にRangeを取り出し、setValuesしていくだけです。複数の領域というと難しそうですが、「Rangeの配列」と考えればそう複雑なものではありませんね。

ただし、ここではすべての領域を同じ大きさにしているのでforで処理できましたが、1つ1つのRangeの大きさがバラバラだと扱いに苦慮するでしょう。RangeAreasを使うときは、「それぞれのRangeの大きさはどうなっているか」をよく考えて扱うようにしてください。

Chapter 3

3.2. セルのさまざまな属性

RangeとRangeFormat

ワークシートのセルには値以外にもさまざまな設定が行えます。例えばフォントやカラーを設定したり、数値のフォーマットを変更したりすることは誰でもあるでしょう。こうした設定情報もOffice Scriptから操作することができます。

こうしたセルの細かな属性は「RangeFormat」と呼ばれるクラスを使って管理されています。Rangeには、その範囲のセルに設定されている属性を扱うためのRangeFormatインスタンスが用意されており、この中のメソッドを呼び出すことで属性を取得したり変更したりできるようになっているのです。

RangeFormatの取得

RangeFormatはどのように取得するのでしょう？　これはRangeの「getFormat」メソッドで取り出します。

```
変数 =《Range》.getFormat()
```

これで、そのRangeの範囲のセルに設定されているRangeFormatが得られます。RangeFormatはRangeのように1つ1つのセルに対して値を取り出したりするわけではありません。そのRangeにあるセルはすべて一括してRangeFormatで属性が設定されます。個々のセルごとに属性を設定したい場合は、セル単位でRangeFormatを取り出し処理する必要があります。

RangeFormatの主な属性

RangeFormatにはどのような属性が用意されているのでしょうか？　比較的使うことの多いものについていくつかピックアップして説明しましょう。

▼列の横幅

```
getColumnWidth()
setColumnWidth( 数値 )
```

▼行の高さ

```
getRowHeight()
setRowHeight( 数値 )
```

▼ワードラップ機能

```
getWrapText()
setWrapText( 真偽値 )
```

列の横幅と行の高さはわかりますね。これらは数値で値を取得し、設定します。ワードラップは長い行を折り返し表示するためのものです。これは真偽値になっており、trueにするとワードラップ表示します。

データを用意しよう

RangeFormatでセルの書式などを操作していきましょう。あらかじめ簡単なデータをワークシートに用意しておいてください。サンプルでは例として以下のようなデータを記述しておきました。

支店名	上期	下期
東京	12300	14560
大阪	9870	10980
名古屋	6540	4560
パリ	3210	6780
ロンドン	5670	8760

これはあくまでサンプルなので、それぞれで同じような形でデータを用意しておけばそれでかまいません。

セルの大きさを調整する

では、セルの大きさを調整するサンプルを動かしてみましょう。以下にスクリプトを挙げておきます。ワークシートで先ほど用意したデータの範囲を選択してマクロを実行してください。セルの大きさが変わります。

▼リスト3-12

```
function main(workbook: ExcelScript.Workbook) {
  const range = workbook.getSelectedRange()
  const fmt = range.getFormat()
  fmt.setColumnWidth(70)
  fmt.setRowHeight(25)
}
```

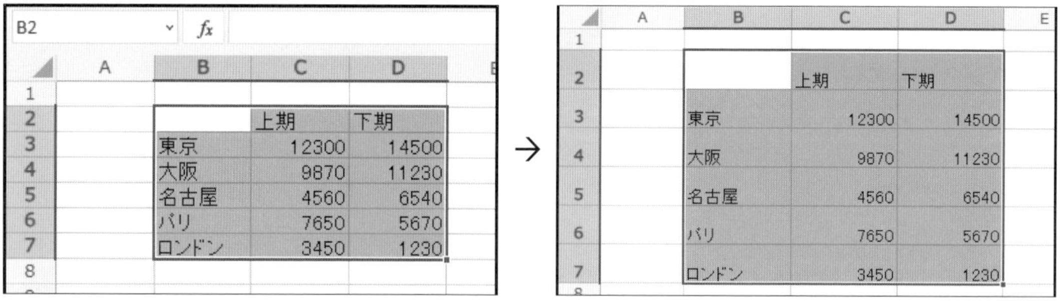

図3-16：実行すると選択されていたセルの大きさが変わる。

ここではRangeからgetFormatでRangeFormatを取得した後、setColumnWidthとsetRowHeightで横幅と高さを変更しています。これでセルの大きさが簡単に変えられるのですね！

背景を管理する「RangeFill」クラス

このRangeFormatインスタンスにはRangeの属性に関するさらに細かなプロパティと、それに使うクラスが用意されています。

まずは「RangeFill」から使ってみましょう。Rangeの背景を管理するクラスです。これはRangeFormatの「getFill」メソッドで得ることができます。RangeFillには背景表示に関する以下のような項目が用意されています。

▼背景色の利用

```
《RangeFill》.getColor()
《RangeFill》.setColor( テキスト )
```

▼背景パターンの利用

```
《RangeFill》.getPattern()
《RangeFill》.setPattern(《FillPattern》)
```

▼背景パターンの色の指定

```
《RangeFill》.getPatternColor()
《RangeFill》.setPatternColor( テキスト )
```

カラーの指定は、カラーの値を示すテキストを使います。"red"のような色名と、"ff00aa"というようにRGB各2桁、計6桁の16進数を示すテキストで指定できます。

パターンは、ExcelScript.FillPatternに用意されているパターンを示す値を使って指定します。

C O L U M N

FillPatternは「列挙型」

パターンの指定で使われるFillPatternというのは、クラスではありません。これは「enum（列挙型）」と呼ばれるものです。列挙型は、用意されているいくつかの値から1つを選ぶというものです。FillPatternには、パターンの種類を示す値が多数用意されています。

背景色を変更する

選択した範囲の背景を青に変更するサンプルを挙げておきます。データの1列目（支店名の列）を選択して実行してみましょう。

▼リスト3-13

```
function main(workbook: ExcelScript.Workbook) {
  const range = workbook.getSelectedRange()
  const fmt = range.getFormat()
  fmt.getFill().setColor('blue')
}
```

	A	B	C	D
1				
2			上期	下期
3		東京	12300	14500
4		大阪	9870	11230
5		名古屋	4560	6540
6		パリ	7650	5670
7		ロンドン	3450	1230
8				
9				

→

	A	B	C	D
1				
2			上期	下期
3		東京	12300	14500
4		大阪	9870	11230
5		名古屋	4560	6540
6		パリ	7650	5670
7		ロンドン	3450	1230
8				
9				

図3-17：範囲を選択して実行すると、そのRangeの背景を青にする。

適当に範囲を選択して実行すると、その部分の背景を青に変更します。ここではRangeのgetFormatでRangeFormatを取得した後、そこからさらにgetFillを呼び出してRangeFillを取り出し、そこからsetColorを呼び出しています。このように、

```
Range → RangeFormat → RangeFill → setColor
```

とオブジェクトを取り出していって操作を行うのです。RangeFormatはさらに細かなオブジェクトで構成されているのですね。

COLUMN

背景パターン指定について

ここでは背景の色とパターンについてのメソッドを説明しましたが、2021年8月現在、Web版Excelでは背景のパターン設定に関する機能が用意されていないようです。このため、メソッドを実行してもパターンは表示されません。
ただし、これはパターン関係のメソッドが動かないというわけではありません。パターンは表示されませんが、ファイルをデスクトップ版Excelで開けば、ちゃんと設定したパターンが表示されます。単に「Web版Excelではパターンが表示できない」というだけであり、データ自体はきちんと設定されています。

getFontとRangeFont

セルに表示されるテキストのフォントは、RangeFormatの「getFont」で得られる「RangeFont」というクラスで設定されます。このクラスには以下のようなメソッドが用意されています。

▼ボールドの操作

```
《RangeFont》.getBold()
《RangeFont》.setBold( 真偽値 )
```

▼イタリックの操作

```
《RangeFont》.getItalic()
《RangeFont》.setItalic( 真偽値 )
```

▼下線の操作

```
《RangeFont》.getUnderline()
《RangeFont》.setUnderline(《RangeUnderlineStyle》)
```

▼取り消し線の操作

```
《RangeFont》.getStrikethrough()
《RangeFont》.setStrikethrouth( 真偽値 )
```

▼フォントサイズの操作

```
《RangeFont》.getSize()
《RangeFont》.setSize( 数値 )
```

▼フォント名の操作

```
《RangeFont》.getName()
《RangeFont》.setName( テキスト )
```

▼テキストカラーの操作

```
《RangeFont》.getColor()
《RangeFont》.setColor( テキスト )
```

▼上付き文字の操作

```
《RangeFont》.getSuperscript()
《RangeFont》.setSuperscript( 真偽値 )
```

▼下付き文字の操作

```
《RangeFont》.getSubscript()
《RangeFont》.setSubscript( 真偽値 )
```

わかりにくいのは、下線の設定（getUnderline/setUnderline）で使われている「RangeUnderlineStyle」でしょう。これはFillPatternと同様に「列挙型」の値です。以下のような値が用意されています。

double	二重線（テキスト部分のみ表示）
doubleAccountant	二重線（セルの端から端まで表示）
none	なし
single	一重線（テキスト部分のみ表示）
singleAccountant	一重線（セルの端から端まで表示）

この値は、例えばExcelScript.RangeUnderlineStyle.doubleというように記述して使います。noneにすると下線のない状態に戻ります。

選択範囲のフォントを変更する

実際に使ってみましょう。選択した範囲のフォントを変更するサンプルを挙げておきます。「上期」「下期」のセルを選択して実行してみてください。

▼リスト3-14

```
function main(workbook: ExcelScript.Workbook) {
  const range = workbook.getSelectedRange()
  const fmt = range.getFormat()
  const fnt = fmt.getFont()
  fnt.setBold(true)
  fnt.setSize(16)
  fnt.setUnderline(ExcelScript.RangeUnderlineStyle.doubleAccountant)
  fnt.setColor('red')
}
```

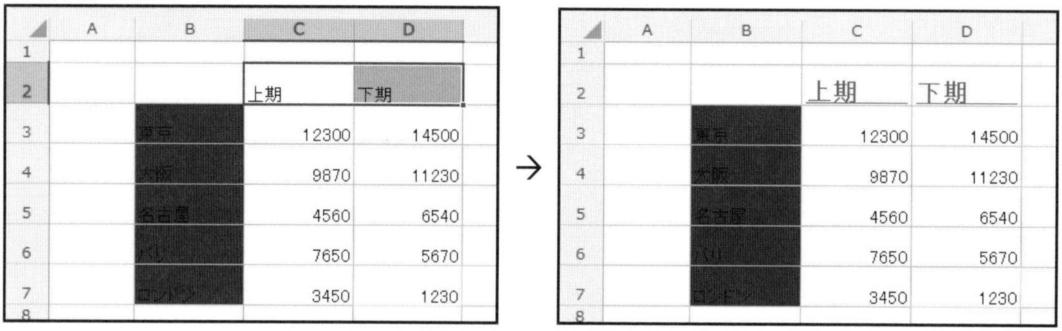

	A	B	C	D
1				
2			上期	下期
3		東京	12300	14500
4		大阪	9870	11230
5		名古屋	4560	6540
6		パリ	7650	5670
7		ロンドン	3450	1230
8				

→

	A	B	C	D
1				
2			上期	下期
3		東京	12300	14500
4		大阪	9870	11230
5		名古屋	4560	6540
6		パリ	7650	5670
7		ロンドン	3450	1230
8				

図3-18：実行すると、選択された範囲をボールドの16ポイント、二重下線、赤いテキストカラーに変更する。

実行すると、選択した範囲のテキストを赤い16ポイントのボールド二重下線付きテキストに変更します。ここではRangeのgetFormatからgetFontでRangeFontインスタンスを取得し、そこからMethodを呼び出して各種のフォント属性を設定しています。このようにRangeFontを使うことで、Rangeのフォント属性を自由に変更できるのです。

罫線とRangeBorderクラス

RangeFormatに用意されているオブジェクトの中でもひときわ重要なのが、「ボーダー（罫線）」に関するものです。これはRangeBorderというクラスです。このクラスはRangeFormatの「getBorders」メソッドで得られます。

```
変数:RangeBorder[] =《RangeFormat》.getBorders()
```

getBordersで得られるのはRangeBorderインスタンスの配列である、という点に注意が必要です。罫線は1つのRangeに1つしか設定されていないわけではありません。全部で8種類の罫線が用意されており、getBordersではそれらすべてがまとめて取り出されます。各RangeBorderの値は、それぞれ次表の罫線を示すものになります。

EdgeTop	Rangeの上部。
EdgeBottom	Rangeの下部。
EdgeLeft	Rangeの左側。
EdgeRight	Rangeの右側。
InsideVertical	Range内の各セル間の垂直部分。
InsideHorizontal	Range内の各セル間の水浴部分。
DiagonalDown	左上から右下への対角線。
DiagonalUp	左下から右上への対角線。

位置を示す値（EdgeTopなど）は、ExcelScriptの「BorderIndex」という列挙型としてまとめられているものです。罫線データはgetBordersメソッドですべてをまとめて取り出す他に、「getRangeBorder」というメソッドでここに取り出すこともできます。

```
変数 =《RangeFormat》.getRangeBorder(《BorderIndex》)
```

これもBorderIndex列挙型の値を引数に指定して、どの部分の罫線を操作するのかを決めます。これにより、その部分の罫線のRangeBorderが取り出されます。

RangeBorderクラスの操作

このRangeBorderクラスには、罫線の表示に関する設定を操作するメソッドが用意されています。以下に主なものをまとめておきましょう。

使われる列挙型の値

BorderIndex	RangeBorderの辺の位置を示すもの。すでに触れたEdgeTop ～ DiagonalUpの値が用意されている。
BoderStyle	罫線の種類。以下の値が用意されている。 continuous……連続線 dash……………破線 dashDot………一点破線 dashDotDot……二点破線 dot………………点線 double……………二重線 none……………なし slantDashDot…斜めの破線
BorderWeight	罫線の太さを示す値。以下の値が用意されている。 hairline…………もっとも細い thin……………細い medium…………中間 thick……………太い

▼辺の位置の操作

```
《RangeBorder》.getSideIndex()
《RangeBorder》.setSideIndex(《BorderIndex》)
```

▼色の操作

```
《RangeBorder》.getColor()
《RangeBorder》.setColor( テキスト )
```

▼スタイルの操作

```
《RangeBorder》.getStyle()
《RangeBorder》.setStyle(《BoderStyle》)
```

▼太さの操作

```
《RangeBorder》.getWeight()
《RangeBorder》.setWeight(《BorderWeight》)
```

罫線の表示は、これらのメソッドを呼び出すことによって行います。BorderFormatから設定したい辺の罫線(RangeBorder)を取り出し、そこからさらにこれらのメソッドを呼び出す、というやり方をすることになります。罫線の設定はけっこう大変なのです。

罫線を設定する

では、罫線を設定するスクリプトを作成してみましょう。以下のようにマクロを修正してください。

▼リスト3-15

```
function main(workbook: ExcelScript.Workbook) {
  const range = workbook.getSelectedRange()
  const fmt = range.getFormat()
  fmt.getRangeBorder(ExcelScript.BorderIndex.edgeTop)
    .setStyle(ExcelScript.BorderLineStyle.double)
  fmt.getRangeBorder(ExcelScript.BorderIndex.edgeTop)
    .setColor('aaaaaa')
  fmt.getRangeBorder(ExcelScript.BorderIndex.edgeBottom)
    .setStyle(ExcelScript.BorderLineStyle.double)
  fmt.getRangeBorder(ExcelScript.BorderIndex.edgeBottom)
    .setColor('aaaaaa')
  fmt.getRangeBorder(ExcelScript.BorderIndex.edgeLeft)
    .setStyle(ExcelScript.BorderLineStyle.double)
  fmt.getRangeBorder(ExcelScript.BorderIndex.edgeLeft)
    .setColor('aaaaaa')
  fmt.getRangeBorder(ExcelScript.BorderIndex.edgeRight)
    .setStyle(ExcelScript.BorderLineStyle.double)
  fmt.getRangeBorder(ExcelScript.BorderIndex.edgeRight)
    .setColor('aaaaaa')
}
```

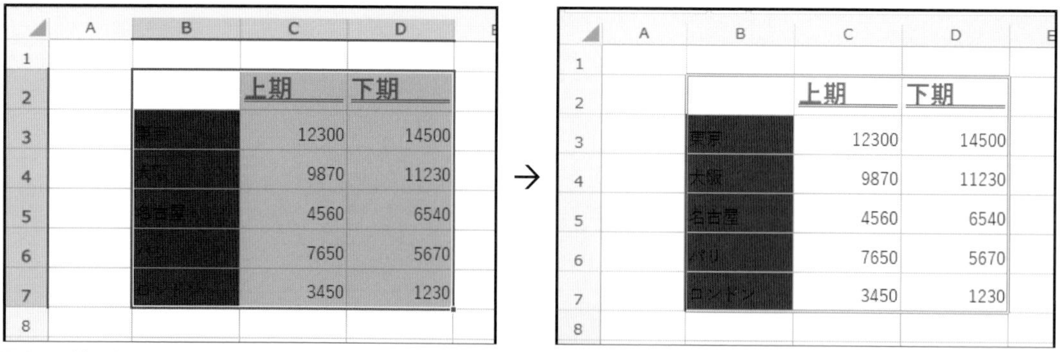

	A	B	C	D
1				
2			上期	下期
3		東京	12300	14500
4		大阪	9870	11230
5		名古屋	4560	6540
6		パリ	7650	5670
7		ロンドン	3450	1230
8				

→

	A	B	C	D
1				
2			上期	下期
3		東京	12300	14500
4		大阪	9870	11230
5		名古屋	4560	6540
6		パリ	7650	5670
7		ロンドン	3450	1230
8				

図3-19：範囲を選択してマクロを実行すると、その範囲の周辺を二重線の罫線で囲む。

データ範囲を選択して実行すると、選択した範囲の周辺部分に二重線の罫線を表示します。

ここではRangeFormatを取得した後、上下左右の辺の罫線を設定しています。例えば上の辺の罫線設定は、以下のように行っています。

▼二重線の罫線に設定する

```
fmt.getRangeBorder(ExcelScript.BorderIndex.edgeTop)
  .setStyle(ExcelScript.BorderLineStyle.double)
```

▼罫線の色をグレーにする

```
fmt.getRangeBorder(ExcelScript.BorderIndex.edgeTop)
  .setColor('aaaaaa')
```

上辺の罫線を示すRangeBorderを取り出すのに、fmt.getRangeBorder(ExcelScript.BorderIndex.edgeTop)というようにメソッドを呼び出しています。getRangeBorderで引数にBorderIndexの値を指定するだけですが、このようにけっこうわかりにくい書き方をすることになってしまいます。使用するクラスの書き方（ExcelScript名前空間の後にクラス名や列挙型名がきて、そこから値などを取得する）になるべく早く慣れるようにしましょう。

Chapter 3

3.3.

セルを使いこなそう

オフセットによる移動

セルの属性を細かに操作するようになると、「選択しているセルから他のセルに移動する」ということを考える必要が出てきます。

例えば「選択しているセル範囲の右側に合計を表示する」というようなことをする場合、「選択されたセルの右側のセル」がわからないといけません。

これにはRangeの「getOffsetRange」というメソッドが役立ちます。以下のように使います。

```
変数 =《Range》.getOffsetRange( 行数 , 列数 )
```

引数に行数と引数の数値を用意します。これにより、横または縦に指定した数だけ移動したRangeを取り出します。

例えば(1, 0)とすれば1つ上のセルのRangeが得られますし、(0, 1)とすれば右側のセルのRangeが得られる、というわけです。これをうまく使えるようになれば、「選択したセルの周辺のセル」を自由に操作できるようになります。

注意したいのは、「複数のセルを選択している」場合です。このとき、getOffsetRangeは「選択範囲を指定の数だけ縦横に移動させる」ことになります。例えば(1,1)と引数を指定すると、選択されている範囲が右に1つ、下に1つ移動した範囲が得られる、と考えるとよいでしょう。

なお、getOffsetRangeは「Rangeを得る」だけであり、実際の選択状態が移動することはありません。

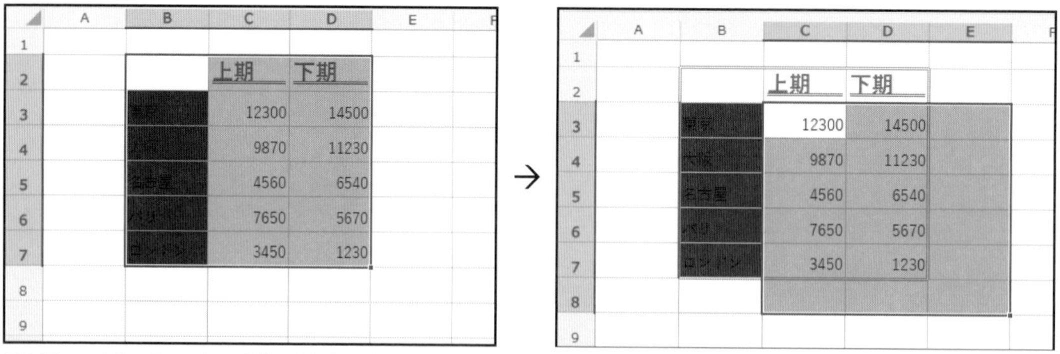

図3-20：getOffsetRange(1,1)なら、選択範囲が縦横に1ずつ移動した範囲が得られる。

選択セルを中心に四角を描く

getOffsetRangeを使って、選択範囲の周辺のセルを操作する例を見てみましょう。ここでは選択セルの周りを囲むように四角形の黄色いエリアを作成してみます。

▼リスト3-16

```
function main(workbook: ExcelScript.Workbook) {
  const range = workbook.getSelectedRange()
  const cell = range.getCell(0,0)
  makeRect(cell)
}

function makeRect(cell:ExcelScript.Range) {
  doFormat(cell.getOffsetRange(-2, -2))
  doFormat(cell.getOffsetRange(-1, -2))
  doFormat(cell.getOffsetRange(0, -2))
  doFormat(cell.getOffsetRange(1, -2))
  doFormat(cell.getOffsetRange(2, -2))
  doFormat(cell.getOffsetRange(-2, 2))
  doFormat(cell.getOffsetRange(-1, 2))
  doFormat(cell.getOffsetRange(0, 2))
  doFormat(cell.getOffsetRange(1, 2))
  doFormat(cell.getOffsetRange(2, 2))
  doFormat(cell.getOffsetRange(-2, -1))
  doFormat(cell.getOffsetRange(-2, 0))
  doFormat(cell.getOffsetRange(-2, 1))
  doFormat(cell.getOffsetRange(2, -1))
  doFormat(cell.getOffsetRange(2, 0))
  doFormat(cell.getOffsetRange(2, 1))
}
function doFormat(cell:ExcelScript.Range) {
  const fmt = cell.getFormat()
  fmt.setRowHeight(25)
  fmt.setColumnWidth(25)
  fmt.getFill().setColor('yellow')
}
```

どこかのセルを1つだけ選択し、マクロを実行してみてください。そのセルの回りを囲むように四角いエリアが作られます。この部分は背景が黄色に変わっています。

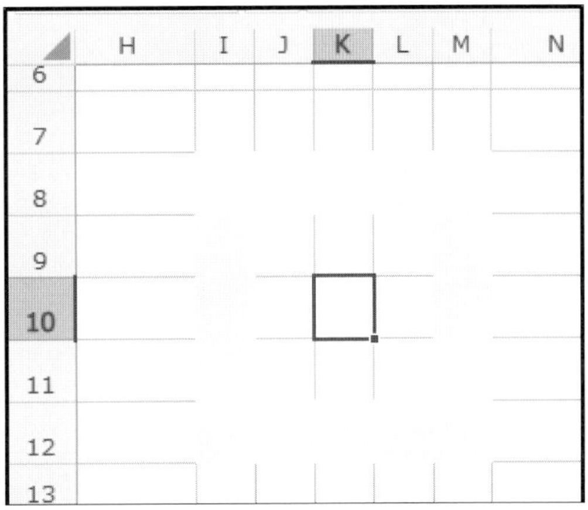

図3-21：選択セルの周りを囲むように黄色い四角形が作られた。

ここではマクロの他に、makeRactとdoFormatという関数を作成しています。makeRectは引数に渡されたRangeの周辺16セルについて、順にセルのRangeを取り出してdoFormatを呼び出しています。引数部分は選択されたセルのRangeが入っているcellからgetOffsetを使い、周りのセルを順に指定しています。

doFormat関数では、引数に渡されたRangeの縦横幅と背景色を設定しています。実行する処理の内容ごとにいくつかの関数を用意して呼び出すようにすると、複雑でやることが多いマクロも思ったほど複雑にならずに済みます。

セルの範囲を扱う

選択範囲について何らかの処理を実行するとき、考えなければいけないのが「どうやって選択されている範囲を調べるか」でしょう。いくつかの手順を追って処理をしていきます。

まず、もっともわかりやすい「1行のみ、あるいは1列のみが選択されている」というケースで考えてみましょう。この場合、どのようにすれば範囲を得られるでしょうか？

1. まず、最初のセルを取得します。
2. 続いて、最後のセルを取得します。
3. 最初のセルのインデックス番号を得ます。
4. 最後のセルのインデックス番号を得ます。

これで最初と最後のセルのインデックス番号が得られました。その範囲が選択されている範囲となるわけです。では最初と最後のセルのインデックスを得るにはどうするのか、必要なメソッドを整理しましょう。

▼最初のセルのRangeを得る

```
変数 =《Range》.getCell(0,0)
```

▼最後のセルのRangeを得る

```
変数 =《Range》.getLastCell()
```

▼セルの行のインデックスを得る

```
変数 =《Range》.getRowIndex()
```

▼セルの列のインデックスを得る

```
変数 =《Range》.getColumnIndex()
```

得られたインデックスは、そのままgetCellの引数に使ってセルのRange取得などに利用することができます。

選択された行の範囲を得る

実際に使ってみましょう。まずは行の範囲からです。縦に複数のセルを選択したら、どの範囲を選択しているかマクロでセルに書き出してみましょう。

▼リスト3-17

```
function main(workbook: ExcelScript.Workbook) {
  const range = workbook.getSelectedRange()
  const first = range.getCell(0,0)
  const last = range.getLastCell()
  const r1 = first.getRowIndex()
  const r2 = last.getRowIndex()
  range.setValue(r1 + '->' + r2)
}
```

実行すると、選択された行の範囲が選択セルに書き出されます。例えば「10->20」といった具合ですね。範囲が得られていることがわかるでしょう。

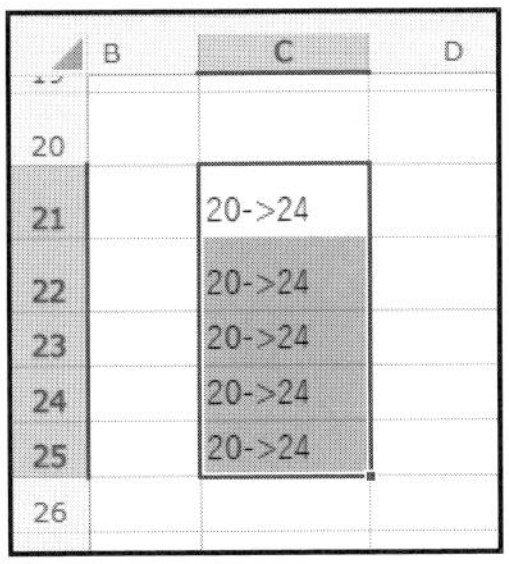

図3-22：選択された行の範囲をセルに書き出す。

ただしよく見てみると、行番号と書き出されている数字がずれていることに気がつくでしょう。例えば10行目から20行目まで選択されているのに、セルには「9->19」と表示されているはずです。

これは、getRowIndexで取得するのが「インデックス」であるためです。インデックスは左上のセルをゼロとして、順に番号が割り振られます。つまり1行目がゼロ、2行目が1，3行目が2……というように、行番号と1ずれた値になるのです。

「行番号と違う値というのは不安だな」と思うかもしれません。けれど、すでに皆さんは行番号ではなく、インデックスを使ってセルを取得しています。例えば選択されているRangeの最初のセルは、getCell(0,0)として取り出していましたね？　1つ目のセル（1行目、1列目のセル）を得るときは、getCell(1,1)ではありません。getCell(0,0)です。つまり、最初のセルのインデックスはゼロであるとすでに皆さんは知っているのです。

選択された列の範囲を調べる

やり方がわかったら、今度は列を選択して範囲を調べてみましょう。基本的な考え方は先ほどと同じです。ただ、行ではなく列のインデックスを取り出して調べるだけです。

▼リスト3-18

```
function main(workbook: ExcelScript.Workbook) {
  const range = workbook.getSelectedRange()
  const first = range.getCell(0, 0)
  const last = range.getLastCell()
  const c1 = first.getColumnIndex()
  const c2 = last.getColumnIndex()
  range.setValue(c1 + '->' + c2)
}
```

これも先ほどと同様に、1行だけ範囲を選択して実行してください。その範囲のインデックスを調べて表示します。インデックスなので、A列がゼロ、B列が1，C列が2……というように値が取り出されていきます。

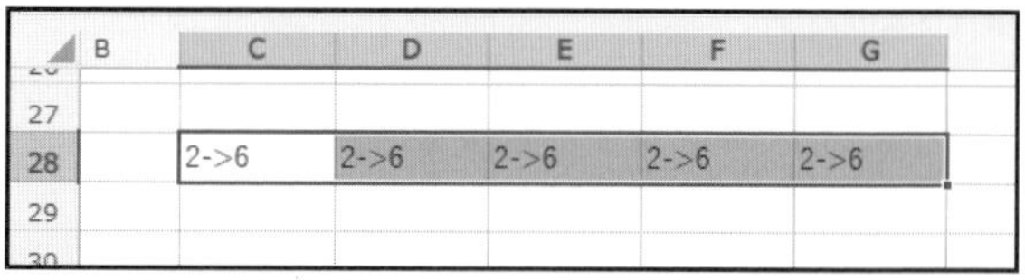

図3-23：行の範囲を選択して実行すると、その範囲を調べて表示する。

隣りのセルを操作する

選択された範囲について、縦横に取り出せるようになりました。では、「選択された範囲の隣り」はどうするのでしょう？　例えば1列だけ列が選択されているとき、その右隣のRangeを取り出し処理したいことはありますね。これはどうすればいいでしょうか？

すでにセルの範囲を調べる方法はわかっています。ならば「隣りの行・列のインデックス」も簡単に得られるはずです。それがわかれば、隣りのRangeを取得することもできるようになるはずですね。

ではやってみましょう。縦に選択した範囲の右隣りの列に「＊＊＊」とテキストを設定してみます。

▼リスト3-19

```
function main(workbook: ExcelScript.Workbook) {
  const range = workbook.getSelectedRange()
  const first = range.getCell(0, 0)
  const last = range.getLastCell()
  const r1 = first.getRowIndex()
  const r2 = last.getRowIndex()
  const c1 = range.getColumnIndex() + 1
  const sheet = workbook.getActiveWorksheet()
  const cells = sheet.getRangeByIndexes(r1, c1, r2 - r1 + 1, 1)
  cells.setValue('＊＊＊')
}
```

ここではgetCell(0,0)で最初のセル、getLastCellで最後のセルを取り出し、そこからインデックスを取り出しています。

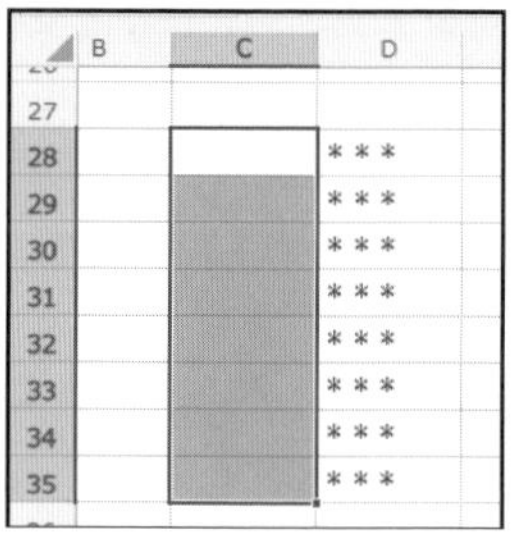

図3-24：選択した列の右隣に「＊＊＊」と表示する。

```
const r1 = first.getRowIndex()
const r2 = last.getRowIndex()
const c1 = range.getColumnIndex() + 1
```

そしてgetColumnIndexで取り出した値に1を足せば、右隣りの列のインデックスが得られます。これらが揃ったら、その値を使ってRangeを取得します。

```
const cells = sheet.getRangeByIndexes(r1, c1, r2 - r1 + 1, 1)
```

インデックスで指定した範囲のRangeを取得する「getRangeByIndexes」メソッドは、最初のセルのインデックスと横と縦のセル数を指定することでRangeを取り出します。「インデックスで指定する」ということの意味がだいぶわかってきたのではないでしょうか。こんな具合に、インデックスを使ったRange操作のメソッドはいろいろと揃っているのですね。

縦横に選択された範囲の利用

縦および横に選択された範囲の扱いがわかってきました。では応用として、縦横に選択されているRangeの利用について考えてみましょう。基本的な考え方は同じです。縦横の最初と最後のセルのインデックスを取得し、それで範囲を取り出せばいいのですね。考え方を整理しましょう。

1 最初のセルを取り出す。
2 最後のセルを取り出す。
3 最初のセルの行・列のインデックスを得る。
4 最後のセルの行・列のインデックスを得る。

これで最初と最後の行・列のインデックスが得られました。この行列のインデックスの範囲が選択されている範囲ということになります。後はgetRangeを使い、その範囲のRangeを取り出して利用すればいいのです。

選択範囲に九九を書き出す

簡単な利用例として、「範囲を選択すると、そこに九九の式を書き出す」というマクロを作ってみましょう。

▼リスト3-20

```
function main(workbook: ExcelScript.Workbook) {
  const range = workbook.getSelectedRange()
  const first = range.getCell(0, 0)
  const last = range.getLastCell()
  const r1 = first.getRowIndex()
  const r2 = last.getRowIndex()
  const c1 = first.getColumnIndex()
  const c2 = last.getColumnIndex()
  const sheet = workbook.getActiveWorksheet()
  set99(sheet, r1, c1, r2, c2)
}

function set99(sheet:ExcelScript.Worksheet,
    r1: number, c1: number, r2: number, c2: number) {
  for(let i = 0;i <= r2 - r1;i++) {
    for(let j = 0;j <= c2 - c1;j++) {
      const i2:number = i + 1
      const j2:number = j + 1
      const f = i2 + 'x' + j2 + '='
      sheet.getCell(r1 + i, c1 + j).setValue(f + (i2 * j2))
    }
  }
}
```

適当な範囲を選択して実行してみてください。左上から「1x1=1」「2x1=2」というように、縦横に九九の式が書き出されます。広い範囲で1つ1つのセルの値を操作していることがわかりますね。

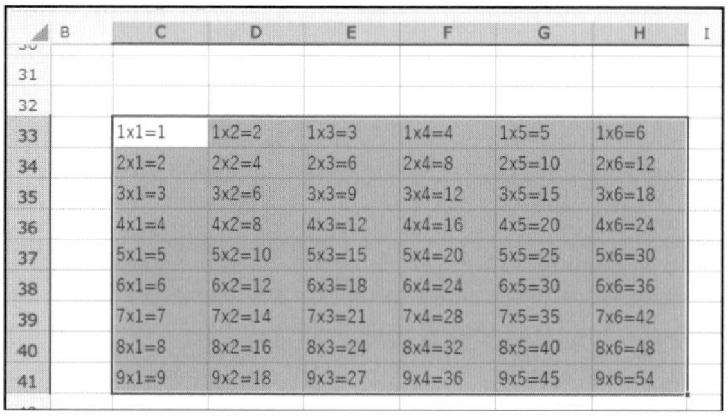

	B	C	D	E	F	G	H	I
31								
32								
33		1x1=1	1x2=2	1x3=3	1x4=4	1x5=5	1x6=6	
34		2x1=2	2x2=4	2x3=6	2x4=8	2x5=10	2x6=12	
35		3x1=3	3x2=6	3x3=9	3x4=12	3x5=15	3x6=18	
36		4x1=4	4x2=8	4x3=12	4x4=16	4x5=20	4x6=24	
37		5x1=5	5x2=10	5x3=15	5x4=20	5x5=25	5x6=30	
38		6x1=6	6x2=12	6x3=18	6x4=24	6x5=30	6x6=36	
39		7x1=7	7x2=14	7x3=21	7x4=28	7x5=35	7x6=42	
40		8x1=8	8x2=16	8x3=24	8x4=32	8x5=40	8x6=48	
41		9x1=9	9x2=18	9x3=27	9x4=36	9x5=45	9x6=54	

図3-25：選択した範囲に九九の式を書き出す。

ここではmain関数で選択された範囲の情報を調べています。getCell(0,0)で最初のセルを、getLastCellで最後のセルを取り出し、それぞれgetRowIndexとgetColumnIndexを取り出していますね。これで範囲が取り出せたので、これを引数にしてset99という関数を呼び出しています。

このset99では、受け取った範囲の値を元に、二重のforを使って式のテキストを指定のセルに設定しています。この繰り返し部分を見てみましょう。

```
for(let i = 0;i <= r2 - r1;i++) {
  for(let j = 0;j <= c2 - c1;j++) {
    ……略……
    sheet.getCell(r1 + i, c1 + j).setValue(f + (i2 * j2))
  }
}
```

ゼロから行数および列数の数だけ繰り返しを行っています。そしてsheet.getCell(r1 + i, c1 + j)という形でセルを取り出し、setValueで式を設定しています。getCellでは、最初の位置のインデックスに繰り返しのi, jを足して操作するセルの位置を指定しています。

値の配列で操作する

このようにインデックスで範囲を調べて、その範囲にあるセルを1つずつgetCellで取り出し処理するというやり方は、範囲のRange処理の基本と言えます。ただ、指定範囲の値を操作していく場合、1つ1つのセルをgetCellで取り出してsetValueで値を設定するのは動作も遅くなりがちです。

もし「値の設定」だけが目的ならば、まず最初に範囲の値を取り出し、これを二重の繰り返しで処理していったほうが遥かに高速に処理できるでしょう。例えば、先ほどの例を「値をまとめて取り出し処理する」というやり方に変えてみましょう。

▼リスト3-21

```
function main(workbook: ExcelScript.Workbook) {
  const range = workbook.getSelectedRange()
  const result = get99(range)
  range.setValues(result)
}

function get99(r: ExcelScript.Range): string[][] {
```

```
  const arr = r.getValues()
  const h = arr.length
  const w = arr[0].length
  let res: string[][] = new Array(h)
  for (let i = 0; i < h; i++) {
    const rw: string[] = new Array(w)
    res[i] = rw
    for (let j = 0; j < w; j++) {
      const i2: number = i + 1
      const j2: number = j + 1
      const f = i2 + 'x' + j2 + '='
      res[i][j] = f + (i2 * j2)
    }
  }
  return res
}
```

このやり方ならば選択範囲のRangeからgetValuesで値をまとめて取り出せますから、インデックスの操作などは必要ありません。取り出した二次元配列を元に処理を行い、設定する二次元配列を作ってsetValuesするだけです。

「セルを利用すべきか、値だけ取り出し利用すべきか」を考えた上で、どのやり方がベターかを決めるとよいでしょう。

セルの上下左右を一定幅取り出す

マクロを使って処理させる用途は「選択されたセルに何かをする」ということよりも、「選択されセルの周辺のセルに何かをする」ということのほうが多いかもしれません。例えば選択範囲の合計を隣のセルに書き出すとか、そういった操作ですね。

実際やってみるとわかりますが、「選択されているセルの周辺」の操作は思った以上に面倒なものです。こうした周辺セルの扱いをもう少し便利に行えるようにできるメソッドがいくつか用意されています。

▼Rangeの上にあるセルを取得

```
変数 =《Range》.getRowsAbove( 整数 )
```

▼Rangeの下にあるセルを取得

```
変数 =《Range》.getRowsBelow( 整数 )
```

▼Rangeの左にあるセルを取得

```
変数 =《Range》.getColumnsAfter( 整数 )
```

▼Rangeの右にあるセルを取得

```
変数 =《Range》.getColumnsBefore( 整数 )
```

引数にある整数は取り出すセル数を示します。例えばgetRowsAbove(5)とすれば、指定のRangeの手前5行分のRangeを取り出します。これらのメソッドを使えば、指定範囲の上下左右を必要な数だけ取り出せるのです。

▼リスト3-22

```
function main(workbook: ExcelScript.Workbook) {
  const range = workbook.getSelectedRange()
  range.getRowsAbove(2).setValue('Above!')
  range.getRowsBelow(2).setValue('Below!')
  range.getColumnsBefore(2).setValue('Before!')
  range.getColumnsAfter(2).setValue('After!')
}
```

適当な範囲を選択して実行すると、選択されたRangeの上下左右にそれぞれ2行2列の範囲でテキストを設定します。上下左右それぞれに同じテキストが設定されているので、ここで呼び出しているメソッドでどの範囲のRangeが取り出されているのかがよくわかるでしょう。

このように特定のRangeの周辺を利用するには、これらメソッドを使ってRangeを取り出すのが一番簡単でしょう。

図3-26：選択範囲の上下左右に値を表示する。

周辺セル1つ1つに値を設定

getRowsAboveなどのメソッドでは一定範囲のセルをまとめたRangeが返されます。したがって、それらのセル1つ1つを操作したい場合は、そのRangeから1つずつセルを取り出し処理する必要があります。これはRangeの行数列数を調べ、繰り返しを使って順にセルを取り出し処理していけばいいでしょう。

では、実際に選択範囲の右側と下側のセルに値を設定するサンプルを挙げておきましょう。

▼リスト3-23

```
function main(workbook: ExcelScript.Workbook) {
  const range = workbook.getSelectedRange()
  const below = range.getRowsBelow(1)
  const after = range.getColumnsAfter(1)
  belowSet(below)
  afterSet(after)
}

function belowSet(r:ExcelScript.Range) {
  const n = r.getColumnCount()
  for (let i =0;i < n;i++) {
    r.getCell(0,i).setValue('col ' + i)
  }
}

function afterSet(r: ExcelScript.Range) {
  const n = r.getRowCount()
  for (let i = 0; i < n; i++) {
    r.getCell(i, 0).setValue('row ' + i)
  }
}
```

実行すると、選択範囲の右側の列に上から「row 0」「row 1」と番号を振り、下側の行に「col 0」「col 1」と番号を振ります。

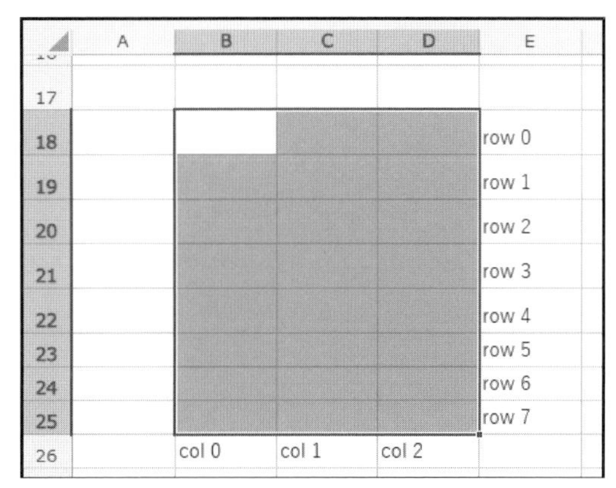

図3-27：選択範囲の右側と下側のセルに値を設定する。

ここでは右側の列と下側の行を以下のようにして取り出します。

```
const below = range.getRowsBelow(1)
const after = range.getColumnsAfter(1)
```

後はbelowSetとafterSetという関数で処理をしています。これらの関数ではgetColumnCountまたはgetRowCountで列数行数を取り出し、forの繰り返しでgetCellを使って順にセルのRangeを取り出し、setValueで値を設定していきます。

範囲を取り出しgetCellで順に処理する、という基本がわかれば、決して面倒なものではありません。「範囲のRangeから順にセルを取り出し処理する」という考え方と処理の仕方に慣れておきましょう。

表示形式の指定

最後に、表示形式についても触れておきましょう。セルには値の他に数値や日付などの表示形式を指定することができます。この表示形式は、Office Scriptでは「ナンバーフォーマット（NumberFormat）」と呼ばれます。これは以下のメソッドで設定されます。

▼ナンバーフォーマットの取得

```
変数 =《Range》.getNumberFormat()
変数 =《Range》.getNumberFormatLocal()
変数 =《Range》.getNumberFormats()
変数 =《Range》.getNumberFormatsLocal()
```

▼ナンバーフォーマットの設定

```
《Range》.setNumberFormat( テキスト )
《Range》.setNumberFormatLocal( テキスト )
《Range》.setNumberFormats( テキスト２次元配列 )
《Range》.setNumberFormatsLocal( テキスト２次元配列 )
```

Localが付いているものと付いていないものがありますね。付いていないものがナンバーフォーマットのもっとも基本となるメソッドです。Localが付いたものはユーザーの利用言語や地域に応じてローカライズされた値になります。通常はこちらを利用するとよいでしょう。

フォーマットの指定

問題は、「どのようにフォーマットを指定すればいいか」でしょう。フォーマットは特殊な記号を使って記述されたテキストとして作成します。値の種類ごとにさまざまな記号を使います。以下に、数値と日時のフォーマットで使う記号類についてまとめておきましょう。

数値関係

0	必ず表示する桁。
#	値がなければ省略する桁。
.	小数点。
,	桁区切り。
%	パーセント表示。
E0	指数表記。

日付関係

y	年の値。y,yyは2桁、yyy,yyyyは4桁表示。yy,yyyyは桁がない場合ゼロで埋める。
M	月の値。Mは数値、MMは2桁表示で桁がない場合ゼロで埋める。MMMは短い月名、MMMMは長い月名。
d	日の値。dは数値、ddは2桁表示に桁がない場合ゼロで埋める。
ddd	曜日。dddは短い曜日名、ddddは長い曜日名。
K	タイムゾーン。
h	12時間形式の時の値。hは数値、hhは2桁表示で桁がない場合ゼロで埋める。
H	24時間形式の時の値。Hは数値、HHは2桁表示で桁がない場合ゼロで埋める。
m	分の値。mは数値、mmは2桁表示で桁がない場合ゼロで埋める。
s	秒の値。sは数値、ssは2桁表示で桁がない場合ゼロで埋める。
t	AM/PMの表記。tは短い表記、ttは長い表記。
f	秒以下の値。fは10分の1秒、ffは100分の1秒、fの数で桁数を指定。値がない場合はゼロで埋めて表示。
F	秒以下の値。Fは10分の1秒、FFは100分の1秒。Fの数で桁数を指定。
g	時代、年号。g, ggは短い表記、ggg, ggggは長い表記。

これらの記号を使ってフォーマットの指定をテキストとして作成し、それをsetNumberFormatLocalで設定することで、そのセルの表示フォーマットが設定されます。

数値のフォーマットを設定する

利用例を挙げておきましょう。まずは数値フォーマットです。3桁区切りを表示し、小数点以下2桁までを表示させてみます。

▼リスト3-24

```
function main(workbook: ExcelScript.Workbook) {
  const range = workbook.getSelectedRange()
  const format = range.setNumberFormat('#,###.00')
}
```

図3-28：実行すると選択範囲にナンバーフォーマットが設定される。

セルを選択しマクロを実行すると、ナンバーフォーマットが設定されます。ここでは'#,###.00'と値を設定していますね。3桁ごとにカンマが付けられ、小数点以下は2桁までが表示されるようになります。

日付のフォーマットを設定する

日時についてもフォーマットを設定してみましょう。以下のように内容を修正してください。

▼リスト3-25

```
function main(workbook: ExcelScript.Workbook) {
  const range = workbook.getSelectedRange()
  const format = range.setNumberFormat('ggg yy年 mm月 dd日')
}
```

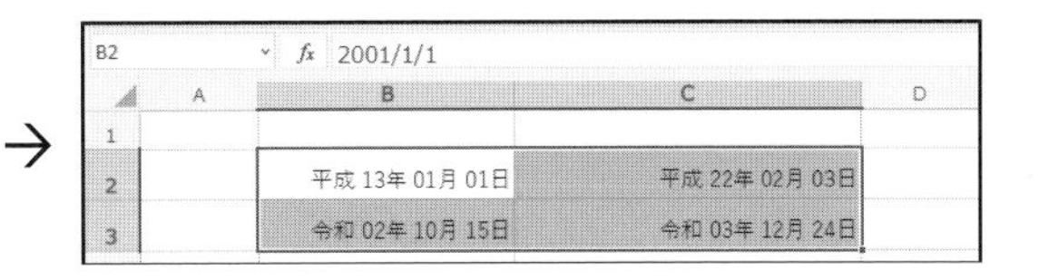

図3-29：選択範囲の日時のフォーマットを設定する。

これは時間のフォーマットですので、例えば「2020/1/2」というように日付の値が入力されているセルで実行してください。ここでは「令和○○年××月△△日」という形式で表示されるようになります。

勘違いしてはいけないのですが、これは「値を指定のフォーマットに書き換える」ものではありません。値はそのままに、表示だけを変更するものです。実際にフォーマット設定されたセルをクリックして選択してみましょう。上の数式バーには元の値がそのまま表示されます。値はそのままに、表示だけが変わっていることがわかるでしょう。

図3-30：数式バーには元の値が表示される。

Chapter 3

3.4. セルとシートの編集

セルのコピー&ペースト

Excelでは複数のセルをまとめてコピーし他にペーストしたり、行や列を削除や挿入するなどしてシートを自由に編集できます。こうした編集機能もマクロで行わせることが可能です。まずはセルのコピーからです。セルに記述されている値を他のセルにコピーするのは「copyFrom」というメソッドを使います。

```
《Range》.copyFrom(《Range またはテキスト》)
```

これで引数のRangeにある値をこのRangeにコピーします。注意したいのは、「指定したRangeの範囲内にのみコピーされるわけではない」という点です。Excelでコピー&ペーストをしたことがあればわかりますが、ペーストすると、その場所にコピーしたデータと同じ縦横数でデータがペーストされます。3×3のセル範囲をコピーすれば、ペーストされるのも3×3の範囲です。

Rangeの他に、アドレスを使ってコピー元を指定することも可能です。例えば"A1:B2"というように、A1形式のアドレスをテキストで用意し引数に指定すれば、その範囲をコピーできます。

選択範囲を隣りに複製する

実際にデータのコピーを行ってみましょう。選択された範囲の右側にデータを複製します。シートのデータの範囲を選択して実行してみてください。

▼リスト3-26

```
function main(workbook: ExcelScript.Workbook)
{
  const range = workbook.getSelectedRange()
  const next = range.getColumnsAfter(1).getCell(0,0)
  next.copyFrom(range)
}
```

	A	B	C	D
1				
2		東京	12300	
3		大阪	9870	
4		名古屋	4560	

→

B	C	D	E
東京	12300	東京	12300
大阪	9870	大阪	9870
名古屋	4560	名古屋	4560

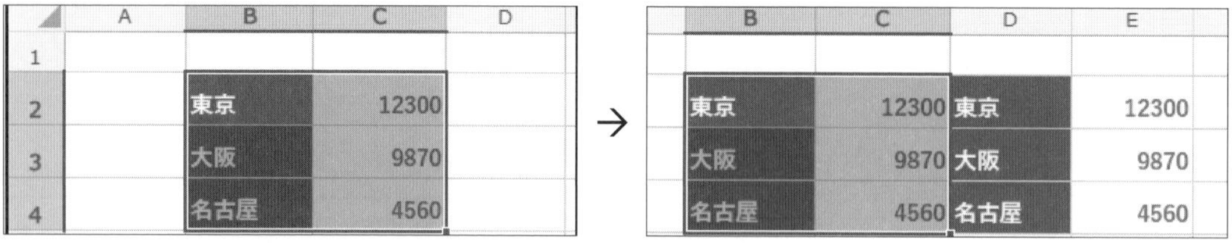

図3-31：実行すると、選択したセルの内容を隣にコピーする。

選択した範囲の内容が、選択された範囲の右側に複製されます。試してみるとわかりますが、セルの値だけでなく、セルの背景やフォントなどの情報まですべてコピーされます。

ここでは選択された範囲のRangeを取り出した後、その右隣のセルのRangeを取得しています。

```
const next = range.getColumnsAfter(1).getCell(0,0)
```

getCell(0,0)で右隣の一番上のセルを取り出しています。ここにコピーすれば、同じ行にコピーできます。コピー先のRangeはコピー元のRangeと同じ大きさである必要はありません。Rangeの大きさに関係なく、コピー元の範囲のデータがそのままの範囲で複製されます。ですから、複製するデータの左上の位置さえきちんと指定すればいいのです。

後はcopyFromでコピーするだけです。セルのコピーは非常に簡単なんですね！

移動もできる!

copyFromとまったく同じ使い方をする「セルの移動」メソッドも用意されています。「moveTo」というもので、以下のように利用します。

```
《Range》.moveTo(《Range またはテキスト》)
```

使い方はまったく同じです。引数に移動元のRangeまたはアドレスのテキストを指定するだけで、その範囲のデータをRangeに移動できます。

コピーする項目を指定する

copyFormでコピーされるのは値だけでなく、フォーミュラ（数式）やフォーマット（RangeFormatの属性）もすべてコピーされます。

特にRangeFormatがコピーされるのは強力です。これにより、フォントや罫線などもすべてコピーされます。

が、逆に「値だけをコピーしたい」という場合には、これらが邪魔になってしまう場合もあるでしょう。そのような場合には、コピーする内容を指定することができます。

```
《Range》.copyFrom(《Range》,《RangeCopyType》)
```

このように、第2引数に「RangeCopyType」という値を指定することで、コピーする内容を設定できます。RangeCopyTypeは列挙体で、以下のような値が用意されています。

RangeCopyTypeの値

all	すべてをコピー。
formats	フォーマット（RangeFormat）をコピー。
formulas	フォーミュラ（数式）をコピー。
values	値をコピー。

これらを指定すれば、値だけをコピーしたり、数式やフォーマットだけをコピーすることもできます。

値だけを複製する

先ほどのサンプルを修正して、値だけを複製するようにマクロを修正してみましょう。

▼リスト3-27

```
function main(workbook: ExcelScript.Workbook) {
  const range = workbook.getSelectedRange()
  const next = range.getColumnsAfter(1).getCell(0, 0)
  next.copyFrom(range, ExcelScript.RangeCopyType.values)
}
```

先ほどと同じように、データの範囲を選択してマクロを実行してみましょう。今度は値だけが隣に複製されるようになりました。

A	B	C	D	E	F	G
	東京	12300	東京	12300	東京	12300
	大阪	9870	大阪	9870	大阪	9870
	名古屋	4560	名古屋	4560	名古屋	4560

図3-32：今度は値だけが複製されるようになった。

別のシートに複製する

セルの複製を自動化しようというとき、「開いているシート以外のところにデータなどをコピーしたい」ということも多いでしょう。Excelでは、ワークブックに複数のワークシートを持つことができます。現在開いているシートのデータを別のシートに複製できればいろいろと便利ですね。

別のシートに複製するのは、実は簡単です。要するに別のシートのRangeを用意して、そのcopyFromを呼び出せばいいのです。Rangeはシート（Worksheet）から簡単に取り出すことができます。ということは、コピーしたいシートのWorksheetが得られればいいのです。

ワークシートはWorkbookの「getWorksheet」で取り出すことができました。では、別のシートに複製するサンプルを作ってみましょう。

▼リスト3-28

```
function main(workbook: ExcelScript.Workbook) {
  const range = workbook.getSelectedRange()
  const sheet2 = workbook.getWorksheet('No,2')
  sheet2.activate()
  const next = sheet2.getCell(0,0)
  next.copyFrom(range)
}
```

	A	B	C	D
1				
2		東京	12300	東京
3		大阪	9870	大阪
4		名古屋	4560	名古屋

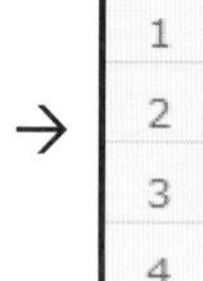

	A	B	C
1	東京	12300	
2	大阪	9870	
3	名古屋	4560	
4			

図3-33：選択範囲を「No,2」シートに複製する。

あらかじめ「No,2」シートを用意しておきましょう。そしてそれ以外のシートで範囲を選択し、マクロを実行してください。「No,2」シートに表示が切り替わり、その左上の位置に複製されます。
まず、「No,2」シートのオブジェクトを取り出します。

```
const sheet2 = workbook.getWorksheet('No,2')
```

そして、このシートをアクティブにします。Worksheetの「active」というメソッドで行えます。

```
sheet2.activate()
```

後は複製する位置のセルのRangeを取得し、copyFromで複製するだけです。

```
const next = sheet2.getCell(0,0)
next.copyFrom(range)
```

なお、ここではシートを切り替えていますが、切り替えなくともシートの操作は問題なく行えます。コピーしたシートに切り替わったほうが便利なのでそうしているだけで、表示されていないシートのRangeを操作してもエラーになったりすることはありません。

セルの消去

すでに記述されているセルを消去するにはどうするのでしょうか？「setValueでからの値を設定すればいい」と思うかもしれませんが、それでは値は消去できても背景やフォント、罫線といった属性情報はクリアされません。といって、これらの属性を1つ1つすべて変更していくのも面倒ですね。
消去には、「clear」という専用のメソッドが用意されています。以下のように呼び出します。

```
《Range》.clear(《ClearApplyTo》)
```

引数にはClearApplyToという列挙型の値を指定します。copyFromで使ったRangeCopyTypeと同様に消去する内容を指定するもので、以下のような値が用意されています。

ClearApplyToの値

all	値、フォーマット(RangeFormat)、ハイパーリンクをすべて消去。
contents	値のみを消去。
formats	フォーマット(RangeFormat)を消去。
hyperlinks	ハイパーリンクを消去。
removeHyperlinks	ハイパーリンクとフォーマット(RangeFormat)を消去。

clearを利用した例を挙げておきましょう。値とフォーマットなどすべてを消去するサンプルです。

▼リスト3-29

```
function main(workbook: ExcelScript.Workbook) {
  const range = workbook.getSelectedRange()
  range.clear(ExcelScript.ClearApplyTo.all)
}
```

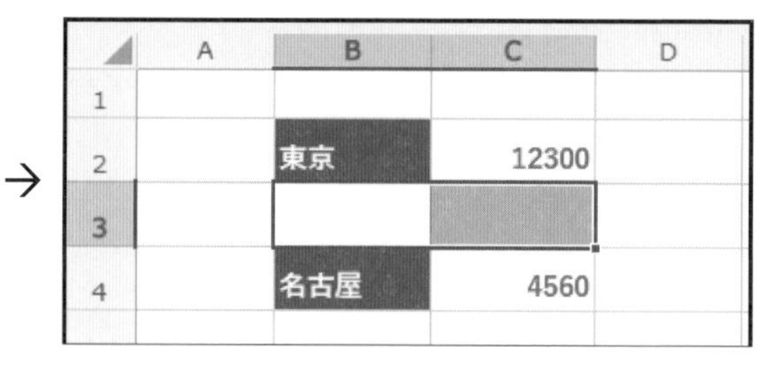

図3-34：実行すると、選択された範囲の内容を消去する。

範囲を選択して実行すると、その部分の内容が消去されます。単に値だけでなく背景やフォント、罫線などの情報もすべて消去されることを確認してください。

セルの削除

セルの削除はRangeにある「delete」メソッドで行えます。ただし、ただdeleteするだけではなく、引数に「DeleteShiftDirection」という値を用意する必要があります。

```
《Range》.delete(《DeleteShiftDirection》)
```

このDeleteShiftDirectionはセルを削除した後、どのようにその場所を埋めるかを示すものです。つまり、削除するセルの周囲にあるセルをどの方向から移動させるかを指定します。これは列挙体で、以下の値が用意されています。

up	下のセルを上に移動する。
left	左のセルを右に移動する。

これを指定することで、削除したセルの場所にどのようにセルが移動してくるかを決めることができます。これも利用例を挙げましょう。

▼リスト3-30

```
function main(workbook: ExcelScript.Workbook) {
  const range = workbook.getSelectedRange()
  range.delete(ExcelScript.DeleteShiftDirection.up)
}
```

図3-35：実行すると選択範囲を削除し、下側のセルを上に引き上げる。

適当な範囲を選択して実行するとその範囲のセルを削除し、下側のセルを引き上げます。けっこう簡単に削除できてしまいますね！

列・行の削除

列や行を削除する場合はどうするのでしょうか？　実を言えば、列や行の削除も操作としてはセルの削除と同じ「Rangeのdelete」を呼び出すだけです。行や列が選択された状態でdeleteが呼び出されれば、その行や列を削除するのです。

問題は「行や列が選択されたRange」をどのように取得するか、でしょう。もちろん、行や列を選択した状態にしておき、そのRangeを取得し操作するならば簡単です。では、マクロで「最初の行を削除というようにするにはどうやってRangeを取得するのでしょうか？

これは、アドレスを以下のように指定してgetRangeすれば可能です。

- 列を取得………"開始列名:終了列名"
- 行を取得………"開始行番号:終了行番号"

例えばA列全体のRangeならば、"A:A"とアドレスを指定してgetRangeすれば得られます。1行目の行全体のRangeは"1:1"とすれば得られます。複数列や複数行の場合は"A:B"や"1:2"というように、範囲をしていすればいいのです。

A列と1行目を削除する

利用例として、一番上の行と一番左の列を削除するマクロを挙げておきましょう。

▼リスト3-31
```
function main(workbook: ExcelScript.Workbook) {
  const sheet = workbook.getActiveWorksheet()
  const colrange = sheet.getRange('A:A')
  const rowrange = sheet.getRange('1:1')
  colrange.delete(ExcelScript.DeleteShiftDirection.left)
  rowrange.delete(ExcelScript.DeleteShiftDirection.up)
}
```

	A	B	C	D
1				
2		東京	12300	
3		大坂	9870	
4		名古屋	4560	
5				

→

	A	B	C	D
1	東京	12300		
2	大坂	9870		
3	名古屋	4560		
4				
5				

図3-36：実行するとA列と1行目を削除する。

ここではgetRange('A:A')とgetRange('1:1')でA列と1行目のRangeを取得しています。後はこれらからdeleteを呼び出すだけです。

注意したいのは、引数で指定する移動の方向です。列を削除したときはleft、行を削除したときはupを指定してください。

セル・行・列の挿入

セルや行・列などを挿入するには、Rangeの「insert」というメソッドを利用します。

```
《Range》.insert(《InsertShiftDirection》)
```

挿入は、引数に「InsertShiftDirection」という列挙型の値を指定します。挿入後のセルの移動方向を指定するもので、以下の値が用意されています。

down	下に移動する。
right	右に移動する。

セルの範囲を指定してinsertすればそこにセルが挿入されますし、先ほど説明したように行や列のアドレスを指定してRangeを取得しinsertすれば行・列を挿入することができます。

では、これも例を挙げておきましょう。

▼リスト3-32

```
function main(workbook: ExcelScript.Workbook) {
  const sheet = workbook.getActiveWorksheet()
  const colrange = sheet.getRange('A:A')
  const rowrange = sheet.getRange('1:1')
  colrange.insert(ExcelScript.InsertShiftDirection.right)
  rowrange.insert(ExcelScript.InsertShiftDirection.down)
}
```

	A	B	C	D
1	東京	12300		
2	大坂	9870		
3	名古屋	4560		
4				
5				

→

	A	B	C	D
1				
2		東京	12300	
3		大坂	9870	
4		名古屋	4560	
5				

図3-37：実行すると、左上に1行1列ずつ挿入する。

これは先ほどのサンプルの逆を行うものです。実行すると、一番上と一番左端に新たに行と列を挿入します。これも行を挿入する場合は引数にdownを、列を挿入する場合はrightを指定してください。方向を間違えるとうまく動かないので注意しましょう。

これで、シート内のセルの基本的な操作（コピー、移動、削除、挿入）が一通り行えるようになりました！

Chapter 4

数式・条件付き書式・検証

スプレッドシートでは単純な値以外の機能も多数用意されています。
ここでは「数式」「オートフィル」「条件付き書式」「検証」といった機能について、
Office Scriptから利用する方法を説明していきます。

Chapter 4

4.1. 数式とオートフィル

数式＝PowerFX

Excelでは複雑な計算もほとんど自動的に処理してくれますが、これらはたいていの場合、マクロは使いません。セルに数式を書けば、それだけで計算の処理を行ってくれます。

この数式は「PowerFX」と呼ばれるものです。PowerFXはExcelだけでなく、「Power Apps」というローコード開発ツールでも使われています。マイクロソフトはこのPowerFXをオープンソース化しており、今後さまざまなアプリで使われるようになる可能性もあります。

PowerFXを使った数式を使えば、ずいぶんと簡単にセルの値を自動計算することができます。ただし、たくさんのセルに数式を指定する場合、数式で使う関数にセルの範囲などを細かく指定していく必要があります。

複雑な数式になると、正しく式を記述するだけでもかなり大変でしょう。そこで、マクロと数式の連携処理が重要となります。例えば、マクロを使って自動的にセルに数式を割り当てたりできれば、セルの計算処理もずいぶんと楽になりますね。

フォーミュラの操作

PowerFXに用意されている関数は膨大なものになります。それらについて、ここで細かく説明することは難しいでしょう。PowerFXの詳細については別途学習をしてください。ここではいくつかの関数をピックアップし、それらを利用して「PowerFXの数式とマクロの連携」について考えていくことにします。

セルに設定されるPowerFXの数式は「フォーミュラ」と呼ばれます。マクロで数式を操作する場合には、このフォーミュラの値を操作します。

▼フォーミュラを取得

```
変数 =《Range》.getFormula()
変数 =《Range》.getFormulaR1C1()
変数 =《Range》.getFormulas()
変数 =《Range》.getFormulasR1C1()
```

▼フォーミュラを設定

```
《Range》.setFormula( テキスト )
《Range》.setFormulaR1C1( テキスト )
《Range》.setFormulas( テキスト２次元配列 )
《Range》.setFormulasR1C1( テキスト２次元配列 )
```

これらのメソッドでフォーミュラの取得と設定が行えます。注意したいのは「1つのフォーミュラと、複数のフォーミュラを扱うものがある」という点でしょう。メソッド名が「Formula」となっているものは、1つのフォーミュラのテキストだけを扱います。

これに対し「Formulas」と複数形のsが付いているものは、Rangeの各セルのフォーミュラを2次元配列にまとめたものが値として使われます。したがって、例えばsetFormulasで数式のテキストを設定しようとするとエラーになります(数式を2次元配列にまとめたものが必要です)。

合計とSUM

PowerFXに用意されている関数の中でもっとも多用されているのは、合計を計算する「SUM」関数でしょう。セルに以下のような形で記述します。

```
=SUM( テキスト )
```

引数にはセルの範囲を示すテキストを記述します。例えば"A1:A10"とすれば、A1 ~ A10の間の値をすべて合計したものが表示されます。データの集計に多用される関数ですね。

このSUM関数を使った集計処理をマクロで作成するにはどうすればいいでしょうか? 合計するセル範囲を示すテキストさえうまく用意できれば、設定するのは意外と簡単そうです。

選択範囲の合計を設定する

SUM関数を利用した集計をマクロで作成してみましょう。範囲の右側の下側に、選択範囲のセルの合計を表示させてみます。

▼リスト4-1

```
function main(workbook: ExcelScript.Workbook) {
  const range = workbook.getSelectedRange()
  const rn = range.getRowCount()
  for (let i = 0; i < rn; i++) {
    const rw = range.getRow(i)
    setRowSum(rw)
  }
  const cn = range.getColumnCount()
  for (let i = 0; i < cn; i++) {
    const cw = range.getColumn(i)
    setColSum(cw)
  }
}

function setRowSum(range: ExcelScript.Range) {
  const c1 = range.getCell(0, 0).getColumnIndex()
  const c2 = range.getLastCell().getColumnIndex()
  const c = c2 - c1 + 1
  const right = range.getLastCell().getOffsetRange(0, 1)
  const formula = '=SUM(RC[-' + c + ']:RC[-1])'
  right.setFormulaR1C1(formula)
}
```

```
function setColSum(range: ExcelScript.Range) {
  const r1 = range.getCell(0, 0).getRowIndex()
  const r2 = range.getLastCell().getRowIndex()
  const r = r2 - r1 + 1
  const bottom = range.getLastCell().getOffsetRange(1, 0)
  const formula = '=SUM(R[-' + r + ']C:R[-1]C)'
  bottom.setFormulaR1C1(formula)
}
```

ここでは選択範囲から繰り返しを使ってgetRowあるいはgetColumnで行と列ごとにRangeを取得し、setRowSum/setColSum関数を呼び出しています。これらの関数ではSUM関数を使ったフォーミュラのテキストを作成し、引数に渡された行および列の右側または下側のセルにフォーミュラを設定しています。

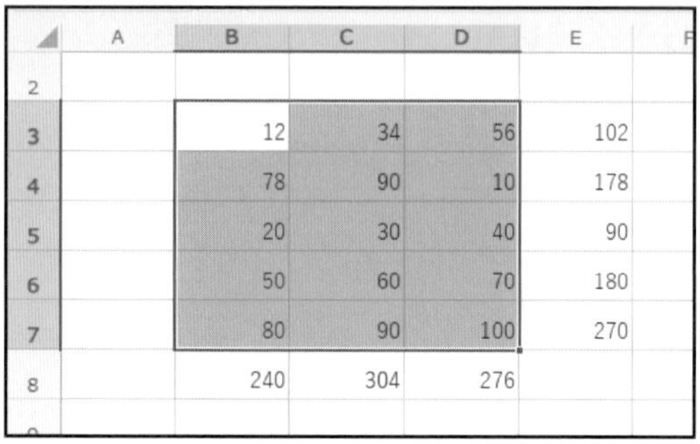

	A	B	C	D	E	F
2						
3		12	34	56	102	
4		78	90	10	178	
5		20	30	40	90	
6		50	60	70	180	
7		80	90	100	270	
8		240	304	276		

図4-1：実行すると、選択範囲の右と下に合計が表示される。

合計が表示されているセルをクリックすると、上の数式バーに「=SUM(○○)」という形で数式が設定されているのがわかるでしょう。このように数式をフォーミュラとして設定することで、合計を計算し表示させることができます。

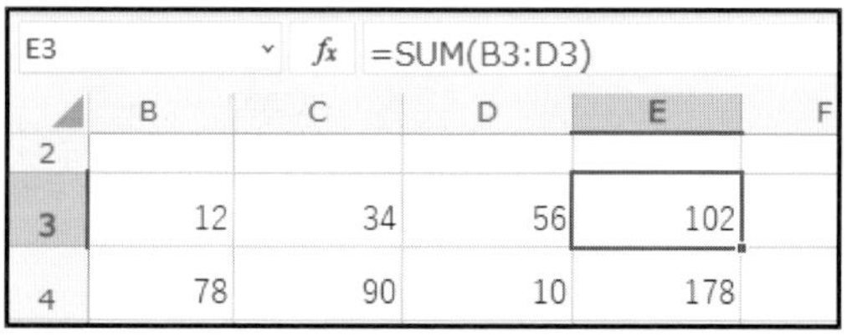

E3 fx =SUM(B3:D3)

	B	C	D	E	F
2					
3	12	34	56	102	
4	78	90	10	178	

図4-2：合計のセルにはSUM関数の数式が設定されている。

R1C1によるセル範囲の指定について

どのような数式がフォーミュラの値として用意されているのかを見てみましょう。すると、このように値が作成されていることがわかります。

▼指定された行の合計（c=列数）

```
const formula = '=SUM(RC[-' + c + ']:RC[-1])'
```

("=SUM(RC[列数]:RC[-1])")

▼指定された列の合計（r=行数）

```
const formula = '=SUM(R[-' + r + ']C:R[-1]C)'
```

("=SUM(R[行数]C:R[-1]C)")

これらのSUM関数では「R1C1形式」と呼ばれる形式でセルの範囲を指定しています。通常、数式で指定するセルの範囲は「A1形式」で表したものが使われるでしょう。左上のセルを「A1」として表現する書き方ですね。

このA1形式の場合、マクロを使ってセル範囲を指定するのには不向きです。なぜなら、選択されているセルのインデックス番号からA1形式のセルの値を作成してフォーミュラを作らなければならないからです。

R1C1形式の場合、「R[番号]C[番号]」という形でセルを指定します。非常に便利なのは、このRとCの値は「そのセルからの相対位置」で指定できる、という点です。例えば、フォーミュラを指定するセルの左隣のセルならば"C[-1]R"とすればいいですし、下のセルなら"CR[1]"とすればいいのです。「縦横にいくつ隣にあるセルか」を指定すればいいのですね。

このR1C1形式はスクリプトでセルの位置の指定がしやすいのです。注意したいのは、R1C1形式で数式を作成した場合、setFolumaではなく「setFormulaR1C1」という専用のメソッドを使わなければいけないという点です。setFormulaではエラーになってしまうので注意してください。

getColumnsAfter/getRowsBelowを使う

R1C1形式による数式では、セルの位置は数式を設定するセルからの相対位置で指定されます。「3つ左隣からすぐ隣までを合計する」といった形で記述されるのですね。

ということは複数範囲が選択されていた場合、右側に設定されるフォーミュラはどの行も同じ内容になることに気がつくでしょう。そして下側のフォーミュラも、やはりすべて同じ内容になるのです。

右側の合計と下側の合計がそれぞれ同じものになるなら、わざわざ1つ1つのセルにフォーミュラを設定する必要はありません。その範囲のセルにすべて同じ値を設定すればいいのです。

指定範囲の右側および下側のセルをまとめて取り出すには、getColumnsAfter/getRowsBelowといったメソッドを使えば簡単でしたね。これらでRangeを取得し、用意したフォーミュラをRangeの全セルにまとめて設定してしまえばいいのです。

では、先ほどのサンプルを修正してみましょう。

▼リスト4-2

```
function main(workbook: ExcelScript.Workbook) {
  const range = workbook.getSelectedRange()
  setRowSum(range)
  setColSum(range)
}

function setRowSum(range: ExcelScript.Range) {
  const c1 = range.getCell(0, 0).getColumnIndex()
  const c2 = range.getLastCell().getColumnIndex()
  const c = c2 - c1 + 1
  const right = range.getColumnsAfter(1)
  const formula = '=SUM(RC[-' + c + ']:RC[-1])'
  right.setFormulaR1C1(formula)
}

function setColSum(range: ExcelScript.Range) {
  const r1 = range.getCell(0, 0).getRowIndex()
  const r2 = range.getLastCell().getRowIndex()
  const r = r2 - r1 + 1
  const bottom = range.getRowsBelow(1)
  const formula = '=SUM(R[-' + r + ']C:R[-1]C)'
  bottom.setFormulaR1C1(formula)
}
```

ずいぶんとスッキリしました。main関数では選択された範囲を調べて行・列ごとに順に関数を呼び出していましたが、今回はsetRowSum(range)というように、選択範囲のRangeをそのまま指定して呼び出すだけです。

setRowSum/setColSumでは、getCell(0, 0)とgetLastCellで最初と最後のセルのインデックスを取得し、それを使ってR1C1形式でフォーミュラのテキストを作成します。そしてgetColumnsAfter/getRowsBelowを使って右側および下側のセル範囲のRangeを取得し、これにsetFormulaR1C1でフォーミュラを設定します。これでRangeの範囲のセルすべてに用意したフォーミュラが設定されます。

setFormulaR1C1によるフォーミュラ

ここではsetFormulaR1C1を使ってフォーミュラを設定しました。これはどのような値になっているのでしょうか？

例えば、A1 ～ C1の範囲の合計をD1セルにsetFormulaR1C1で設定したところを考えてみましょう。このとき、フォーミュラには"=SUM(RC[-3]:RC[-1])"という形で用意されます。

では、これがsetFormulaR1C1によってD1セルに設定された後、D1セルの値を手動で確認してみましょう。すると、このような値になっているはずです。

```
=SUM(A1:C1)
```

setFormulaR1C1で設定したはずなのに、セルに記述されている数式はA1形式に変わっています。

実は、R1C1形式のフォーミュラというのは「マクロで数式を設定するためのもの」なのです。実際にはR1C1形式で数式が書かれるわけではありません。setFormulaR1C1により、R1C1形式の数式のテキストをA1形式に変換されたものが数式としてセルに設定されるのです。

マクロではA1形式とR1C1形式どちらによる数式も利用できますが、実際に設定される値は常にA1形式による数式です。

2通りのフォーミュラ

設定されているフォーミュラと、マクロで扱われるA1形式とR1C1形式のフォーミュラの違いを確認してみましょう。

▼リスト4-3

```
function main(workbook: ExcelScript.Workbook) {
  const range = workbook.getSelectedRange()
  console.log(range.getFormula())
  console.log(range.getFormulaR1C1())
}
```

先ほどのマクロでSUM関数が設定されたセルを選択し、このマクロを実行してみましょう。するとマクロの「出力」ビューにA1形式とR1C1形式の数式が出力されます。

設定されている数式は1つですが、このように必要に応じてどちらの形式でも値を取り出せます。もちろん、設定する場合も同じです。

出力 (2)　問題　ヘルプ (4)

ⓘ =SUM(A1:C1)

ⓘ =SUM(RC[-3]:RC[-1])

図4-3：SUM関数が設定されたセルを選択し実行すると、A1とR1C1のそれぞれの数式が出力される。

A1形式とアドレス

R1C1形式はセルのインデックスを使って設定できるため、マクロの中では比較的扱いやすいでしょう。しかし、すべての機能がR1C1形式で対応しているわけではありません。中にはA1形式でなければ使えない機能というのもあります。

基本的に、セルの位置をテキストで指定して実行するメソッドで末尾に「R1C1」が付いたメソッドが用意されていないものは「R1C1形式に対応していない」と考えてください。setFormulaはsetFormulaR1C1というメソッドが用意されていますから、R1C1形式で数式を作成し設定できます。しかし、このようなR1C1形式用のメソッドがないものはA1形式しか使えません。

アドレスを取得する

では、A1形式で数式などを作成するにはどうやってA1形式のセルの値を取り出せばいいのでしょうか？このA1形式のセル名は「アドレス」として扱われます。以下のようにして取り出せます。

```
変数 =《Range》.getAddress()
変数 =《Range》.getAddressLocal()
```

getAddressは、そのRangeのA1形式のセル名を返します。getAddressLocalは、ユーザーの言語によるA1形式のセル名を返します。ただし日本語の場合、どちらも得られる値は同じになります。

全セルの合計を計算する

では、アドレスを使ってSUMによる合計を計算させてみましょう。マクロを以下のように書き換えてください。

▼リスト4-4

```
function main(workbook: ExcelScript.Workbook) {
  const range = workbook.getSelectedRange()
  const ad1 = range.getCell(0,0).getAddress()
  const ad2 = range.getLastCell().getAddress()
  const formula = '=SUM(' + ad1 + ':' + ad2 + ')'
  const r = range.getLastCell().getColumnsAfter(1)
  r.setFormula(formula)
}
```

範囲を選択し実行すると、選択されたセルの値すべてを合計した値を選択範囲の右側最下行に表示します。

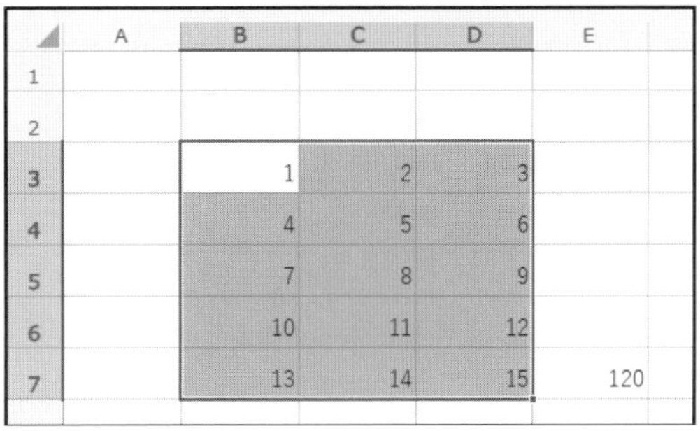

	A	B	C	D	E
1					
2					
3		1	2	3	
4		4	5	6	
5		7	8	9	
6		10	11	12	
7		13	14	15	120

図4-4：選択範囲の右下に全セルの合計が表示される。

ここでは選択範囲のRangeを取得した後、以下のようにして全範囲のセルを合計するフォーミュラのテキストを作成しています。最初のセルと最後のセルのアドレスを取り出し、それらを使ってSUM関数のフォーミュラを作成しています。こうすればA1形式も使えるのですね。

```
const ad1 = range.getCell(0,0).getAddress()
const ad2 = range.getLastCell().getAddress()
const formula = '=SUM(' + ad1 + ':' + ad2 + ')'
```

C O L U M N

A1 形式のアドレスについて

getAddress で得られる A1 形式のアドレスはどのようになっているのでしょうか？　例えば左上のセルはどんな値が得られるでしょう？　おそらく、多くの人は "A1" と値が得られると考えているでしょう。しかし、実は違います。一切に得られるのは、例えば「'No,1'!A1」といった値になります。A1 形式のアドレスは、" シート名 ! セル名 " という形になっているのです。ほとんどの人は、A1 セルは "A1" と書いているはずですが、正確にはこのようにシート名から記述されます。このことは、例えば別のシートにあるセルから値を取得したりするときに重要になります。ここできちんと覚えておきましょう。

セルのオートフィル

「セルを利用するマクロでは、R1C1形式が使えない場合もある」と先に言いましたが、その具体的な例として「オートフィル」が挙げられるでしょう。オートフィルは、指定した範囲のセルに自動的に値を設定する機能ですね。「autoFill」というメソッドで用意されています。

```
《Range》.autoFill( テキスト ,《AutoFillType》)
```

autoFillは、このように2つの引数を記述します。1つ目は、オートフィルを適用する範囲を示すテキストです。A1形式の値になります。

そして2つ目の引数には、オートフィルのタイプを指定します。AutoFillTypeという列挙体の値になります。用意されている値には以下のものがあります。

fillCopy	選択したデータに基づいて設定。
fillDays	日付の値を設定。
fillDefault	周囲のデータに応じて値を自動的に設定。
fillFormats	選択した数式を設定。
fillMonths	月の値を設定。
fillSeries	コピーしセルのパターンに従って値を設定。
fillValues	選択した値を設定。
fillWeekdays	曜日の値を設定。
fillYears	年の値を設定。
flashFill	Excel のフラッシュ塗りつぶし機能を使用し値を設定。
growthTrend	成長傾向モデルに従って値を設定。
linearTrend	線形傾向モデルに従って値を設定。

基本的にはfillDefaultを指定しておけば、周囲のセルに応じて自動的にタイプが設定されます。このAutoFillTypeはExcelScript名前空間にあるので、利用の際にはExcelScript.AutoFillType.fillDefaultというように記述します。

選択した列をナンバリングする

では、選択した列にナンバーを割り振るサンプルを挙げておきます。

▼リスト4-5

```
function main(workbook: ExcelScript.Workbook) {
  const range = workbook.getSelectedRange()
  const cell1 = range.getCell(0,0)
  const cell2 = range.getCell(1,0)
  const cell3 = range.getLastCell()
  cell1.setValue('No, 1')
  cell2.setValue('No, 2')
  const ci = cell1.getColumnIndex()
  const ri = cell1.getRowIndex()
  const r = workbook.getActiveWorksheet()
      .getRangeByIndexes(ri, ci, 2, 1)
  const ad1 = cell1.getAddress()
  const ad2 = cell3.getAddress()
  r.autoFill(ad1 + ':' + ad2,
      ExcelScript.AutoFillType.fillDefault)
}
```

特定の列のセルを複数個選択し実行すると、それらに「No, 1」「No, 2」というように番号を割り振ります。

このオートフィルは、意外と使いこなすのが難しいのです。行っている作業を簡単に整理しましょう。

図4-5：特定の列を選択し実行すると、オートフィルによりナンバリングされる。

1 選択された列の最初のセルを取り出します。
2 選択された列の最後のセルを取り出します。
3 最初のセルに「No, 1」と値を設定します。
4 2番目のセルに「No, 2」と値を設定します。
5 最初の2つのセルのRangeをgetRangeByIndexesで取得します。
6 最初のセルのアドレスを取得します。
7 最後のセルのアドレスを取得します。
8 5で取り出したRangeで、取得したアドレスを使いautoFillを実行します。

オートフィルは選択された範囲の最初のところに記述されている値を元に、自動的に値が設定されます。したがって、最初のセルに（今回は2番目のセルも）値を設定し、設定したRangeを取得して、選択された全体を示すアドレスを引数に指定しautoFillを実行することになります。autoFillメソッドは「値を設定してあるセルのRange」からメソッドを呼び出します。選択されている範囲のRangeではありません。この点は間違えないようにしましょう。

複数列に対応したオートフィル

オートフィルは、基本的に縦または横方向に実行します。では、一定範囲にオートフィルで値を割り当てるにはどうすればいいでしょうか？

これは、初期値として左上のいくつかのセルに値を設定した後、「横方向にオートフィルする」「オートフィルした範囲を縦方向にオートフィルする」というように2段階に分けて実行すればいいでしょう。

では、複数列に対応したオートフィルのマクロを作成してみましょう。

▼リスト4-6

```
function main(workbook: ExcelScript.Workbook) {
  const range = workbook.getSelectedRange()
  const rnum = range.getRowCount()
  const r1 = range.getRow(0)
  const r2 = range.getRow(1)
  const v1 = r1.getValues()
  const v2 = r2.getValues()
  v1[0][0] = 'No, 1'
  v1[0][1] = 'No, 2'
  v2[0][0] = 'No, 2'
  v2[0][1] = 'No, 3'
  r1.setValues(v1)
  r2.setValues(v2)
  const ad1 = r1.getCell(0, 0).getAddress()
  const ad2 = r2.getCell(0, 1).getAddress()
  const ad3 = r2.getLastCell().getAddress()
  const fillrange1 = workbook.getActiveWorksheet()
      .getRange(ad1 + ':' + ad2)
  fillrange1.autoFill(ad1 + ':' + ad3,
      ExcelScript.AutoFillType.fillDefault)
  const ad4 = range.getLastCell().getAddress()
  const fillrange2 = workbook.getActiveWorksheet()
      .getRange(ad1 + ':' + ad3)
  fillrange2.autoFill(ad1 + ':' + ad4,
      ExcelScript.AutoFillType.fillDefault)
}
```

適当な範囲を選択して実行すると、左上のセルを「No, 1」とし、縦横に「No, 2」「No, 3」とナンバリングされていきます。

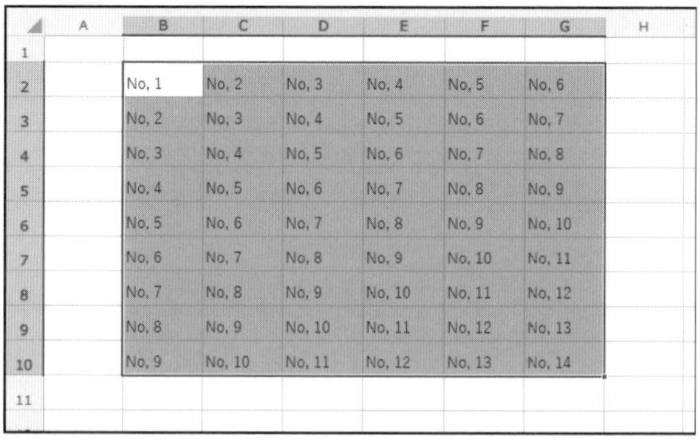

	A	B	C	D	E	F	G	H
1								
2		No, 1	No, 2	No, 3	No, 4	No, 5	No, 6	
3		No, 2	No, 3	No, 4	No, 5	No, 6	No, 7	
4		No, 3	No, 4	No, 5	No, 6	No, 7	No, 8	
5		No, 4	No, 5	No, 6	No, 7	No, 8	No, 9	
6		No, 5	No, 6	No, 7	No, 8	No, 9	No, 10	
7		No, 6	No, 7	No, 8	No, 9	No, 10	No, 11	
8		No, 7	No, 8	No, 9	No, 10	No, 11	No, 12	
9		No, 8	No, 9	No, 10	No, 11	No, 12	No, 13	
10		No, 9	No, 10	No, 11	No, 12	No, 13	No, 14	
11								

図4-6：範囲を選択し実行すると、縦横にナンバリングした値が割り振られる。

ここでは以下のような手順でオートフィルを行っています。

1まず、上の2行のRangeをそれぞれ取り出します。
2その最初の2つの値に値を設定します。つまり、左上の4つのセルに値が設定されます。
3左上の4セルのRangeを取得し、2列分を横方向にオートフィルします。
4範囲全体の最後のセル(右下のセル)のアドレスを取得します。
5 3でオートフィルした範囲のRangeを取得し、右下まで縦にオートフィルします。

もちろん、「まず縦にオートフィルしてから横にオートフィル」しても問題ありません。考え方としては、「縦横どちらかにオートフィルしてから、その範囲を使って全体にオートフィルする」ということですね。

数式の再計算について

セルに設定されている数式は、その式内から利用しているセルの値が更新されれば自動的に再計算されます。

しかし、時には明示的に再計算を実行させたい場合もあるでしょう。このような場合には「calculate」というメソッドを使います。

```
《Range》.calculate()
《Worksheet》.calculate( 真偽値 )
```

このメソッドはRangeとWorksheetの両方に用意されています。Rangeのcalculateは、引数はありません。ただ呼び出すだけで、そのRangeの数式をすべて再計算します。

Worksheetの場合、ダーティとして指定するかどうかを指定する真偽値を引数に用意します。ダーティというのは「次回、再計算の必要がある」ことを示すフラグです。手動計算などの場合、参照元が変更されていなければ再計算は行われませんが、変更されているときは再計算する必要があります。こうした「再計算の必要」を示すのに使われるのがダーティです。引数にtrueを指定すれば、ダーティを設定(次回、再計算される)します。

再計算を行うケースとは

「自動で計算してくれるのに、再計算させることなんてあるのか？」と思うかもしれませんが、あるのです。例えば外部からデータを取得するようなケースや、乱数や現在の日時などのように、実行するたびに値が更新される関数を利用している場合です。

こうしたものは値を更新したいときに、明示的に再計算を行う必要があります。また、当たり前ですが再計算を手動に設定している場合も、必要に応じて再計算を行わせる必要があります。

では、実際に再計算の動作を確認してみましょう。適当なセルに以下の数式を設定してください。

```
=RANDBETWEEN(0,100)
```

これは0 ~ 100の乱数を発生させるものです。これをいくつかのセルに記述しておき、次のマクロを実行させてみましょう。

▼リスト4-7

```
function main(workbook: ExcelScript.Workbook) {
  const range = workbook.getSelectedRange()
  range.calculate()
}
```

数式が再計算され、乱数が再表示されます。いくつかのセルに乱数表示の数式を指定し、その中のいくつかを選択して実行してみましょう。すると、ちょっと不思議な現象が見られます。選択されていないセルの数式も再計算され、すべての表示が更新されるのです。

B2　fx　=RANDBETWEEN(0,100)

	A	B	C	D	E
1					
2		99	61	76	
3		21	89	70	
4		92	31	11	
5					

図4-7：実行すると乱数が再設定される。

なぜRange以外の数式まで再計算されたのか？　それは、数式の計算方法がデフォルトでは「自動」になっているためです。自動の場合、calculateで再計算の要求がされるとすべてを再計算します。手動の場合は指定のセルだけ再計算します。

「数式」メニューを選び、リボンビューの「計算方法の設定」から「手動」を選んでみてください。いくつかのセルを選択しマクロを実行すると選択されたセルだけが表示が更新され、それ以外のセルは更新されないのがわかるでしょう。手動の場合、calculateはそのRangeの数式だけが再計算され、それ以外のセルはされないのです。

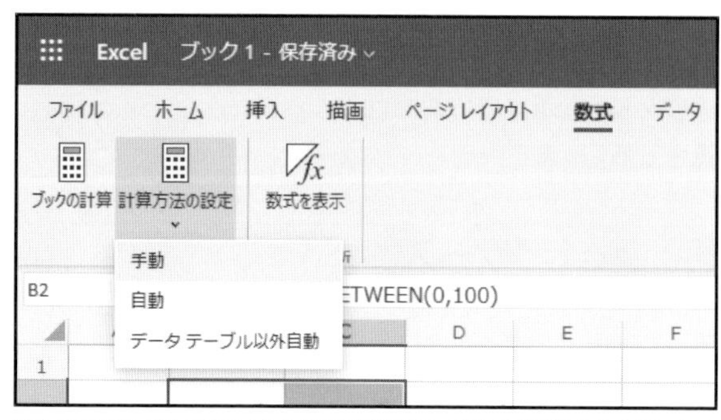

図4-8：「計算方法の設定」から「手動」を選ぶと手動で再計算するようになる。

Chapter 4

4.2. 条件付き書式の利用

ConditionalFormatによる条件付き書式

セル(Range)には、フォーマット(RangeFormat)を使って各種の属性を設定することができます。完全に固定された表示だけでなく、状況に応じたフォーマット設定も行えるようになっています。例えば「プラスの値は黒字、マイナスの場合は赤字で表示」などはよく行うものでしょう。こうした条件に応じたフォーマットの指定は、Excelの「条件付き書式」として用意されています。

マクロによる条件付き書式の設定は、いくつかの手順を踏んで作業していく必要があります。この作業は、まず「ConditionalFormat」というものをRangeに追加することから始まります。

▼ConditionalFormatを追加

```
変数 =《Range》.addConditionalFormat(《ConditionalFormatType》)
```

「addConditionalFormat」メソッドが、ConditionalFormatをRangeに追加するためのものです。引数には、追加するConditionalFormatの種類を示すConditionalFormatTypeという値を指定します。

これにより、指定のタイプのConditionalFormatが追加され、戻り値として返されます。この返されたConditionalFormatのメソッドを使って細かな設定を行っていきます。

ConditionalFormatの種類

ConditionalFormatを扱うためには、「どのような種類があるか」を知っておく必要があります。addConditionalFormatの引数に使うConditionalFormatTypeは列挙体であり、次のような値が用意されてます。

cellValue	セルの値によるもの。
colorScale	カラーのスケールによるもの。
containsText	テキストの比較によるもの。
custom	カスタム設定。
dataBar	データバーによるもの。
iconSet	アイコンセットによるもの。
presetCriteria	プリセットの基準によるもの。
topBottom	上位と下位の指定によるもの。

これらは値だけ見せられても何だかわからないでしょう。どういう条件付き書式を作成するかによって設定する値が決まります。重要なのは、addConditionalFormatでConditionalFormatを指定した値に

よって、追加した際に返されるConditionalFormatの設定方法が変わってくるという点です。つまり、どんな種類を追加したかによってこれ以降の作業が変わってくるのです。したがって、後は「どのタイプのConditionalFormatを作るか」に応じて説明を行うことになります。

IconSetによる条件付き書式

まずは比較的簡単なものからやっていきましょう。もっとも簡単なのは「アイコンセット」でしょう。これはaddConditionalFormatでConditionalFormatType.iconSetを設定します。

▼アイコンセットの追加

```
変数 =《Range》.addConditionalFormat(ExcelScript.ConditionalFormatType.iconSet)
```

これで返されるConditionalFormatから、アイコンセットのスタイルを設定します。スタイルの設定は以下のような形で行います。

▼IconSetConditionalFormatの取得

```
変数 =《ConditionalFormat》.getIconSet()
```

▼アイコンの種類の設定

```
《IconSetConditionalFormat》setStyle(《IconSet》)
```

「getIconSet」メソッドにより、「IconSetConditionalFormat」というオブジェクトが得られます。その「setyStyle」により、アイコンセットの種類を「IconSet」という列挙体の値を使って指定します。アイコンセットはけっこうたくさんのものが用意されています。以下に利用可能な値をまとめておきましょう。

fiveArrows, fiveArrowsGray, fiveBoxes, fiveQuarters, fiveRating, fourArrows, fourArrowsGray, fourRating, fourRedToBlack, fourTrafficLights, invalid, threeArrows, threeArrowsGray, threeFlags, threeSigns, threeStars, threeSymbols, threeSymbols2, threeTrafficLights1, threeTrafficLights2, threeTriangles

これらをsetStyleで設定することで、そのアイコンセットが使われるようになります。アイコンセットは種類によって用意されているアイコンの数も違ってきます。セルの値により、表示されるアイコンの種類は自動的に決められます。

アイコンセットを作成する

アイコンセットによる条件付き書式を作成してみましょう。次のようにマクロを書き換えてください。

▼リスト4-8

```
function main(workbook: ExcelScript.Workbook) {
  const range = workbook.getSelectedRange()
  let cfmt = range.addConditionalFormat(
      ExcelScript.ConditionalFormatType.iconSet)
  cfmt.getIconSet().setStyle(
      ExcelScript.IconSet.threeArrows)
}
```

適当にセルを選択してマクロを実行すると、セルの値に応じてアイコンが表示されるようになります。今回は、IconSet.threeArrowsという3つのアイコンのアイコンセットを指定しています。これは選択された範囲で値が上位3分の1に含まれると「↑」、下位3分の1だと「↓」、それ以外は「→」が表示されるというものです。

	A	B	C	D	E
1					
2		↓ 37	↑ 93	→ 44	
3		↓ 24	↑ 88	↑ 81	
4		→ 46	↓ 34	↓ 17	

図4-9：セルを選択して実行すると、セルの値に応じてアイコンが表示されるようになる。

行っている処理は決して複雑ではありませんが、見慣れないメソッドや値が登場するのでわかりにくいかもしれません。特にアイコンセットの設定は「getIconSetしてからさらにsetStyleする」というやり方をします。間違えないようにしっかり覚えておきましょう。

条件付き書式の管理と消去

作成された条件式書式はExcelの条件式書式として組み込まれ、管理されます。「ホーム」メニューを選び、リボンビューから「条件付き書式」アイコンの「ルールの管理」メニューを選んでみましょう。画面右側に条件付き書式の設定が表示されます。

先ほどアイコンセットを設定したセルをクリックしてみてください。設定された条件付き書式のルールが表示されます。

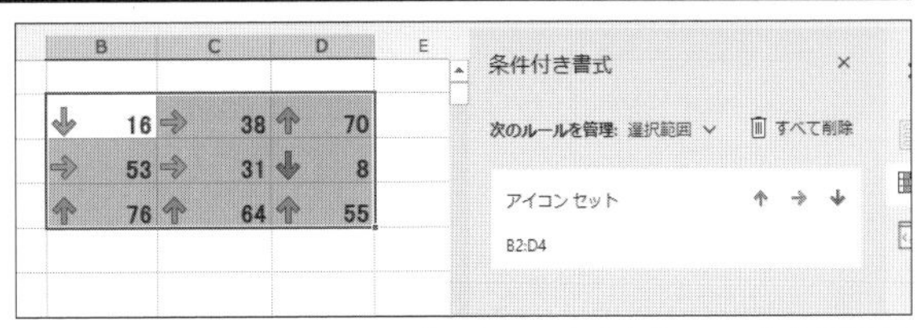

図4-10：条件式書式の「ルールの管理」で、選択されたセルの書式が管理できる。

条件付き書式の消去

条件付き書式の設定はRangeごとに作成されます。Rangeにある「clearAllConditionalFormats」というメソッドを呼び出すことで削除できます。

```
《Range》.clearAllConditionalFormats()
```

これは、そのRangeに設定されている条件付き書式をすべて削除するものです。利用例を挙げましょう。

▼リスト4-9

```
function main(workbook: ExcelScript.Workbook) {
  const range = workbook.getSelectedRange()
  range.clearAllConditionalFormats()
}
```

	A	B	C	D	E
1					
2		↓ 16	→ 38	↑ 70	
3		→ 53	→ 31	↓ 8	
4		↑ 76	↑ 64	↑ 55	

→

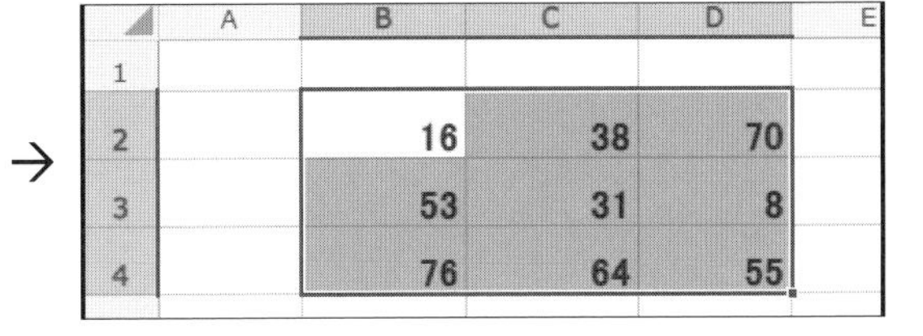

図4-11：実行すると、Rangeの条件付き書式をすべて消去する。

個々の条件付き書式を削除

この他、条件付き書式のオブジェクトであるConditionalFormatの「delete」メソッドを使えば個々の条件付き書式を削除することもできます。ただし、そのためにはRangeに設定されているConditionalFormatを取り出さなければいけません。

```
変数 =《Range》.getConditionalFormat( id )
変数 =《Range》.getConditionalFormats()
```

getConditionalFormatは、ConditionalFormatに割り当てられているIDを指定して削除をします。IDは、ConditionalFormatの「getId」メソッドで取り出すことができます。あらかじめIDをどこかに保管しておけば、後から特定のConditionalFormatを操作することは可能でしょう。

getConditionalFormatsは、そのRangeに設定されているすべてのConditionalFormatを配列にして返すものです。ここから必要なConditionalFormatを取り出して操作することもできます。

では、「最後に設定したConditionalFormatを削除する」というサンプルを挙げておきましょう。

▼リスト4-10

```
function main(workbook: ExcelScript.Workbook) {
  const range = workbook.getSelectedRange()
  const fmts = range.getConditionalFormats()
  fmts[0].delete()
}
```

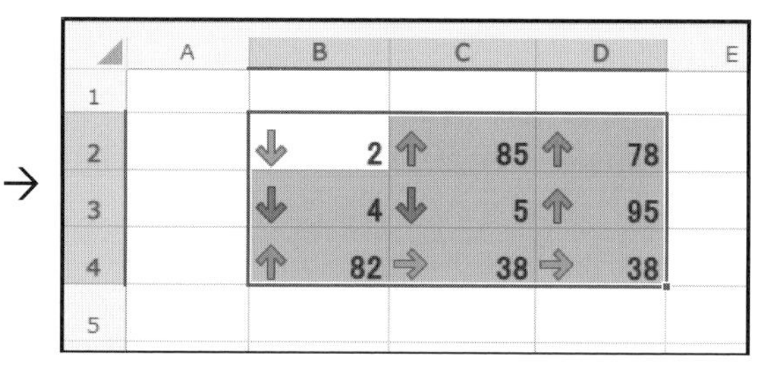

図4-12：最後に設定した条件付き書式を取り除く。

条件付き設定は、一番最後に追加したConditionalFormatが[0]に入っています。これを取り出し、deleteを呼び出せば、このConditionalFormatが削除されます。

DataBarによるデータバーの設定

再び条件付き書式の作成に戻りましょう。次は「データバー」の設定です。データバーとはセルの中にデータの大きさを表すバーが表示されるものです。要するに、「セルに棒グラフが表示される」と考えればいいでしょう。このデータバーはConditionalFormatType.dataBarを指定してConditionalFormatを追加し作成します。

▼データバーの追加

```
変数 =《Range》.addConditionalFormat(ExcelScript.ConditionalFormatType.dataBar)
```

▼DataBarConditionalFormatの取得

```
変数 =《ConditionalFormat》.getDataBar()
```

戻り値として得られるConditionalFormatにはデータバーのオブジェクトであるDataBarConditionalFormatを取り出す「getDataBar」Methodがあります。これでオブジェクトを取得し、そこからさらにメソッドを呼び出してデータバーの設定を行います。用意されている主なメソッドを以下にまとめておきましょう。

▼色の設定

```
《DataBarConditionalFormat》.setAxisColor( テキスト )
```

▼バーのみ表示(数値を隠す)

```
《DataBarConditionalFormat》.setShowDataBarOnly( 真偽値 )
```

▼バーの向きを設定

```
.setBarDirection(《ConditionalDataBarDirection》)
```

ConditionalDataBarDirectionの値

leftToRight	左から右へ。
rightToLeft	右から左へ。
context	コンテキストに従う。

▼バーのフォーマットを設定

```
.setAxisFormat(《ConditionalDataBarAxisFormat》)
```

ConditionalDataBarAxisFormatの値

automatic	自動設定。
cellMidPoint	中央に配置。
none	設定なし。

これらはいずれもオプションであり、設定しなくとも問題はありません。では、実際の利用例を挙げておきましょう。

▼リスト4-11

```
function main(workbook: ExcelScript.Workbook) {
  const range = workbook.getSelectedRange()
  range.addConditionalFormat(
      ExcelScript.ConditionalFormatType.dataBar)
}
```

セルを選択して実行すると、その範囲にデータバーの条件付き書式が設定されます。値に応じてバーの長さが自動調整されるのがわかるでしょう。試しに書かれている値をいろいろと変更してみてください。バーの長さがリアルタイムに変更されます。

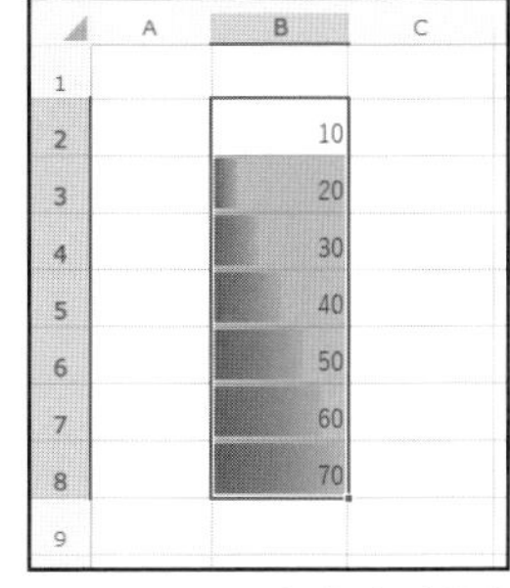

図4-13：セルにデータバーを設定する。

C O L U M N

setAxisColor の問題

データバーの設定を行うメソッドのうち、バーの色を設定する setAxisColor については、筆者の環境で試したところ値が設定できませんでした。Office Script のドキュメントで確認した限りでは動作するはずですが、何か問題があるのかもしれません。同様の問題が発生する場合、「対応は今後のアップデート待ち」と考えてください。

ColorScaleによるカラースケール

ConditionalFormatType.colorScaleは、カラースケールと呼ばれるConditionalFormatを作成します。カラースケールはセルの値に応じて背景色を設定するものです。

これは、以下のように利用します。

▼カラースケールの追加

```
変数 =《Range》.addConditionalFormat(ExcelScript.ConditionalFormatType.colorScale)
```

▼ColorScaleConditionalFormatの取得

```
変数 =《ConditionalFormat》.getColorScale()
```

ColorScaleConditionalFormatには、カラースケールに関する設定を行う「setCriteria」というメソッドが用意されています。

```
《ColorScaleConditionalFormat》.setCriteria(《ConditionalColorScaleCriteria》)
```

setCriteriaは、ConditionalColorScaleCriteriaというオブジェクトを引数に指定します。このオブジェクトはクラスなどとして用意されているわけではなく、オブジェクトリテラルとして用意します。以下のような形になります。

```
{ minimum: 最小値の設定 , maximum: 最大値の設定 }
```

これでカラースケールが割り当てられる値の範囲(最小値と最大値)の設定を行います。これらの設定も、やはりオブジェクトリテラルとして作成します。

```
{
  type:《ConditionalFormatColorCriterionType》,
  formula: 数式,
  color: 色の値
}
```

ConditionalFormatColorCriterionTypeの値

formula	数式
highestValue	もっとも高い値
invalid	無効
lowestValue	もっとも低い値
number	数値
percent	パーセント
percentile	パーセンタイル(百分位数)

typeにはConditionalFormatColorCriterionType列挙体の値を指定します。formulaにはフォーミュラ(数式)、colorに色の値を指定します。

ただし、formulaは必要な場合のみ用意すればいいでしょう。

カラースケールを利用する

では、実際にカラースケールを利用する例を作成してみましょう。以下のようにマクロを修正してください。

▼リスト4-12

```
function main(workbook: ExcelScript.Workbook) {
  const range = workbook.getSelectedRange()
  const ad1 = range.getCell(0, 0).getAddress()
  const ad2 = range.getLastCell().getAddress()
  let cfmt = range.addConditionalFormat(
      ExcelScript.ConditionalFormatType.colorScale)
  cfmt.getColorScale().setCriteria({
    minimum: {
      type: ExcelScript.ConditionalFormatColorCriterionType.lowestValue,
      color: '00FFFF'
    },
    maximum: {
      type: ExcelScript.ConditionalFormatColorCriterionType.highestValue,
      color: 'FF0000'
    }
  })
}
```

範囲を選択して実行するとその範囲にカラースケールが設定され、各セルの値に応じて背景が設定されます。ここでは最小値がシアン、最大値が赤になるようにしています。

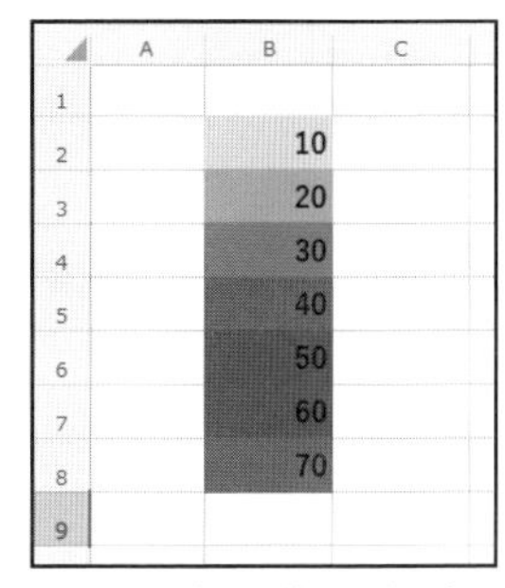

図4-14:選択した範囲の値に応じて背景の色が変わる。

ここではsetCriteriaで設定しているオブジェクトで、minimumのtypeにlowestValue、maximumのtypeにhighestValueをそれぞれ指定しています。

これによりminimumでは範囲の最小値が、maximumでは最大値が自動的に設定されます。値が設定されるので、formulaの値は用意する必要はありません。

数式で最小値・最大値を指定する

formulaを利用するのはどのような場合なのでしょうか？　それは、typeでは値を正確に指定しておらず、別途どのような値を指定すればいいか示さなければならない場合です。

例えば、先ほどの例を少し書き換えてみましょう。

▼リスト4-13

```
function main(workbook: ExcelScript.Workbook) {
  const range = workbook.getSelectedRange()
  const ad1 = range.getCell(0,0).getAddress()
  const ad2 = range.getLastCell().getAddress()
  let cfmt = range.addConditionalFormat(
      ExcelScript.ConditionalFormatType.colorScale)
  cfmt.getColorScale().setCriteria({
    minimum: {
      type: ExcelScript.ConditionalFormatColorCriterionType.number,
      formula:'0',
      color:'00FF00'
    },
    maximum: {
      type: ExcelScript.ConditionalFormatColorCriterionType.formula,
      formula:'=MAX(' + ad1 + ':' + ad2 + ')',
      color: 'FF0000'
    }
  })
}
```

ここではminimumのtypeにnumberを指定し、formula:'0'としてあります。これで最小値はゼロに設定されます。

そしてmaximumではtypeにformulaを指定し、formula:'=MAX(' + ad1 + ':' + ad2 + ')'と値を用意してあります。

ad1とad2はRangeの最初と最後のセルのアドレスですね。つまりこれは、以下のような数式を設定していることになります。

```
=MAX ( 最初のセル : 最後のセル )
```

MAXは指定した範囲から最大値を取得する関数です。これで、maximumに範囲内の最大値を指定していたのですね。これは実質、typeにhighestValueを指定するのと同じ働きになります。

このように、数値や数式を使って最小値や最大値を指定したい場合にformulaは使われます。通常、typeにlowestValueとhighestValueを指定している限りはformulaは不要でしょう。

cellValueによる数値のチェック

条件に応じてセルの細々とした属性を設定するのが「cellValue」というタイプのConditionalFormatです。これは以下のように利用します。

▼cellValueの追加

```
変数 =《Range》.addConditionalFormat(ExcelScript.ConditionalFormatType.cellValue)
```

▼CellValueConditionalFormatの取得

```
変数 =《ConditionalFormat》.getCellValue()
```

このgetCellValueでは、「CellValueConditionalFormat」というオブジェクトが取得されます。ここにあるメソッドなどを使って細かな設定を行います。CellValueConditionalFormatには、以下の3つのメソッドが用意されています。

▼フォーマット(ConditionalRangeFormat)の取得

```
変数 =《CellValueConditionalFormat》.getFormat()
```

▼ルールの取得

```
変数 =《CellValueConditionalFormat》.getRule()
```

▼ルールの設定

```
《CellValueConditionalFormat》.setRule(《ConditionalCellValueRule》)
```

getFormatで得られる「ConditionalRangeFormat」というのは、Rangeのフォーマットを設定するRangeFormatと同じものと考えていいでしょう。ここからgetFontやgetFillでフォントや背景のオブジェクトを取り出して設定を行えばいいのです。

ConditionalCellValueRuleのルール

getRule/setRuleは、「ルール」というものを扱うためのものです。CellValueConditionalFormatのフォーマットをそのセルに適用するためのルールを指定するものです。セルの値がここで指定したルールに適合すれば、そのセルにフォーマットの属性が適用される、というわけです。

このルールは以下のような形をしたオブジェクトとして用意されます。

```
{
  operator:《ConditionalCellValueOperator》,
  formula1:テキスト,
  formula2:テキスト
}
```

operatorは、ConditionalCellValueOperator列挙型の値を指定します。セルの値とルールで指定するフォーミュラを比較する演算子に相当するものです。ConditionalCellValueOperatorに用意されている値は次表のようになります。

between	2つのフォーミュラの間に値がある。
equalTo	フォーミュラの値と等しい。
greaterThan	フォーミュラの値より大きい。
greaterThanOrEqual	フォーミュラの値と等しいか大きい。
invalid	無効にする。
lessThan	フォーミュラの値より小さい。
lessThanOrEqual	フォーミュラの値と等しいか小さい。
notBetween	2つのフォーミュラの間に値がない。
notEqualTo	フォーミュラの値と等しくない。

オブジェクトにはフォーミュラの値がformula1, formula2と2つありますが、これはoperatorの種類によって2つの値が必要となるものもあるためです。「セルの値がフォーミュラに用意した値と同じもの」などなら1つだけ用意すればいいでしょう。

一定範囲のセルに属性を割り当てる

これも簡単な利用例を挙げておきましょう。ここでは例として、セルの値が30 ～ 70のものだけ設定が適用されるようにしてみます。

▼リスト4-14

```
function main(workbook: ExcelScript.Workbook) {
  const range = workbook.getSelectedRange()
  let cfmt = range.addConditionalFormat(
      ExcelScript.ConditionalFormatType.cellValue)
  const cv = cfmt.getCellValue()
  const cvf = cv.getFormat()
  cvf.getFont().setColor("red")
  cvf.getFont().setUnderline(
      ExcelScript.ConditionalRangeFontUnderlineStyle.double)
  cvf.getFill().setColor('yellow')
  cv.setRule({
    operator: ExcelScript.ConditionalCellValueOperator.between,
    formula1: '30',
    formula2:'70'
  })
}
```

セルの値が30 ～ 70の範囲内だとテキストが赤い下線付きになり、背景が黄色に変わります。セルの数値を変更すると瞬時に適用されるので、値をいろいろと変更して動作を確認してみてください。

ここではgetCellValueでCellValueConditionalFormatを取得し、さらにgetFormatでConditional RangeFormatを取得して細かな設定を行っています。

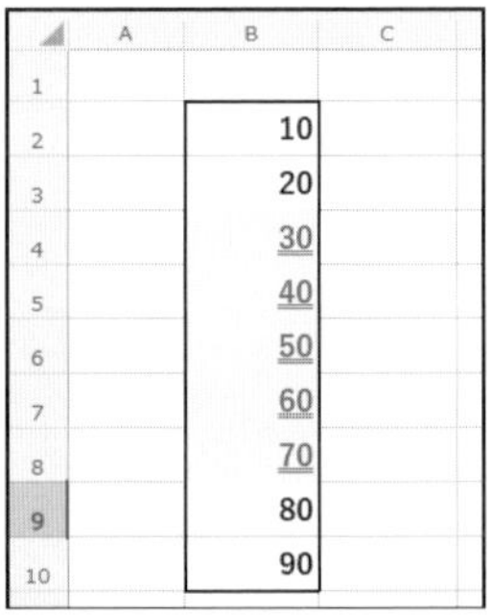

	A	B	C
1			
2		10	
3		20	
4		30	
5		40	
6		50	
7		60	
8		70	
9		80	
10		90	

図4-15：値が30以上70以下のセルだけ表示が変わる。

設定しているのは以下の3つです。

```
cvf.getFont().setColor("red")
cvf.getFont().setUnderline(…略….double)
cvf.getFill().setColor('yellow')
```

テキストの色、下線、背景色をそれぞれ設定していますね。ルールの設定では、以下のように値を用意しています。

```
{
    operator: …略….between,
    formula1: '30',
    formula2:'70'
  }
```

betweenは、セルの値が2つのフォーミュラの範囲内にあるか示すものです。ここではformula1: '30', formula2:'70'としていますね。これで、30～70の範囲内のものだけ設定が適用されるようになります。

operatorを変更することで、このようにさまざまな形で値をチェックできるようになります。

ContainsTextによるテキストのチェック

cellValueがセルの数値をチェックして設定を行うものならば、「テキストをチェックして設定する」ためのものが「containsText」というタイプです。以下のように利用します。

▼containsTextの追加

```
変数 =《Range》.addConditionalFormat(ExcelScript.ConditionalFormatType.containsText)
```

▼TextConditionalFormatの取得

```
変数 =《ConditionalFormat》.getTextComparison()
```

containsTextタイプでは、ConditionalFormatから「getTextComparison」というメソッドを使って「TextConditionalFormat」というオブジェクトを取得します。ここからフォーマットとルールを以下のように利用します。

▼フォーマット(ConditionalRangeFormat)の取得

```
変数 =《TextConditionalFormat》.getFormat()
```

▼ルールの取得

```
変数 =《TextConditionalFormat》.getRule()
```

▼ルールの設定

```
《TextConditionalFormat》.setRule(《ConditionalTextComparisonRule》)
```

見ればわかるように、基本的なオブジェクトの構造はcellValueで使ったCellValueConditionalFormatと同じです。ここからgetFormatでフォーマットを取り出し、setRuleでルールを設定すればいいのですね。

ConditionalTextComparisonRuleのルール

ルールはConditionalTextComparisonRuleというオブジェクトとして用意します。以下のようなオブジェクトリテラルとして作成します。

```
{
  operator:《ConditionalTextOperator》,
  text: テキスト
}
```

operatorにConditionalTextOperator列挙体の値を指定し、textにテキストを指定します。ConditionalTextOperatorは比較の演算子に相当し、以下の値の中からいずれかを指定します。

beginsWith	テキストで始まる。
contains	テキストを含む。
endsWith	テキストで終わる。
invalid	無効にする。
notContains	テキストを含まない。

これらを指定し、textに比較の対象となるテキストを用意すればルールが完成というわけです。

*で始まるセルを設定する

利用例を挙げておきましょう。ここでは冒頭に「*」記号が付けられているセルにだけ設定を適用させてみます。

▼リスト4-15

```
function main(workbook: ExcelScript.Workbook) {
  const range = workbook.getSelectedRange()
  let cfmt = range.addConditionalFormat(
      ExcelScript.ConditionalFormatType.containsText)
  const tc = cfmt.getTextComparison()
  const tcf = tc.getFormat()
  tcf.getFont().setColor("red")
  tcf.getFill().setColor('cyan')
  tc.setRule({
    operator: ExcelScript.ConditionalTextOperator.beginsWith,
    text: '*'
  })
}
```

セルのテキストの最初に「*」が付いていると、赤いテキストとシアンの背景に表示が変わります。

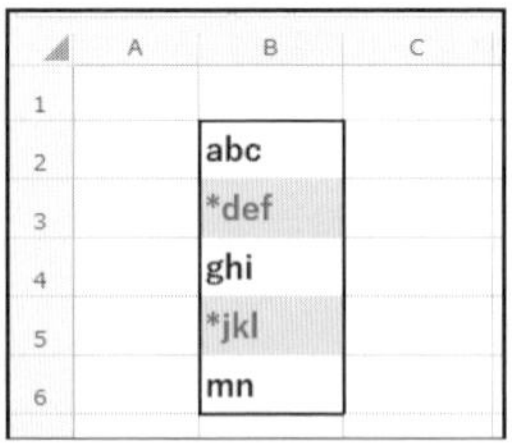

図4-16：冒頭に*が付いているセルだけ表示が変わる。

ここではgetTextComparisonでTextConditionalFormatを取得し、さらにgetFormatでConditionalRangeFormatを取得してから以下のように設定を行っています。

```
tcf.getFont().setColor("red")
tcf.getFill().setColor('cyan')
```

これでテキスト色と背景色が設定できました。後はこれを適用するルールを以下のように用意します。

```
{
  operator: …略….beginsWith,
  text: '*'
}
```

これで「*」で始まるセルだけに設定が適用されるようになります。cellValueと使い方はほとんど同じなので、「数値はcellValue、テキストはcontainsText」とセットで覚えておくとよいでしょう。

topBottomによる上位・下位の項目設定

数値を扱う場合、「上位10%のみ○○する」というように全体の中の上位・下位の一定割合に対して何らかの設定を行うことがあります。こうした場合に用いられるのが「topBottom」というタイプです。以下のように利用します。

▼topBottomの追加

```
変数 =《Range》.addConditionalFormat(ExcelScript.ConditionalFormatType.topBottom)
```

▼TopBottomConditionalFormatの取得

```
変数 =《ConditionalFormat》.getTopBottom()
```

getTopBottomで得られる「TopBottomConditionalFormat」に用意されているメソッドを使い、細かな設定を行います。用意されているメソッドは以下のものがあります。

▼フォーマット(ConditionalRangeFormat)の取得

```
変数 =《TopBottomConditionalFormat》.getFormat()
```

▼ルールの取得

```
変数 =《TopBottomConditionalFormat》.getRule()
```

▼ルールの設定

```
《TopBottomConditionalFormat》.setRule(《ConditionalTopBottomRule》)
```

見ればわかるように、これもcellValueやContainsTextで得られるオブジェクト(CellValueConditionalFormat/TextConditionalFormat)などと同じく、ConditionalRangeFormatを取得するgetFormatとルールを操作するgetRule/setRuleが用意されています。

ConditionalTopBottomRuleのルール

ルールとして設定されるのはConditionalTopBottomRuleで、以下のようなオブジェクトリテラルとして用意します。

```
{
  rank: 数値,
  type:《ConditionalTopBottomCriterionType》
}
```

rankは設定を割り当てる範囲を示す値で、typeはConditionalTopBottomCriterionType列挙体の値になります。この列挙体には以下の値が用意されています。

bottomItems	下位の項目。
bottomPercent	下位のパーセント。
invalid	無効にする。
topItems	上位の項目。
topPercent	上位のパーセント。

例えば{rank:10, type:…略….topPercent}とルールを設定すれば、範囲全体の値から上位10%のものに設定が適用されるようになる、というわけです。

上位·下位の表示を操作する

では、利用例を挙げておきましょう。ここでは上位・下位のそれぞれ30%について表示が変わるようにしてみます。

▼リスト4-16

```
function main(workbook: ExcelScript.Workbook) {
  const range = workbook.getSelectedRange()
  let cfmt1 = range.addConditionalFormat(
      ExcelScript.ConditionalFormatType.topBottom)
  const tb1 = cfmt1.getTopBottom()
  tb1.getFormat().getFont().setColor('blue')
  tb1.getFormat().getFill().setColor('CCFFFF')
  tb1.setRule({
    rank: 30,
    type: ExcelScript.ConditionalTopBottomCriterionType.topPercent
  })
  let cfmt2 = range.addConditionalFormat(
      ExcelScript.ConditionalFormatType.topBottom)
  const tb2 = cfmt2.getTopBottom()
  tb2.getFormat().getFont().setColor('red')
  tb2.getFormat().getFill().setColor('FFFFcc')
  tb2.setRule({
    rank: 30,
    type: ExcelScript.ConditionalTopBottomCriterionType.bottomPercent
  })
}
```

ここでは上位30%について青いテキストと淡いシアンの背景に、また下位30%について赤いテキストと淡い黄色の背景にそれぞれ設定しています。addConditionalFormatで2つのConditionalFormatを追加し、それぞれにフォーマットとルールを設定しています。このように条件付き書式であるConditionalFormatは複数を組み込むことも可能です。

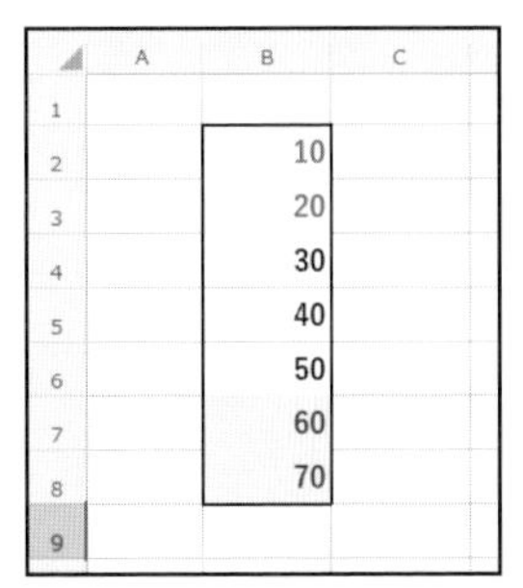

図4-17：上位と下位の表示が変更される。

以上、基本的な条件付き書式のマクロによる設定について一通り説明をしました。条件付き書式は種類によって設定の仕方が変わるため、覚えにくいかもしれません。まずはデータバーやカラースケールなど比較的使いやすいものから使えるようにしていきましょう。

Chapter 4

4.3.
バリデーションによる値の検証

検証とDataValidation

セルに値が入力されるとき、それが正しい値の形になっているかをチェックするのが「検証」機能です（一般に「バリデーション」と呼ばれます）。検証機能を設定することで、特定のセルに決まった形のデータのみを入力できるようにすることができます。

この検証は「データ」メニューで表示されるリボンビューから「データの入力規則」で設定できます。これをクリックするとダイアログが現れ、データの種類やルールの設定、また入力できた場合とエラー時のアラート表示などについて設定を行うことができます。

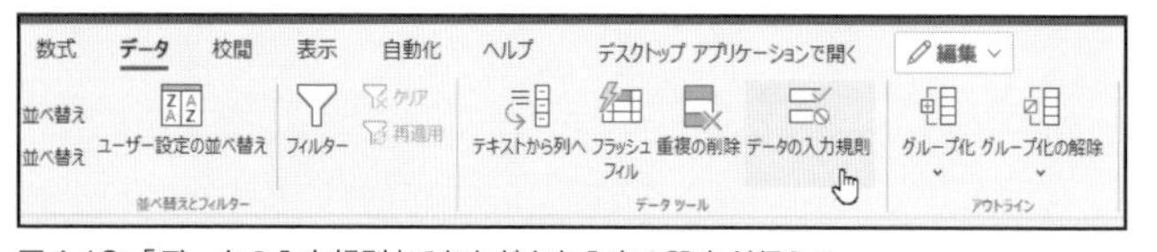

図4-18：「データの入力規則」でさまざまな入力の設定が行える。

DataValidationについて

この検証機能は「DataValidation」というオブジェクトとして用意されています。これはRangeにあるメソッドによって設定できます。用意されているのは以下のメソッドです。

▼DataValidationの取得

```
変数 =《Range》.getDataValidation()
```

取得されるDataValidationには各種のメソッドが用意されており、それらを使って検証に必要な設定を行います。これにより、Rangeに値の検証機能が用意されます。DataValidationはsetDataValidationなどといった値を設定するメソッドは用意されていません。したがって、「あらかじめDataValidationオブジェクトを用意して設定する」というような使い方はできません。必ずRangeからDataValidationを取り出して操作します。

ルールの設定とDataValidationRule

DataValidationにはさまざまな機能がありますが、検証を行う上で必ず設定しなければならないものは1つだけです。それは「検証のルール」です。以下のように設定します。

▼ルール設定

```
《DataValidation》.setRule(《DataValidationRule》)
```

引数にはDataValidationのルールを扱う「DataValidationRule」という値を設定します。これはオブジェクトリテラルとして値を用意します。オブジェクトの作り方によって設定されるルールが決まるわけです。以下のような形になっています。

```
{ ルール名 : { 設定内容 } }
```

DataValidationRuleには利用可能なルール名がプロパティとして用意されています。使用するルール名のプロパティを用意し、そこに設定内容を指定することでルールが作成されます。

現在、利用可能なルール名のプロパティとしては以下のものが用意されています。

custom	独自の数式で設定。
date	日付の検証条件を設定。
decimal	実数の検証条件を設定。
list	リストによる検証条件を設定。
textLength	テキストの検証条件を設定。
time	時刻の値の検証条件を設定。
wholeNumber	整数の検証条件を設定。

これらの中から設定したい名前のプロパティをオブジェクトに用意し、設定情報を作成するのです。例えば時刻の値を検証するルールならば、{time:{○○}}というような形になるでしょう。

decimal/wholeNumberによる数値の検証

では、実際にルールを設定してみましょう。ルールはいくつか用意されていますが、まずは基本ということで「数値のルール」について設定してみましょう。

数値は2つのプロパティが用意されています。それは「decimal」と「wholeNumber」で、decimalは実数、wholeNumberは整数のルールを設定するものです。

これらは「BasicDataValidation」というオブジェクトを値として指定します。これはオブジェクトリテラルで、以下のような形で値を用意します。

```
decimal または wholeNumber: {
  operator:《DataValidationOperator》,
  formula1: 値,
  formula2: 値
}
```

operatorには、値とフォーミュラの設定とを比較する演算子となるものを指定します。これはDataValidationOperatorという列挙体の値を使って指定します。演算子を使って比較する値として、formula1やformula2に値を指定します。2つありますが、DataValidationOperatorで指定する演算子の種類によっては2つの値を必要とする場合があるためです。必要なければformula1のみでいいでしょう。

DataValidationOperatorに用意されている値としては以下のものがあります。

between	2つのフォーミュラの間に値がある。
equalTo	フォーミュラの値と等しい。
greaterThan	フォーミュラの値より大きい。
greaterThanOrEqual	フォーミュラの値と等しいか大きい。
lessThan	フォーミュラの値より小さい。
lessThanOrEqual	フォーミュラの値と等しいか小さい。
notBetween	2つのフォーミュラの間に値がない。
notEqualTo	フォーミュラの値と等しくない。

用意されている値は、同じように演算子の列挙体であるConditionalCellValueOperator（P.145）とほとんど変わりありません（invalidがないだけです）。これらで演算子を指定し、比較する対象となる値をformula1, formula2に用意すれば数値関係のルールは完成です。

0 ～ 100の間だけ入力する

簡単な利用例を挙げておきましょう。ここでは0 ～ 100の間の数値だけが入力できるようなルールを設定してみます。

▼リスト4-17

```
function main(workbook: ExcelScript.Workbook) {
  const range = workbook.getSelectedRange()
  range.getDataValidation().setRule({
    wholeNumber: {
      formula1: 0,
      formula2: 100,
      operator: ExcelScript.DataValidationOperator.between
    }
  })
}
```

セルを選択して実行すると、その範囲に検証ルールが設定されます。ルールを設定したセルに0 ～ 100の範囲外の値を入力してみましょう。すると、値が確定される際に警告のアラートが表示されます。「再試行」ボタンをクリックすれば再度セルに入力をします。「キャンセル」ボタンをクリックすると入力した値が取り消されます。いずれにしろ、ルールに違反する値は入力できません。

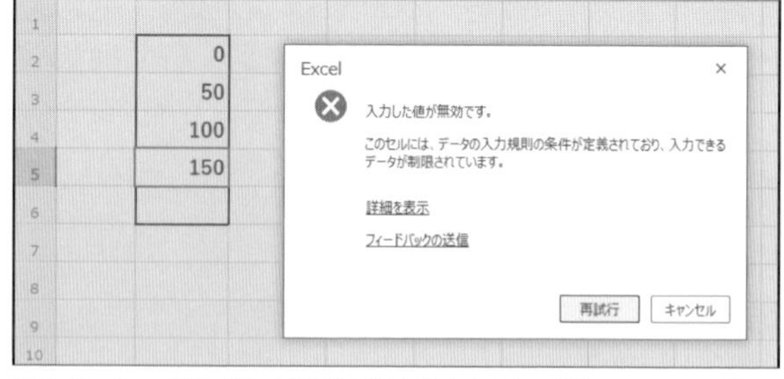

図4-19：0 ～ 100の範囲を超える値を入力すると、警告のアラートが表示される。

ここではルール名にwholeNumberを使い、以下のようにルール値を用意しています。

```
{
  formula1: 0,
  formula2: 100,
  operator: …略….between
}
```

betweenという演算子を指定しています。これはformula1とformula2の間の値のみを許可するものです。これでwholeNumberのルールが設定されます。

設定した検証ルールの削除

設定した検証ルールを削除したい場合はどうすればいいのでしょうか？　DataValidationには検証ルールを削除するようなメソッドは用意されていません。ではどうするのかというと、「空のルールを設定する」のです。このように実行すれば選択されたRangeの検証ルールが空になり、検証されなくなります。

```
《Range》.getDataValidation().setRule({ })
```

例えば、このように使います。

▼リスト4-18

```
function main(workbook: ExcelScript.Workbook) {
  const range = workbook.getSelectedRange()
  range.getDataValidation().setRule({})
}
```

選択した範囲の検証ルールを取り除くスクリプトです。マクロ内でルールを取り消す場合の基本として頭に入れておきましょう。

入力時のプロンプト表示

ここでは値が入力され、それが検証ルールに反しない場合はそのまま値が設定されますが、DataValidationには、値を入力する際にメッセージなどを表示させる機能も用意されています。「プロンプト」と呼ばれるもので、「setPrompt」というメソッドで以下のように設定します。

▼OKアラート（プロンプト）の設定

```
《DataValidation》.setPrompt(《DataValidationPrompt》)
```

引数に指定するDataValidationPromptは、オブジェクトリテラルとして値を用意します。以下のような形で記述します。

```
{
  showPrompt: 真偽値,
  title: "タイトル",
  message: "メッセージ"
}
```

showPromptはtrueにするとプロンプトが表示されるようになります。falseにすると表示されません。titleとmessageでそれぞれタイトルとメッセージをテキストで指定します。

入力時のプロンプトを追加する

先ほどの「0 ～ 100の範囲で入力」のサンプルを修正し、入力時にプロンプトが表示されるようにしてみましょう。

▼リスト4-19

```
function main(workbook: ExcelScript.Workbook) {
  const range = workbook.getSelectedRange()
  range.getDataValidation().setRule({
    wholeNumber: {
      formula1: 0,
      formula2: 100,
      operator: ExcelScript.DataValidationOperator.between
    }
  })
  range.getDataValidation().setPrompt({
    showPrompt: true,
    title: "入力",
    message: "0 ～ 100 の範囲で入力してください。"
  })
}
```

これでセルに入力を行う際、「0 ～ 100の範囲で入力して下さい。」というプロンプトが表示されるようになります。ここではsetRuleでルールを設定した後、setPromptでプロンプトを設定しています。ルールとは別に設定されるものですが、例えば「ルールをまったく設定していない」というような場合には表示されません。あくまでルールとセットで使うものと考えてください。

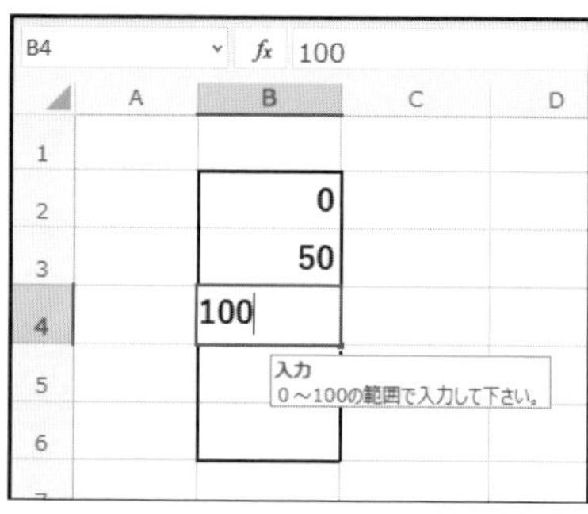

図4-20：セルに入力する際、プロンプトが表示されるようになる。

エラー時のアラート表示について

ルールに反する値が入力されたとき画面にアラートが表示されますが、この表示についてもDataValidationのメソッドで設定することができます。これには2つのメソッドを使います。

▼NGアラート（アラート）の設定

```
《DataValidation》.setErrorAlert(《DataValidationErrorAlert》)
```

▼無効な値を無視する

```
《DataValidation》.setIgnoreBlanks( 真偽値 )
```

「setErrorAlert」はエラー時に表示されるアラートの設定を行うものです。DataValidationErrorAlertというオブジェクトで値を設定します。

これはオブジェクトリテラルとして、以下のような値を用意します。

```
{
  showAlert: 真偽値 ,
  style: 《DataValidationAlertStyle》,
  title: "タイトル",
  message: "メッセージ",
}
```

showAlertをtrueにするとアラートを表示するようになります。styleにはDataValidationAlertStyleという列挙体の値を指定します。これは表示するアラートの種類を指定するもので、以下の値が用意されています。

information	情報アラート。「OK」「キャンセル」ボタンを表示。
stop	停止アラート。「再試行」「キャンセル」ボタンを表示。
warning	警告アラート。「はい」「いいえ」ボタンを表示。

これらは種類によってアラートに表示されるアイコンやボタンが変わります。stopの場合は入力は必ず取り消されますが、informationやwarningの場合はルールに反する値であっても許容できます。デフォルトはstopになっています。

もう1つの「setIgnoreBlanks」というメソッドは空白を検証するかどうかを示すものです。trueの場合は空白でも検証を行います。デフォルトはtrueです。

アラートを変更する

では、アラートを設定してみましょう。wholeNumberを使ったルールのアラートの種類を変更します。

▼リスト4-20

```
function main(workbook: ExcelScript.Workbook) {
  const range = workbook.getSelectedRange()
  const dv = range.getDataValidation()
  dv.setRule({
    wholeNumber: {
      formula1: 0,
      formula2: 100,
      operator: ExcelScript.DataValidationOperator.between
    }
  })
  dv.setErrorAlert({
    style: ExcelScript.DataValidationAlertStyle.information,
    showAlert:true,
    title:"NO!",
    message:"入力できる範囲を超えています。"
  })
}
```

0～100の範囲を超えた値を入力するとアラートが現れますが、「OK」ボタンをクリックすると値が許容されます。ここではsetErrorAlertのstyleにinformationを指定しています。こうするとルールに反する値が入力された場合も、それをそのまま受け入れられるようになります。

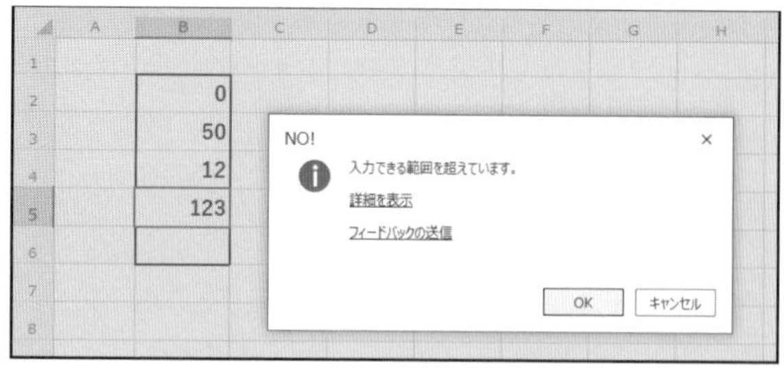

図4-21：0～100の範囲を超えるとアラートが出る。

テキストとtextLength

検証の基本的な使い方がわかったところで、その他の検証ルールの使い方を見ていきましょう。

数値の次に覚えたいのは「テキスト」の検証でしょう。「textLength」がそのためのものです。入力されるテキストの文字数に関するルールを指定するもので、以下のように設定します。

```
textLength: {
  operator:《DataValidationOperator》,
  formula1: "値1",
  formula2: "値2"
}
```

operatorとformula1, formula2が用意されていますね。数値のルール設定と同じです。operatorでDataValidationOperatorを指定する点もまったく同じです。

C O L U M N

textLengthも「BasicDataValidation」

textLengthのルール設定は、wholeNumberとまったく同じです。なぜ、まったく同じなのか？　それは、「どちらもBasicDataValidationというオブジェクトを値に使っている」からです。BasicDataValidationは、DataValidationの基本的なルールオブジェクトで、数値を比較するタイプのルールはすべてこれを使っています。

テキストの長さを設定する

テキストの長さを指定するサンプルを挙げておきましょう。ここでは5文字以上10文字以内の値を入力させてみます。

▼リスト4-21

```
function main(workbook: ExcelScript.Workbook) {
  const range = workbook.getSelectedRange()
  const dv = range.getDataValidation()
  dv.setRule({
```

```
    textLength: {
      formula1: 5,
      formula2: 10,
      operator: ExcelScript.DataValidationOperator.between
    }
  })
  dv.setErrorAlert({
    style: ExcelScript.DataValidationAlertStyle.information,
    showAlert:true,
    title:"NO!",
    message:"5文字以上10文字以内で入力ください。"
  })
}
```

セルを選択して実行すると、5～10文字のテキストのみ受け入れるようになります。文字数がその範囲外だと警告のアラートが表示されます。

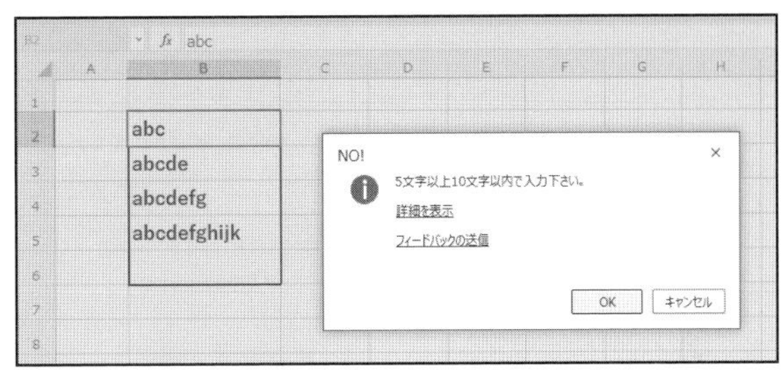

図4-22：5文字以上10文字以内でないと警告が現れる。

ここではsetRuleのルールを以下のように指定してあります。

```
textLength: {
  formula1: 5,
  formula2: 10,
  operator: …略….between
}
```

これで5～10文字の範囲内のみ受け入れるようになります。基本はwholeNumberと同じですから、すぐに使えるようになるでしょう。

date/timeのルール

日時に関するルールを設定するのが「date」と「time」です。これらは「DateTimeDataValidation」という値を使って指定します。これはオブジェクトであり、以下のような形でオブジェクトリテラルとして値を作成します。

```
{
  operator:《DataValidationOperator》,
  formula1: "値1",
  formula2: "値2"
}
```

BasicDataValidationとは違うオブジェクトです。ただし用意される値は同じですし、operatorで指定する値も同じですので、実質、「BasicDataValidationと同じ」と考えていいでしょう。

未来の日付を受け付けない

利用例を挙げておきましょう。今回は「今日以前の日付のみを受け付け、今日より先の日付は受け付けない」というようにしてみます。

▼リスト4-22

```
function main(workbook: ExcelScript.Workbook) {
  const range = workbook.getSelectedRange()
  const dv = range.getDataValidation()
  dv.setRule({
    date: {
      formula1: '=TODAY()',
      operator: ExcelScript.DataValidationOperator.lessThanOrEqualTo
    }
  })
  dv.setErrorAlert({
    style: ExcelScript.DataValidationAlertStyle.information,
    showAlert:true,
    title:"NO!",
    message:"今日より前の日付のみ受け付けます。"
  })
}
```

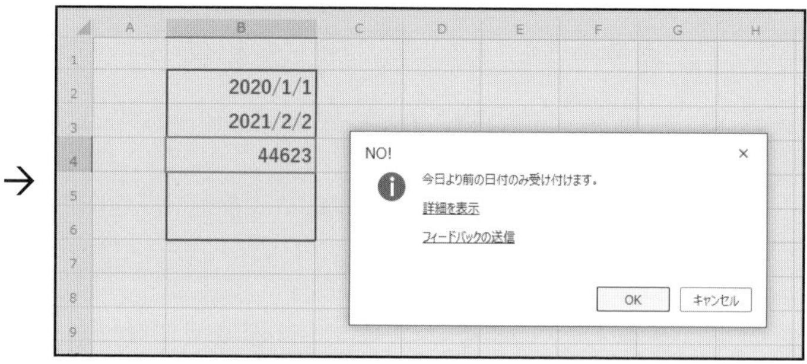

図4-23：今日より先の日付を設定しようとするとエラーになる。

ここでは、例えば「2020/12/24」というように年月日の値を指定した日付の値を入力し、その値を検証します。今日より先の日付を入力すると警告のアラートが表示されます。

ここではルールを以下のように設定しています。

```
date: {
  formula1: '=TODAY()',
  operator: …略….lessThanOrEqualTo
}
```

operatorにはlessThanOrEqualToを指定し、formula1と等しいか小さい（より昔の日付）もののみを許可しています。そしてformula1には「=TODAY()」と設定されていますね。これはPowerFXによる数式です。formula1はテキストや数値ではなく「フォーミュラ」です。数式を使って値を指定することも可能なのです。

listによる選択肢の入力

「list」は、あらかじめ用意した選択肢から値を入力させるためのものです。「ListDataValidation」というオブジェクトを値に指定します。以下のようなオブジェクトリテラルとして用意します。

```
list: {
  inCellDropDown: 真偽値 ,
  source: " データの値 "
}
```

選択されたセルにリストを表示するかどうかを指定し、sourceに表示する選択肢を指定します。これはテキストの値で、表示する項目をカンマで区切って記述したものを用意します。

選択肢を表示する

ではlistを使って、あらかじめ用意した選択肢から選ぶセルを作成してみましょう。

▼リスト4-23

```
function main(workbook: ExcelScript.Workbook) {
  const range = workbook.getSelectedRange()
  const dv = range.getDataValidation()
  dv.setRule({
    list: {
      inCellDropDown: true,
      source: "one,two,three"
    }
  })
  dv.setErrorAlert({
    style: ExcelScript.DataValidationAlertStyle.information,
    showAlert:true,
    title:"NO!",
    message:" 選択肢の値のみ受け付けます。"
  })
}
```

ルールを設定したセルを選択すると右側に小さく▼マークが表示されるようになります。これをクリックすると、入力可能な値がプルダウンメニューで現れます。このリスト以外の値を入力するとエラーになります。

ここでは以下のようにlistのルールを設定しています。

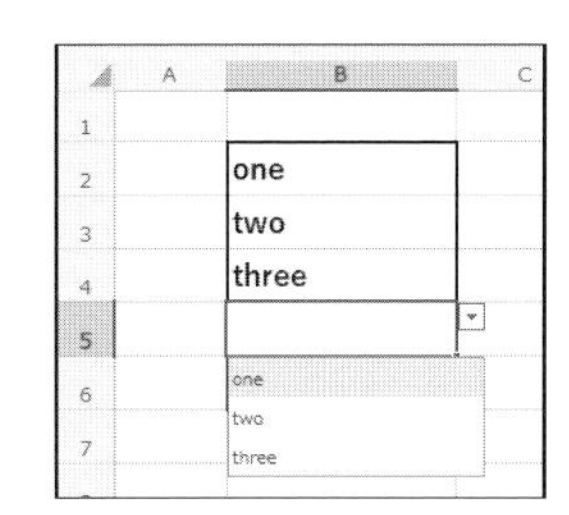

図4-24：セルを選択して▼をクリックすると、メニューがプルダウンして現れる。

```
list: {
  inCellDropDown: true,
  source: "one,two,three"
}
```

sourceに"one,two,three"と指定することで、「one」「two」「three」の3つの項目を持つリストが表示されるようになります。これらの選択肢以外の値を入力するとエラーになります。

図4-25：選択肢以外の値を入力するとエラーが表示される。

カスタムルールの設定

これらのルールを使えば基本的な設定はだいたい行えるようになります。しかし、これで完璧というわけではないでしょう。用意されているルールでは設定できない、ということもあるかもしれません。

そのような場合のために、「custom」というルールも用意されています。これは独自にルールを設定するためのものです。値として以下のようなオブジェクトリテラルを用意します。

```
{ formula: "数式" }
```

値はformulaという項目が1つあるだけです。ここにルールとして実行される数式を記述しておくのです。Excelの数式で使われる関数は、すべてここで利用することができます。それらを組み合わせてルールを自分で作るのです。

「OK」を含むテキストのみ

簡単な利用例として、「OK」を含むテキストだけ入力を受け付けるサンプルを作成してみましょう。

▼リスト4-24

```
function main(workbook: ExcelScript.Workbook) {
  const range = workbook.getSelectedRange()
  const ad = range.getCell(0,0).getAddress()
  const dv = range.getDataValidation()
  dv.setRule({
    custom: {
      formula: '=COUNTIF(' + ad + ',"*OK*")>0'
    }
  })
  dv.setErrorAlert({
    style: ExcelScript.DataValidationAlertStyle.information,
    showAlert:true,
    title:"NO!",
    message:"OKを含むテキストのみ受け付けます。"
  })
}
```

セルにテキストを入力してください。テキストの中に「OK」という文字が含まれていないとエラーになります。「ok」でも「Ok」でもかまいません。

図4-26：テキストに「OK」が含まれていないとエラーになる。

ここでは以下のようにルールを設定しています。

```
formula: '=COUNTIF(' + ad + ',"*OK*")>0'
```

COUNTIFは、第1引数のRangeに第2引数のテキストがいくつ含まれているかを調べる関数です。この値がゼロ以上ならテキストが含まれているとわかります。

第1引数には、あらかじめ用意しておいた最初のセルのアドレスを指定してあります。また第2引数には、"*OK*"というようにワイルドカード(*)記号を使ってOKがテキストに含まれているか確認するようにしてあります。

カスタムルールは数式次第

サンプルを見ればわかるように、カスタムルールを利用するためには、まずExcelの数式(PowerFX)をしっかりと理解する必要があります。数式が書けなければルールを作れないのですから。

Excelの数式はセルに計算結果を表示させる以外にも、さまざまなところで使われているのです。Office Scriptのプログラミングだけでなく、PowerFXの数式についてもしっかり学ぶようにしましょう。

検証結果をチェックする

DataValidationによる検証は入力時にすべて自動的に行われます。では、特定の範囲が「すべてルールに反していない」かどうかを確認するにはどうすればいいでしょう？

これはDataValidationの「getValid」というメソッドを使って行えます。

```
変数 =《DataValidation》.getValid()
```

RangeからDataValidationを取得し、そこからgetValidを呼び出します。この値がtrueならば、そのRangeに設定されている値はすべて検証ルールに反していないことがわかります。1つでもルールに反した値があれば、結果はfalseになります。

簡単なサンプルを挙げておきましょう。

▼リスト4-25

```
function main(workbook: ExcelScript.Workbook) {
  const range = workbook.getSelectedRange()
  const dv = range.getDataValidation()
  if (dv.getValid()) {
    range.getFormat().getFill().setColor('white')
  } else {
    range.getFormat().getFill().setColor('red')
  }
}
```

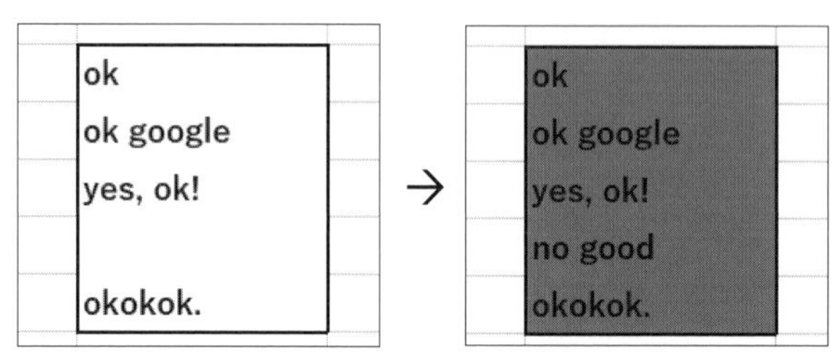

図4-27：範囲を選択し実行する。ルールに反した値があると背景が赤に変わる。

これはセルの値がルールに反していないかをチェックするものです。ルールを設定してあるセルの範囲を選択して実行してください。その範囲にある値の中にルールに反するものが含まれていると背景が赤に変わります。ルールに反する値が1つもなければ背景は白い状態になります。

ここではRangeからgetDataValidationを呼び出し、さらにgetValidを呼び出した結果をチェックしています。これがtrueならば背景を白にし、そうでないなら赤にしています。このように検証結果を使ったマクロも意外と簡単に作成できるのです。

Chapter 5

グラフと図形

スプレッドシートには数値やテキストなどのデータ以外の要素も多数使われています。
その代表が「グラフ」と「図形」でしょう。
ここではこれらをマクロで操作する基本について説明します。

Chapter 5

5.1. グラフの基本

シートとグラフ

Excelのようなスプレッドシートを使う大きな利点の1つに「データの視覚化」が挙げられます。データを一覧に整理するだけでなく、それを元にグラフを作成しデータを簡単に視覚化できる、これはスプレッドシートならではの機能でしょう。

Excelのグラフ機能は非常に強力で使えるグラフの種類も多く、表示を細かく調整できます。このグラフ機能をマクロ内から自在に扱えれば、面白いことがいろいろできそうですね！

グラフはワークシートに追加され、表示されます。この点はOffice Scriptでの操作でも同じです。Worksheetにグラフを追加するためのメソッドが用意されており、これを利用してWorksheetにグラフのオブジェクトを追加します。このメソッドは「addChart」というもので、以下のように呼び出します。

```
変数 =《Worksheet》.addChart(《ChartType》,《Range》)
```

この他にもオプションとして引数は用意されていますが、最低でもこの2つの引数を用意すればグラフは作成できます。

(※なお、メソッドやオブジェクトの名前からわかるように、Excelでは、グラフは本来「チャート(Chart)」と呼ばれています。しかし日本語版のExcelでは、これらはすべて「グラフ」と表記されているため、本書でも「グラフ」と表記することにします)

Chartについて

addChartで作成されるのは「Chart」というオブジェクトです。このChartの中に、作成されたグラフに関する各種の機能がまとめられています。

最低限、頭に入れておきたいのは「位置と大きさ」の設定でしょう。大きさは、きちんと設定しておかないとうまく表示されません。また位置も、設定しないとシートの左上に表示されるようになります。

ChartTypeについて

第1引数の「ChartType」はグラフの種類を指定するためのものです。これは列挙体の値で、グラフの種類の値が多数用意されています。Excelでは非常に多くの種類のグラフが作成できるので、用意されている値も相当な数になります(次ページの「ChartTypeの値」参照)。

ChartTypeの値

area, areaStacked, areaStacked100, barClustered, barOfPie, barStacked, barStacked100, boxwhisker, bubble, bubble3DEffect, columnClustered, columnStacked, columnStacked100, coneBarClustered, coneBarStacked, coneBarStacked100, coneCol, coneColClustered, coneColStacked, coneColStacked100, cylinderBarClustered, cylinderBarStacked, cylinderBarStacked100, cylinderCol, cylinderColClustered, cylinderColStacked, cylinderColStacked100, doughnut, doughnutExploded, funnel, histogram, invalid, line, lineMarkers, lineMarkersStacked, lineMarkersStacked100, lineStacked, lineStacked100, pareto, pie, pieExploded, pieOfPie, pyramidBarClustered, pyramidBarStacked, pyramidBarStacked100, pyramidCol, pyramidColClustered, pyramidColStacked, pyramidColStacked100, radar, radarFilled, radarMarkers, regionMap, stockHLC, stockOHLC, stockVHLC, stockVOHLC, sunburst, surface, surfaceTopView, surfaceTopViewWireframe, surfaceWireframe, treemap, waterfall, xyscatter, xyscatterLines, xyscatterLinesNoMarkers, xyscatterSmooth, xyscatterSmoothNoMarkers

位置と大きさは、縦横の値をそれぞれメソッドで設定していきます。

▼位置を設定

```
《Chart》.setLeft( 数値 )
《Chart》.setTop( 数値 )
```

▼大きさを設定

```
《Chart》.setWidth( 数値 )
《Chart》.setHeight( 数値 )
```

これらを設定することで、グラフの位置と大きさを変更できます。では、実際に利用してみましょう。

グラフを作成する

まずはグラフ用のデータを用意しましょう。以下のようなデータをワークシートに記述しておきます。場所はどこでもいいのですが、サンプルでは左上のA1セルから記述をしておきました。

支店	前期	後期
東京	12300	14560
大阪	9870	10980
名古屋	6540	5670
ロンドン	3450	5430
パリ	1230	3450

ここでは支店の項目ごとに前期・後期の値を用意しておきました。単純なものですが、基本的なグラフの作成には十分でしょう。

図5-1：A1セルから表のデータを記述する。

グラフを作成する

では、グラフ作成のマクロを作りましょう。これまで利用してきたもの(「スクリプト1」)をそのまま再利用してかまいません。

以下のように内容を書き換えてください。

▼リスト5-1

```
function main(workbook: ExcelScript.Workbook) {
  const sheet = workbook.getActiveWorksheet()
  const range = workbook.getSelectedRange()
  const chart = sheet.addChart(
      ExcelScript.ChartType.barStacked, range)
  chart.setLeft(250)
  chart.setTop(100)
  chart.setWidth(400)
  chart.setHeight(250)
  chart.activate()
}
```

先に作成したデータの範囲を選択し、マクロを実行してください。その範囲を表示するグラフが作成されます。

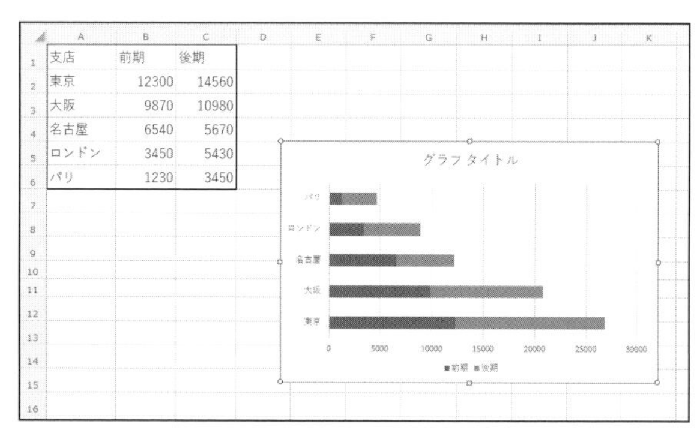

図5-2:選択したRangeからグラフを作成する。

グラフ作成の手順

ここでは選択されたRangeと開いているWorksheetをそれぞれ変数に取り出した後、addChartでグラフを作成しています。

```
const chart = sheet.addChart(ExcelScript.ChartType.barStacked, range)
```

第1引数にはChartTypeの「barStacked」を指定してあります。これは「積み上げ横棒グラフ」と呼ばれるタイプのグラフです。第2引数には選択されたRangeを指定しています。

後は作成されたグラフの位置と大きさを調整するだけです。

```
chart.setLeft(250)
chart.setTop(100)
chart.setWidth(400)
chart.setHeight(250)
```

位置と大きさを調整する4つのメソッドを次々に呼び出していますね。これでグラフの表示が設定されました。最後にグラフを選択しています。

```
chart.activate()
```

activateによりグラフを選択した状態にします。実行しなくともグラフの作成には支障はありません。

セルで位置と大きさを指定する

これでグラフは作成できましたが、考えなければならないのは「位置と大きさの指定の仕方」でしょう。

先ほどのサンプルでは位置と大きさを数値で指定していました。しかし、Excelのセルは大きさやスタイルを調整できます。表示するセルを大きくしたりフォントサイズを変更したりすると、元データの表の大きさも変わります。そうなると、場合によっては表とグラフが重なって見づらくなったりすることもあるでしょう。

もっと確実に「表の右側にグラフを表示する」というようなことはできないのでしょうか？ セルの大きさなどが変わっても常に表の右側に作成されるようにできれば、そのほうが便利でしょう。

こうした場合のために、Chartにはセルのアドレスを使って位置や大きさを設定するための機能も備わっています。「setPosition」というものです。

```
《Chart》.setPosition( 開始セル [, 終了セル] )
```

setPositionは、セルのアドレスまたはRangeを使ってグラフの位置と大きさを設定するものです。第1引数にグラフを表示する位置を示すセルを指定します。これは"A1"のようにアドレスのテキストか、あるいはセルのRangeオブジェクトで指定します。表示する位置というのは、グラフの左上がどのセルに位置するかを示します。

位置を指定するだけなら、引数を1つだけ用意すればOKです。これに加えて、setWidth/setHeightで大きさを設定すればいいでしょう。が、セルの範囲に合わせてグラフを作成したい場合は、第2引数にグラフの右下の位置となるセルのアドレスまたはRangeを指定します。これで、第1引数のセルから第2引数のセルまでの大きさでグラフが作成されます。

セルを指定してグラフを作る

では、マクロを修正してセルの位置を指定してグラフを作成してみましょう。ここではE3セル～J10セルの範囲でグラフを作成してみます。

▼リスト5-2

```
function main(workbook: ExcelScript.Workbook) {
  const sheet = workbook.getActiveWorksheet()
  const range = workbook.getSelectedRange()
  const chart = sheet.addChart(ExcelScript.ChartType.barStacked, range)
  chart.setPosition("E3","J10")
  chart.activate()
}
```

データの範囲を選択して実行すると、E3 ～ J10の範囲でグラフが作成されます。ここではsetPosition("E3","J10")というようにして範囲を指定していますね。このようにアドレスをテキストで指定するだけで、その範囲にグラフが配置されます。サイズ（縦横幅）を正確に指定する必要がないなら、このsetPositionを使ったほうが位置と大きさの指定はずっと簡単ですね。

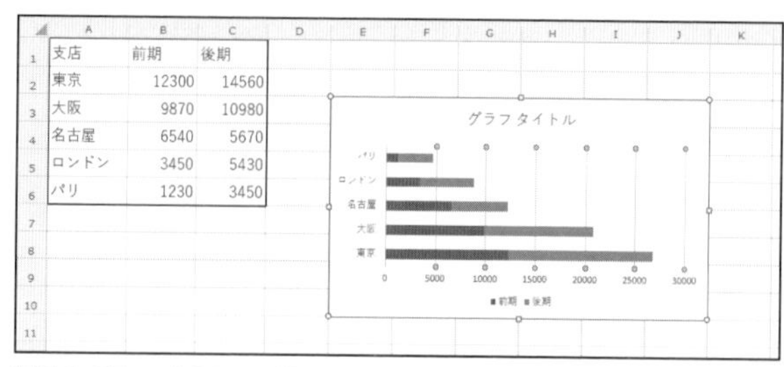

図5-3：E3 ～ J10セルの範囲にグラフを作成する。

グラフの位置と大きさについて

実際にグラフを作成していろいろと操作していると、グラフというのは位置と大きさがセルとリンクしていることに気がつくでしょう。グラフを作成後、セルの高さや横幅を変更すると、それに合わせてグラフの位置や大きさも変わります。つまり、setWidth/setHeightで大きさを設定しても、セルのサイズを変更すれば大きさは変わるのです。

この「グラフの位置と大きさ」の挙動は、グラフ自身にプロパティとして用意されています。ただし、これはWeb版Excelではまた対応していないので注意が必要です。

デスクトップ版のExcelでグラフを右クリックし「グラフエリアの書式設定」メニューを選ぶと、そこに位置や大きさに関するプロパティが表示されます。ここから「セルに合わせて移動やサイズ変更をしない」を選ぶとグラフのサイズは固定され、セルの大きさを変更しても一切影響されなくなります。

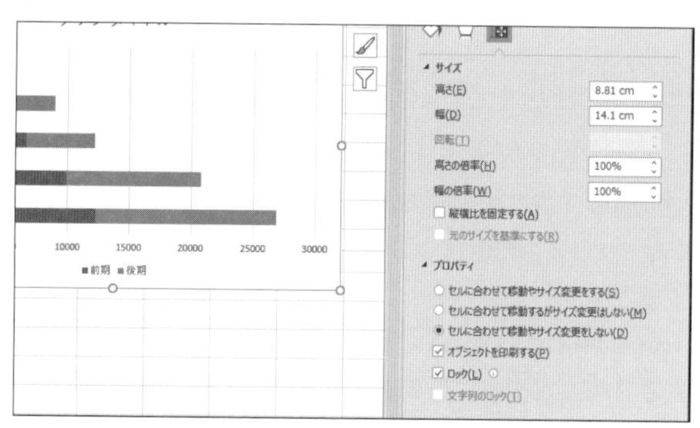

図5-4：デスクトップ版Excelでは、「グラフエリアの書式設定」メニューでグラフの位置や大きさに関するプロパティが現れる。

しかし、Web版Excelではこれはできません。Web版Excelの場合、グラフの書式設定に表示される項目は簡略化されており、グラフの表示エリアに関する設定は用意されていません。このため、Web版Excelではグラフの位置と大きさを固定することはできません。

ただし、これは単にWebアプリの実装の問題であり、Excelのファイルにはデータとして設定情報が記録されています。ですから、例えばデスクトップ版Excelで設定を変更して位置や大きさを固定すれば、Web版Excelでファイを開いても表示は固定されたままになります。

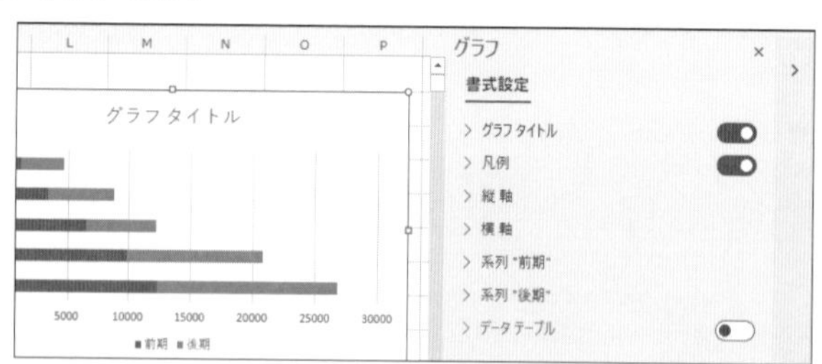

図5-5：Web版Excelでのグラフの書式設定。用意されている項目が少し少ない。

シートにあるグラフの利用

addChartでワークシートに追加されたグラフは、WorksheetオブジェクトのChartsというプロパティに保管されています。これは配列として値が用意されています。

Worksheetに組み込まれているChartは以下のようにして値を取り出します。

▼IDを指定して取得

```
《Worksheet》.getChart( ID )
```

▼すべてのグラフをまとめて取得

```
《Worksheet》.getCharts()
```

ChartにはそれぞれIDが割り当てられています。これはgetIdメソッドで取り出せます。このIDの値をどこかに保管しておけば、それを元にgetChartでオブジェクトを取り出せます。

そうでない場合は、getChartsでシートにある全グラフのChartオブジェクトを配列としてまとめて取り出せます。後はその中から利用したいChartを取り出せばいいのです。

作成したグラフの表示場所を変更する

簡単な利用例として、作成したグラフの表示場所を移動させるサンプルを作成してみましょう。

このマクロは、ワークシートに1つだけグラフが追加されている状態を前提に作成してあります。ワークシートに複数のグラフを作ってある場合はそれらを削除し、1つだけ残して試してください。

▼リスト5-3

```
function main(workbook: ExcelScript.Workbook) {
  const sheet = workbook.getActiveWorksheet()
  const chart = sheet.getCharts()[0]
  chart.setPosition('B8','G15')
}
```

これを実行すると、ワークシートに配置されているグラフがB8 ~ G15の範囲に移動します。

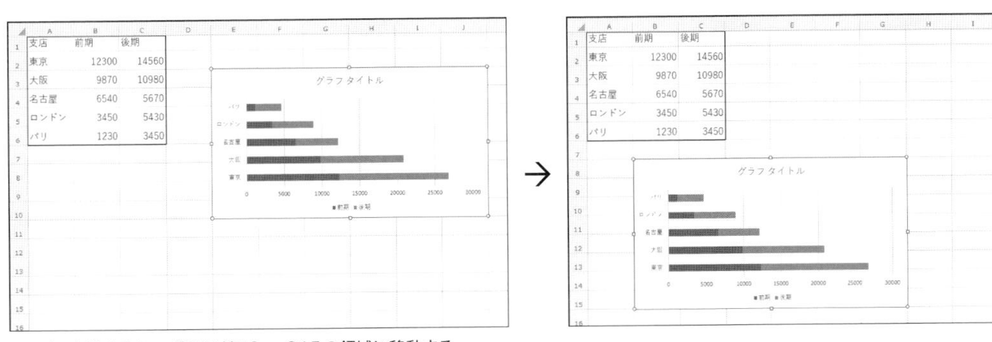

図5-6：実行すると、グラフがB8 ~ G15の領域に移動する。

ここではWorksheetの「getCharts」で取り出した配列の最初のものを取り出して操作しています。

```
const chart = sheet.getCharts()[0]
```

このようにして、getChartsからインデックス＝ゼロ番に保管されているChartを取り出します。ワークシートには1つしかグラフはありませんから、これが配置されているグラフのChartオブジェクトになります。後はそこからさらにsetPositionを呼び出して位置を変更するだけです。Chartさえ取り出せれば、それを改めて設定するのは比較的簡単です。

グラフのタイトル

Office Scriptにはグラフに表示されているさまざまな要素を操作するための機能も揃っています。ただし、「Chartからプロパティを操作すればOK」というような単純なものではありません。

グラフに表示されている要素（タイトル、凡例、グラフ部分のバーや目盛りなど）は、その1つ1つにいくつもの属性が用意されています。このため、それぞれがオブジェクトとして定義されChartに組み込まれているのです。したがってグラフの表示を操作するためには、Chartオブジェクトから操作したい部品のオブジェクトを取得し、そのオブジェクト内にあるメソッドを呼び出すというやり方をする必要があります。

まずは「グラフのタイトル」から扱ってみましょう。タイトルは以下のようにオブジェクトを取り出します。

```
変数 =《Chart》.getTitle()
```

これで取り出されるのは「ChartTitle」というオブジェクトです。得られたオブジェクトにはグラフのタイトル表示に関する情報が多数用意されており、それらを利用することでタイトルの表示を操作できます。

グラフのタイトルを変更する

実際にグラフを配置しましょう。ワークシートに表示されているグラフのタイトル表示を操作します。

▼リスト5-4

```
function main(workbook: ExcelScript.Workbook) {
  const sheet = workbook.getActiveWorksheet()
  const chart = sheet.getCharts()[0]
  const title = chart.getTitle()
  title.setText('サンプルチャート')
  title.setPosition(ExcelScript.ChartTitlePosition.bottom)
  title.setLeft(0)
}
```

実行すると、そのワークシートにある最初のグラフについて、タイトルのテキストと配置を変更します。

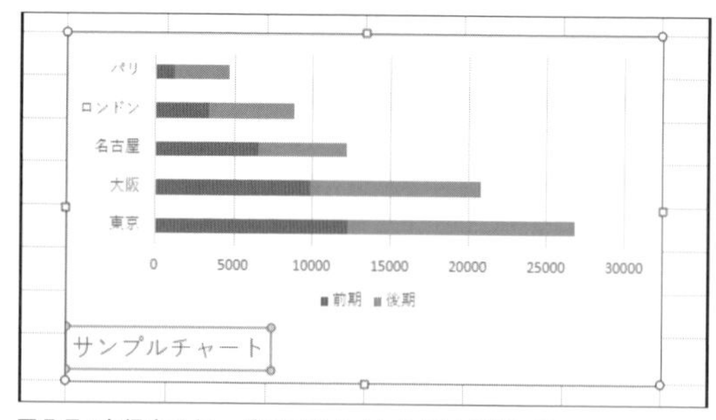

図5-7：実行すると、グラフのタイトル表示が変わる。

```
const chart = sheet.getCharts()[0]
```

getChartsで取得した配列からゼロ番の値を取り出しています。これでワークシートにあるグラフのChartオブジェクトが取り出されます。

```
const title = chart.getTitle()
```

そこからさらにChartTitleオブジェクトを取り出します。これでオブジェクトが得られました。後はオブジェクト内にあるメソッドを呼び出すだけです。

タイトルの表示を操作する

ChartTitleオブジェクトには、表示に関するさまざまなメソッドが用意されています。これらのメソッドについて簡単にまとめておきましょう。

▼タイトルの表示テキスト

```
変数 =《ChartTitle》.getText()
《ChartTitle》.setText( テキスト )
```

タイトルの表示テキストに関するものです。setTextでテキストを設定すると、それがタイトルとして表示されます。

▼タイトルの表示場所

```
変数 =《ChartTitle》.getPosition()
《ChartTitle》.setPosition(《ChartTitlePosition》)
```

ChartTitlePosition列挙体の値

automatic	自動設定
bottom	グラフ下部
left	グラフ左側
right	グラフ右側
top	グラフ上部

タイトルをグラフのどの場所に表示するかを指定するものです。

デフォルトではautoが設定されており、自動的に設定されます。明示的に表示場所を指定したい場合に使います。

▼タイトルの向き

```
変数 =《ChartTitle》.getOrientation()
《ChartTitle》.setOrientation( 数値 )
```

タイトルの表示テキストを回転させるためのものです。setOrientationで、-90～90の範囲で角度を設定すると、それだけテキストを回転させます。

▼横方向の位置揃え

```
変数 =《ChartTitle》.getHorizontalAlignment()
《ChartTitle》.setHorizontalAlignment(《ChartTextHorizontalAlignment》)
```

ChartTextHorizontalAlignmentの値

center	中央揃え
distributed	均等割
justify	両端揃え
left	左揃え
right	右揃え

タイトルのテキストをグラフ内に配置する際の位置揃えです。テキストが横向きに表示されているときに使われます。

▼縦方向の位置揃え

```
変数 =《ChartTitle》.getVerticalAlignment()
《ChartTitle》.setVerticalAlignment(《ChartTextVerticalAlignment》)
```

ChartTextVerticalAlignmentの値

bottom	下揃え
center	中央揃え
distributed	均等割
justify	両端揃え
top	上揃え

タイトルテキストの縦方向の位置揃えを指定するものです。テキストが縦向きに表示されているときに使われます。

▼縦横の位置

```
変数 =《ChartTitle》.getLeft()
《ChartTitle》.setLeft( 数値 )
変数 =《ChartTitle》.getTop()
《ChartTitle》.seTop( 数値 )
```

getLeft/setLeftは左端からの距離、getTop/setTopは上からの距離を示すものです。表示位置の微調整などに使われます。

▼グラフの重ね表示

```
変数 =《ChartTitle》.getOverlay()
《ChartTitle》.setOverlay( 真偽値 )
```

タイトルをグラフと重ねて表示するかどうかを指定します。setOverlayをtrueにすると、重なる状態で表示されます。

サンプルの設定

先ほど作成したサンプルでは、タイトルのテキスト、表示位置、左からの位置をそれぞれ設定しています。

```
title.setText('サンプルチャート')
title.setPosition(ExcelScript.ChartTitlePosition.bottom)
title.setLeft(0)
```

setTextでテキストを設定し、setPositionグラフの下部に表示するようにしています。また、setLeftを使って左端に表示されるように調整しています。このようにChartTitleのメソッドを使うことで、タイトルの表示位置をいろいろと調整できます。

タイトルのフォーマットについて

ChartTitleにはタイトルのフォントを操作するようなメソッドはありませんでした。「ChartFormat」というメソッドを取り出して設定します。

▼フォーマット

```
変数 =《ChartTitle》.getFormat()
```

これでChartFormatが取得できます。Rangeで使ったRangeFormatなどと同じようなものです。ここからさらにメソッドを呼び出してオブジェクトを取得し、利用します。

▼ChartTitleFormatのメソッド

```
変数 =《ChartTitleFormat》.getFill()
変数 =《ChartTitleFormat》.geBorder()
変数 =《ChartTitleFormat》.geFont()
```

それぞれ「ChartFill」「ChartBorder」「ChartFont」といったオブジェクトが得られます。ここからメソッドを呼び出して書式を設定するのです。

これらのオブジェクトはRangeFormatから取り出したRangeFill、RangeBorder、RangeFontなどのオブジェクトと基本的には同じものです。一部メソッド名などで違うところもありますが、それぞれのオブジェクトがテキストのどのような書式を扱うかという基本的なところはまったく同じです。

タイトルのフォーマットを設定する

では、これらの利用例を挙げておきましょう。タイトルの背景、ボーダー、フォントといったものを変更してみます。

▼リスト5-5

```
function main(workbook: ExcelScript.Workbook) {
  const sheet = workbook.getActiveWorksheet()
  const range = workbook.getSelectedRange()
```

```
  const chart = sheet.addChart(ExcelScript.ChartType.barStacked, range)
  const title = chart.getTitle()
  const fmt = title.getFormat()
  fmt.getFill().setSolidColor('eeeeff')
  fmt.getBorder().setLineStyle(ExcelScript.ChartLineStyle.continuous)
  fmt.getBorder().setWeight(2)
  fmt.getBorder().setColor('red')
  fmt.getFont().setSize(24)
}
```

実行すると、グラフタイトルの背景、ボーダー（輪郭線）、フォントサイズといったものを変更します。WorksheetからChartを取り出し、getTitle, getFormatと呼び出してChartTitleFormatを取得したら、そこから書式変更のメソッドを呼び出していきます。

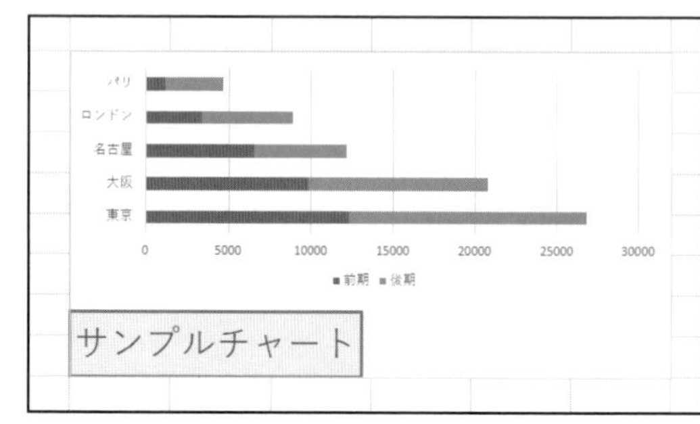

図5-8：グラフタイトルの背景、ボーダー、フォントサイズを変更する。

▼背景色の設定

```
fmt.getFill().setSolidColor('eeeeff')
```

▼ボーダーの設定

```
fmt.getBorder().setLineStyle(ExcelScript.ChartLineStyle.continuous)
fmt.getBorder().setWeight(2)
fmt.getBorder().setColor('red')
```

▼フォントサイズの設定

```
fmt.getFont().setSize(24)
```

背景色がsetSolidColorとなっている点、またボーダーのラインスタイルがChartLineStyleという列挙体の値になっているなど微妙な違いはありますが、基本的な操作はRangeFormatの利用とほぼ同じことがわかるでしょう。

凡例の表示について

グラフ内で、グラフ本体以外に表示される重要な要素が「凡例」でしょう。凡例はChartから以下のようにしてオブジェクトを取得します。

```
変数 =《Chart》.getLegend()
```

これで得られるのは「ChartLegend」というオブジェクトです。このオブジェクト内に凡例の表示に関する各Chapterのメソッドが用意されています。主なものを次にまとめておきます。

▼凡例の表示／非表示

```
変数 =《ChartLegend》.getVisible()
《ChartLegend》.setVisible( 真偽値 )
```

▼凡例の配置(グラフ内の上下左右どこに置くか)

```
変数 =《ChartLegend》.getPosition()
《ChartLegend》.setPosition(《ChartLegendPosition》)
```

ChartLegendPositionの値

bottom	グラフの下部。
corner	グラフの角。
custom	カスタム設定。
invalid	無効にする。
left	グラフの左側。
right	グラフの右側。
top	グラフの上部。

▼凡例の配置場所内の位置

```
変数 =《ChartLegend》.getLeft()
《ChartLegend》.setLeft( 数値 )
変数 =《ChartLegend》.getTop()
《ChartLegend》.setTop( 数値 )
```

▼凡例の大きさ

```
変数 =《ChartLegend》.getWidth()
《ChartLegend》.setWidth( 数値 )
変数 =《ChartLegend》.getHeight()
《ChartLegend》.setHeight( 数値 )
```

▼グラフとの重ね表示

```
変数 =《ChartLegend》.getOverlay()
《ChartLegend》.setOverlay( 真偽値 )
```

▼フォーマットの利用

```
変数 =《ChartLegend》.getFormat()
```

getFormatで得られるのは「ChartLegendFormat」というオブジェクトです。これには他のフォーマットオブジェクトと同様に、getFill、getBorder、getFontといったメソッドが用意されています。

これらのメソッドで得られるのはChartTitleFormatと同じく、ChartFill、ChartBorder、ChartFontといったオブジェクトです。

したがって、ChartLegendFormatを使った書式の設定は、ChartTitleFormatの扱いとまったく同じです。

凡例の表示を設定する

凡例の操作を行う例を挙げておきましょう。グラフの右側上部に凡例を表示させてみます。

▼リスト5-6

```
function main(workbook: ExcelScript.Workbook) {
  const sheet = workbook.getActiveWorksheet()
  const chart = sheet.getCharts()[0]
  const legend = chart.getLegend()
  legend.setPosition(ExcelScript.ChartLegendPosition.right)
  legend.setOverlay(true)
  legend.setWidth(200)
  legend.setHeight(50)
  legend.setTop(10)
  const fmt = legend.getFormat()
  fmt.getBorder().setColor('blue')
  fmt.getBorder().setLineStyle(ExcelScript.ChartLineStyle.continuous)
  fmt.getFont().setSize(14)
}
```

実行すると、デフォルトでグラフの下部にあった凡例が右側上部に表示されるようになります。フォントサイズは大きくなり、青いボーダーで囲われるように変わります。

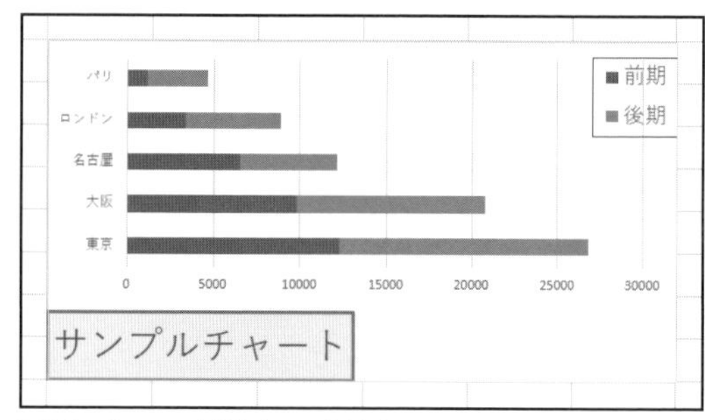

図5-9：グラフの右側上部に凡例を表示する。

ChartからgetLegendでChartLegendを取得し、後はメソッドを呼び出しているだけです。特に難しいことはないでしょう。

凡例のエントリーについて

凡例の中には表示されるグラフの各列の名前と色が表示されています。これは操作できないのか？　と思った人もいるかもしれません。

この部分は「LegendEntry」というオブジェクトとして管理されています。ChartLegendから以下のように取り出せます。

```
変数 =《ChartLegend》.getLegendEntries()
```

これで得られるのはChartLegendEntryの配列です。このChartLegendEntryには次のようなメソッドが用意されています。

```
変数 =《ChartLegendEntry》.getIndex()
変数 =《ChartLegendEntry》.getLeft()
変数 =《ChartLegendEntry》.getTop()
変数 =《ChartLegendEntry》.getWidth()
変数 =《ChartLegendEntry》.getHeight()
変数 =《ChartLegendEntry》.getVisible()
《ChartLegendEntry》.setVisible( 真偽値 )
```

見てわかるように、用意されているメソッドは基本的に位置や大きさなどの値を取得するためのもので、設定を変更するためのものは「setVisible」しかありません。つまり、表示のON/OFF以外は操作できないようになっています。

凡例は、あくまで「グラフの各項目を参照して作られるもの」であることを忘れないでください。例えば凡例の各項目に表示されている色は、グラフの各列の色です。また凡例のテキストは、各列のデータの名前です。凡例だけ勝手に変更することはできないのです。

凡例の項目をON/OFFする

利用例として「凡例に表示される項目を変更する」サンプルを挙げておきましょう。1番目の項目名を非表示にしています。

▼リスト5-7

```
function main(workbook: ExcelScript.Workbook) {
  const sheet = workbook.getActiveWorksheet()
  const chart = sheet.getCharts()[0]
  const legend = chart.getLegend()
  legend.getLegendEntries()[0].setVisible(false)
}
```

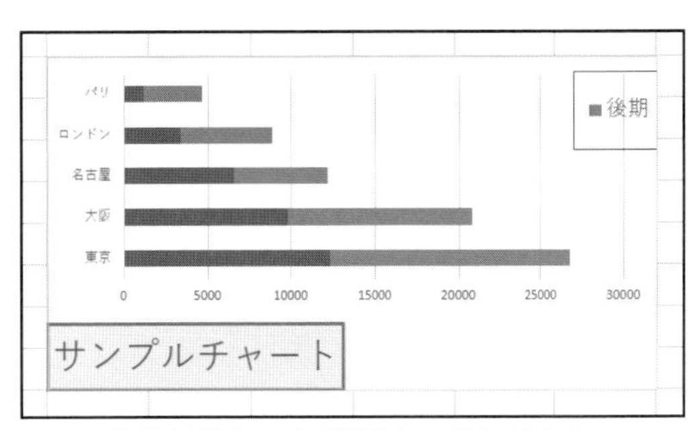

図5-10：「前期」が非表示となり「後期」のみが表示される。

実行すると凡例には「後期」のみが表示され、「前期」が表示されなくなります。ChartからgetLegendし、さらにgetLegendEntries()[0].setVisible(false)で最初のLegendEntryを表示にしているのですね。

こんな具合に、不要なものを隠して必要な項目だけを表示した凡例を作ったりできます。ただし、それ以上のことは現時点ではできません。LegendEntryの利用は「凡例の表示に関する情報を得るためのもの」と考えましょう。

Chapter 5

5.2. グラフの操作

グラフの種類の操作

タイトルや凡例といったグラフに付随するものの扱い方がわかったところで、グラフ本体の操作について見ていくことにしましょう。まずはグラフの種類についてです。これはaddChartでグラフを追加する際にChartTypeという値を使って設定しています。Chartにあるメソッドで操作できるようになっています。

▼チャートの種類

```
変数 =《Chart》.getChartType()
《Chart》.setChartType(《ChartType》)
```

setChartTypeで別のChartTypeに変更すれば、グラフの種類を変更することもできます。ただし、グラフによってはデータが正しく表示できない場合もある点は頭に入れておきましょう。例えばサンプルのデータの場合、円グラフにすると前期と後期のどちらかしか表示できません。どのようなデータをグラフ化するかを考えた上で変更するようにしましょう。

折れ線グラフに変更する

グラフの種類を変更してみましょう。サンプルで作成したグラフを折れ線グラフに変更するマクロを作ります。

▼リスト5-8

```
function main(workbook: ExcelScript.Workbook) {
  const sheet = workbook.getActiveWorksheet()
  const chart = sheet.getCharts()[0]
  chart.setChartType(ExcelScript.ChartType.lineMarkersStacked)
}
```

実行すると、ワークシートのグラフが折れ線グラフに変わります。Chartオブジェクトを取得し、setChartTypeでlineMarkersStackedに設定変更をしているだけで、グラフの表示が瞬時に変わります。ChartTypeに用意されているグラフの種類は非常に多いので、ここで1つ1つ紹介するのは省きます。さまざまなグラフに変更してどのように表示されるか、それぞれで試してみてください。

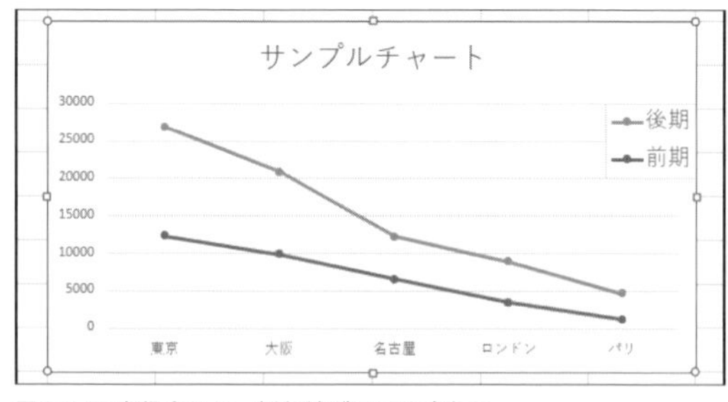

図5-11：実行すると、折れ線グラフに変わる。

グラフの軸方向

データを元にグラフを表示する際、「グラフの軸方向」についても考える必要があります。サンプルのデータを考えてみましょう。

サンプルでは支店名ごとに前期後期のデータが用意されていました。これをグラフ化し、各支店ごとの売上を視覚化しました。

しかし視覚化の際、「前期と後期でグラフ化する」というやり方も当然考えられます。つまり、「行ごとにグラフ化するか、列ごとにグラフ化するか」の違いです。

この設定は、ChartPlotByという値として用意されています。これは以下のメソッドで操作することができます。

▼グラフの軸方向を扱う

```
変数 =《Chart》.getPlotBy()
《Chart》.setPlotBy(《ChartPlotBy》)
```

ChartPlotByの値

columns	各列の値をグラフにする。
rows	各行の値をグラフにする。

setPlotByで軸の方向を変更すれば、支店ごとのグラフを前期後期のグラフに変換できます。やってみましょう。

前期後期のグラフにする

マクロを以下のように書き換えてください。今回はグラフを積み上げ横棒グラフに戻し、前期と後期をまとめてグラフに表示させます。

▼リスト5-9

```
function main(workbook: ExcelScript.Workbook) {
  const sheet = workbook.getActiveWorksheet()
  const chart = sheet.getCharts()[0]
  chart.setChartType(ExcelScript.ChartType.barStacked)
  chart.setPlotBy(ExcelScript.ChartPlotBy.rows)
  chart.getLegend().setOverlay(false)
}
```

setPlotBy(ExcelScript.ChartPlotBy.rows)で各行の値をまとめてグラフにするように変更しました。また、グラフが凡例と重なって見づらくなるのでオーバーレイをOFFにしてあります。

マクロでグラフを操作できると、このように必要に応じてグラフの表示をガラリと変えてしまうことも簡単にできるようになります。

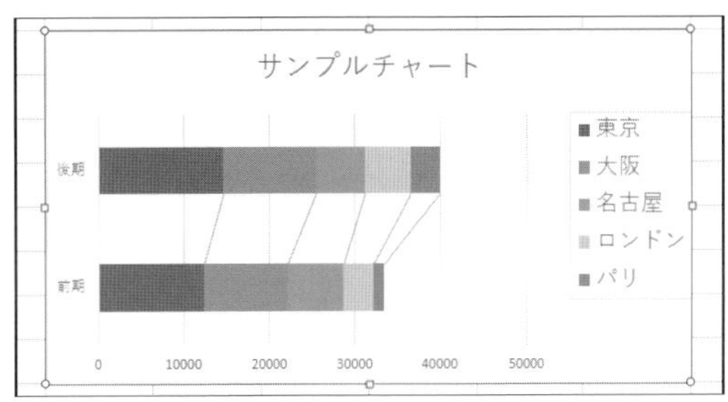

図5-12：グラフの軸方向を変更する。

グラフの軸とChartAxes

グラフはグラフの「軸」の部分と、実際にグラフが描かれるエリアがそれぞれ別に管理されています。まずは「軸」から見ていきましょう。

グラフの軸は「getAxes」というメソッドで取り出します。

```
変数 =《Chart》.getAxes()
```

これで得られるのは「ChartAxes」というオブジェクトで、グラフにあるすべての軸をまとめて管理するものです。ここから実際に設定を行いたい各軸のオブジェクトを取得します。

▼グラフの項目軸を得る

```
変数 =《ChartAxes》.getCategoryAxis()
```

▼グラフの数値軸を得る

```
変数 =《ChartAxes》.getValueAxis(),
```

▼3Dグラフの系列軸を得る

```
変数 =《ChartAxes》.getSeriesAxis()
```

▼種類とグループで識別された軸を得る

```
変数 =《ChartAxes》.getChartAxis(《ChartAxisType》)
```

ChartAxisTypeの値

category	各項目の軸
invalid	無効
series	データ系列の軸
value	数値の軸

これらのメソッドで得られるのは「ChartAxis」オブジェクトです。ChartAxesと似ているので間違えないように！　ChartAxesは複数形で、このChartAxisは単数形です。

一般的なグラフでは各項目が表示される軸と、数値の軸が表示されるでしょう。数値の軸はgetChartAxisで取得することができます。

では、各項目の軸は？　これはgetChartAxisで取り出します。

```
《ChartAxes》.getChartAxis(ExcelScript.ChartAxisType.category)
```

このように、引数にChartAxisType列挙体のcategoryを指定することで、各項目の表示されている軸を得ることができます。

軸のフォーマット

ChartAxisには軸に関する多数のメソッドが用意されています。中でも重要なのが、書式を扱うための「getFormat」でしょう。すでにさまざまなオブジェクトで何度も登場しましたね。

ChartAxisの場合、得られるのは「ChartAxisFormat」というオブジェクトです。この中には、おなじみの3メソッドが用意されています。

getFont	ChartFontオブジェクトを得る。
getLine	ChartLineFormatオブジェクトを得る。
getFill	ChartFillオブジェクトを得る。

getFontとgetFillはこれまで登場した同名メソッドとほぼ働きは同じですが、「getLine」というのは初めて目にしますね。これは軸の線に関する「ChartLineFormat」というオブジェクトを得るものです。このオブジェクトから、さらに軸線に関するメソッドを呼び出します。これには以下のようなものが用意されています。

▼線のカラー

```
変数 =《ChartLineFormat》.getColor()
《ChartLineFormat》.setColor( テキスト )
```

▼線の太さ

```
変数 =《ChartLineFormat》.getWeight()
《ChartLineFormat》.setWeight( 数値 )
```

▼線のスタイル

```
変数 =《ChartLineFormat》.getLineStyle()
《ChartLineFormat》.setLineStyle(《ChartLineStyle》)
```

ChartLineStyleの値

automatic	自動設定
continuous	直線(連続線)
dash	破線
dashDot	一点破線
dashDotDot	二点破線
dot	点線
grey25	グレー25%
grey50	グレー50%
grey75	グレー75%
none	なし
roundDot	円形の点線

ChartLineStyleは列挙体の値です。ChartAxisFormatから得られるオブジェクトからこれらのメソッドを呼び出すことで、軸線の表示書式を設定できるようになります。

縦横の軸の表示を設定する

では、実際に軸の表示を操作してみましょう。ここでは縦の軸線を青、横の軸線を赤にし、フォントサイズなどを調整してみます。

▼リスト5-10

```
function main(workbook: ExcelScript.Workbook) {
  const sheet = workbook.getActiveWorksheet()
  const chart = sheet.getCharts()[0]
  const axes = chart.getAxes()
  const fmt1 = axes.getChartAxis(
      ExcelScript.ChartAxisType.category).getFormat()
  fmt1.getFont().setSize(14)
  fmt1.getFont().setBold(true)
  fmt1.getFont().setColor('blue')
  fmt1.getLine().setColor('blue')
  fmt1.getLine().setLineStyle(
      ExcelScript.ChartLineStyle.continuous)
  fmt1.getLine().setWeight(1)
  const fmt2 = axes.getValueAxis().getFormat()
  fmt2.getFont().setSize(14)
  fmt2.getFont().setBold(true)
  fmt2.getFont().setColor('red')
  fmt2.getLine().setColor('red')
  fmt2.getLine().setWeight(1)
  fmt2.getLine().setLineStyle(
      ExcelScript.ChartLineStyle.continuous)
}
```

実行すると、グラフの縦横の軸線の色・太さ・テキストのフォントサイズとボールド表示といったものが設定されます。

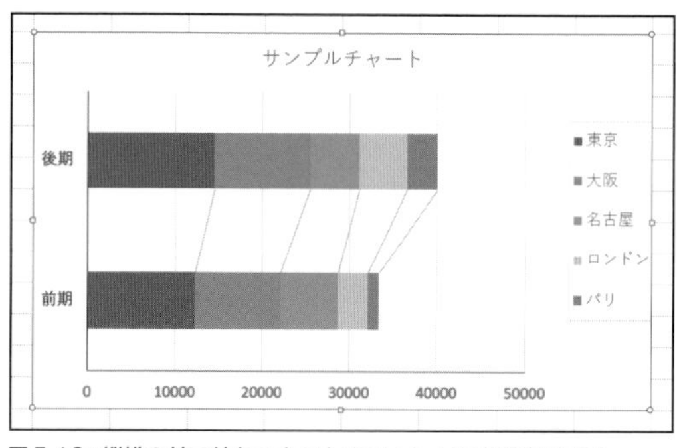

図5-13：縦横の軸の線とテキストのフォント設定を変更する。

ここではChartからgetAxesでChartAxesを取得した後、以下のようにして縦横軸のChartAxisを取り出しています。

▼各項目の軸

```
const fmt1 = axes.getChartAxis(ExcelScript.ChartAxisType.category).getFormat()
```

▼数値の軸

```
const fmt2 = axes.getValueAxis().getFormat()
```

こうしてChartAxisが得られれば、後はそこから必要なオブジェクトを取得しメソッドを呼び出していくだけです。ここではgetLineとgetFontでChartLineFormat/ChartFontを取り出し、そこからさらにメソッドを呼び出しています。細々とオブジェクトが用意されているので面倒ではありますが、難しくはありません。

軸の目盛り設定

軸の表示について考えるとき、重要となる要素に「目盛り」があります。この目盛りの表示はChatAxisにあるメソッドを使って設定を行えます。

▼主目盛りの設定

```
《ChartAxis》.setMajorUnit( 数値 )
《ChartAxis》.setMajorTickMark(《ChartAxisTickMark》)
```

▼補助目盛りの設定

```
《ChartAxis》.setMinorUnit( 数値 )
《ChartAxis》.setMinorTickMark(《ChartAxisTickMark》)
```

ChartAxisTickMarkの値

cross	十字
inside	内側に目盛り
none	なし
outside	外側に目盛り

目盛りは「主目盛り」となる大きな目盛りと、その間に表示される「補助目盛り」の組み合わせになっています。これらはsetMajorUnit/setMinorUnitでいくつおきに目盛りを表示するかを指定します。そして、setMajorTickMark/setMinorTickMarkで目盛りとして表示するマークの種類を指定します。

デフォルトでは、数値の目盛りは主目盛りだけで補助目盛りは表示されていません。また各項目を表示する軸でも主目盛りは「各項目の区切り」として表示させることが可能です。

軸の目盛りを設定する

目盛りを調整してみましょう。数値の軸に補助目盛りを表示させ、また項目の軸にも各項目感に目盛りを追加してみます。

▼リスト5-11

```
function main(workbook: ExcelScript.Workbook) {
  const sheet = workbook.getActiveWorksheet()
  const chart = sheet.getCharts()[0]
  const ax1 = chart.getAxes().getValueAxis()
  ax1.setMajorTickMark(
      ExcelScript.ChartAxisTickMark.cross)
  ax1.setMajorUnit(10000)
  ax1.setMinorTickMark(
      ExcelScript.ChartAxisTickMark.outside)
  ax1.setMinorUnit(2000)
```

```
  const ax2 = chart.getAxes().getChartAxis(
      ExcelScript.ChartAxisType.category)
  ax2.setMajorTickMark(
      ExcelScript.ChartAxisTickMark.cross)
  ax2.setMajorUnit(1)
}
```

ずいぶんと細かく表示がされるようになりました。ここでは数値の軸の主目盛りを10000ごとに表示し、その間に2000ごとに補助目盛りを表示させています。

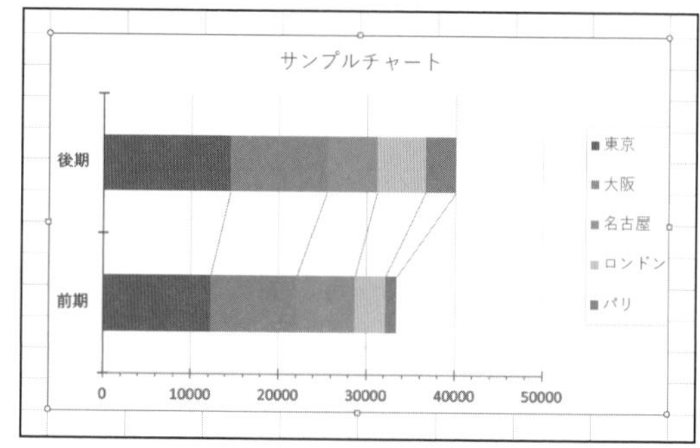

図5-14：縦横の軸に目盛りを追加する。

ここではgetValueAxisで数値のChartAxisを取得し、その主目盛りと補助目盛りの設定を行っています。さらにgetChartAxisでcategoryのChartAxisを取得し、その主目盛りを表示させています。項目が表示される軸にも主目盛りは表示できるのですね。

C O L U M N

項目軸のsetMajorUnitは「1」

ここではcategoryのChartAxisで主目盛りを設定していますが、このとき注意したいのは目盛りの間隔です。setMajorUnit(1)というように、1を設定しておきましょう。各項目の軸では、それぞれの項目が1，2，3……という値として軸上に表示されています（実際には数値は表示されませんが）。ですから間隔を「1」にすると、各項目ごとに主目盛りを表示させることができます。

グラフのプロットエリア

グラフが表示されている部分（プロットエリア）は、Chartの「getPlotArea」というメソッドで得ることができます。「ChartPlotArea」というオブジェクトとして用意されています。このオブジェクト内のメソッドを呼び出すことで、プロットエリアの設定を扱えます。

ChartPlotAreaに用意されているのは、基本的に「プロットエリアの位置と大きさ」に関するものが中心です。

▼プロットエリアの横幅

```
変数 =《ChartArea》.getWidth()
《ChartArea》.setWidth( 数値 )
```

▼プロットエリアの高さ

```
変数 =《ChartArea》.getHeight()
《ChartArea》.setHeight( 数値 )
```

▼プロットエリアの内部の横幅

```
変数 =《ChartArea》.getInsideWidth()
《ChartArea》.setWidth( 数値 )
```

▼プロットエリアの内部の高さ

```
変数 =《ChartArea》.getInsideHeight()
《ChartArea》.setHeight( 数値 )
```

▼プロットエリアの左からの位置

```
変数 =《ChartArea》.getLeft()
《ChartArea》.setLeft( 数値 )
```

▼プロットエリアの上からの位置

```
変数 =《ChartArea》.getTop()
《ChartArea》.setTop( 数値 )
```

▼プロットエリア内部の左からの位置

```
変数 =《ChartArea》.getInsideLeft()
《ChartArea》.setInsideLeft( 数値 )
```

▼プロットエリア内部の上からの位置

```
変数 =《ChartArea》.getInsideTop()
《ChartArea》.setInsideTop( 数値 )
```

見てわかるのは、プロットエリアには「全体のエリア」と「内部エリア」がある、という点です。グラフではグラフを描く領域（プロットエリア）が設定され、その中に指定された領域（内部エリア）内にグラフが描画されます。

プロットエリアを調整する

プロットエリアを操作するマクロの例を挙げましょう。ここでは横幅を狭くして、グラフの両側にスペースが表示されるようにしてみます。

▼リスト5-12

```
function main(workbook: ExcelScript.Workbook) {
  const sheet = workbook.getActiveWorksheet()
  const chart = sheet.getCharts()[0]
  const w = chart.getWidth()
  const area = chart.getPlotArea()
  area.setWidth(w - 200)
  area.setInsideWidth(w - 250)
  area.setLeft(25)
}
```

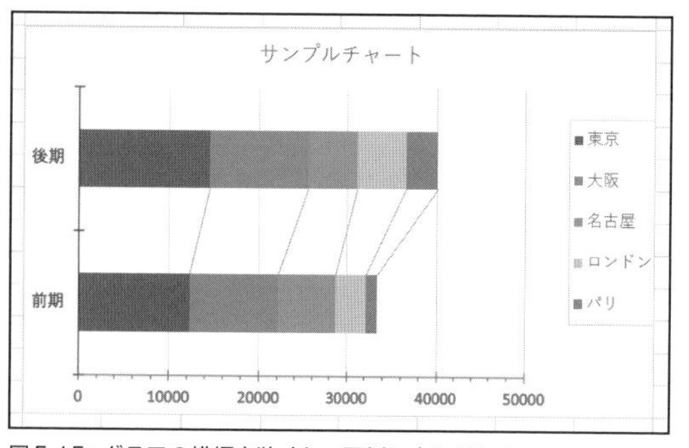

→

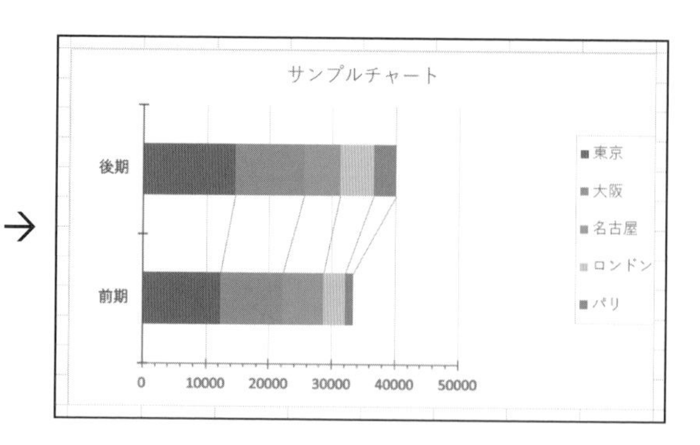

図5-15：グラフの横幅を狭くし、両側に空間があくようにする。

これを実行すると、グラフの横幅を狭くし、両側にスペースがあくようにします。ここでは、ChartのgetWidthでグラフの横幅を取得し、それを元にgetPlotAreaで取得したChartPlotAreaのsetWidthとsetInsideWidthを設定しています。またsetLeftで図を少し右にずらし、左側にもスペースがあくようにしています。

このように、プロットエリアの調整は「大きさを少し小さくして配置を調整する」というような使い方をします。大きくすることもできますが、そうするとグラフが表示しきれなくなるでしょう。

グラフのデータ系列とChartSeries

グラフに表示されるデータは、グラフの種類によって変化します。例えば棒グラフでは、データは棒の形で表示されますし、折れ線グラフの場合はマーカーとして表示されます。円グラフなら扇形の図形になっていますね。

グラフではデータの系列ごとに図形の形でデータが表示されます。このデータ系列は1つのグラフに複数表示される場合もあります。例えばサンプルに用意したデータの場合、各支店ごとの売り上げをまとめた場合には「前期」「後期という2つのデータ系列が表示されることになります。また「前期」「後期」というように各期間ごとにグラフにした場合は、各支店ごとのデータ系列が表示されることになります。

この「データ系列」と「表示される図形」に関する設定を扱うのが「ChartSeries」というオブジェクトです。Chartから以下のようにして取得します。

```
変数 =《Chart》.getSeries()
```

これで各データ系列ごとのChartSeriesの配列が得られます。ここから順にChartSeriesを取得し、その中のメソッドを呼び出して表示される図形に関する設定などを行えます。用意されているメソッドは非常に膨大な数にのぼるため、主なものだけ挙げておくことにします。

▼フォーマットの取得

```
変数 =《ChartSeries》.getFormat()
```

▼データ系列の名前

```
変数 =《ChartSeries》.getName()
《ChartSeries》.setName( テキスト )
```

▼各項目の間隔

```
変数 =《ChartSeries》.getGapWidth()
《ChartSeries》.setGapWidth( 数値 )
```

▼データラベルの表示

```
変数 =《ChartSeries》.getHasDataLabels()
《ChartSeries》.setHasDataLabels( 真偽値 )
```

▼オーバーラップ(他の系列との重なり)表示

```
変数 =《ChartSeries》.getOverlap()
《ChartSeries》.setOverlap( 数値 )
```

▼グラフの種類

```
変数 =《ChartSeries》.getChartType()
《ChartSeries》.setChartType(《ChartType》)
```

▼データのRange

```
《ChartSeries》.setVaues(《Range》)
```

この他にも特定のグラフ用のメソッドなどが多数用意されており、すべてをマスターするのはかなり大変でしょう。とりあえずgetFormatで書式の設定を行うあたりから使い方を覚えておくとよいでしょう。

ChartSeriesFormatについて

getFormatで得られるのは「ChartSeriesFormat」というオブジェクトです。以下の2つのメソッドが用意されています。

```
《ChartSeriesFormat》.getFill()
《ChartSeriesFormat》.getLine()
```

これで「ChartFill」「ChartLineFormat」といったオブジェクトが得られます。すでに登場し使ったことがありますね。各系列データにより表示される図形の線と塗りつぶしの設定が行えます。まずはこのあたりから利用してみるとよいでしょう。そして、少しずつ他のメソッド類も使えるようにしていきましょう。

ChartSeriesを操作する

ChartSeriesを操作するサンプルを挙げておきましょう。グラフの太さ、各データ系列のグラフの色などを変更してみます。

▼リスト5-13

```
function main(workbook: ExcelScript.Workbook) {
  const sheet = workbook.getActiveWorksheet()
  const chart = sheet.getCharts()[0]
  const srs = chart.getSeries()
  const colors = ['600000','A00000',
      'cc0000','ff0000','ff6060','ffa0a0']
  let n = 0
  srs.forEach((val)=> {
```

```
    val.setGapWidth(10)
    val.setHasDataLabels(true)
    const fmt = val.getFormat()
    fmt.getFill().setSolidColor(colors[n++])
  })
}
```

実行すると「前期」「後期」の棒グラフの幅が広くなり、各データ系列の色が暗い赤から明るい赤へと変化して表示されるようになります。各データ部分には値がラベルとして表示されます。

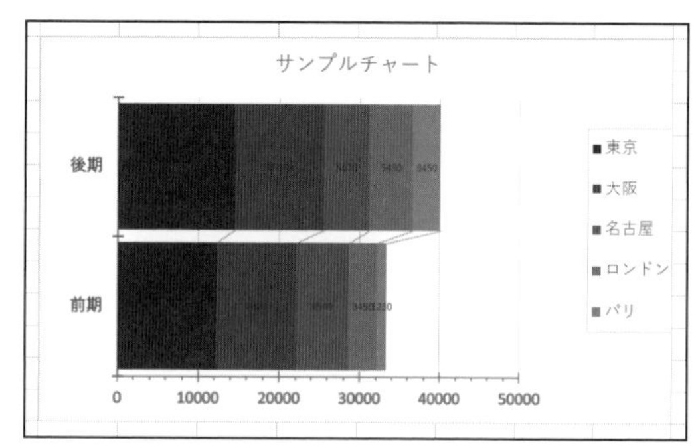

図5-16：グラフの幅が太くなり、各データ系列の色が変更される。

ここではgetSeriesでChartSeries配列を取得した後、以下のようにして繰り返し処理をしています。

```
srs.forEach((val)=> {
  ……val を使って処理……
})
```

「forEach」は配列の内容を順に処理するためのメソッドです。引数にアロー関数を用意すると、配列内の値を1つずつ関数の引数に渡して呼び出していきます。関数内では渡された引数を使って処理を行えばいいのです。

ここではsetGapWidthでグラフ間の間隔を10にし、setHasDataLabelsをtrueにしてデータの値を表示させています。またgetFormatでフォーマットを取り出し、setSolidColorで用意しておいた色データの配列から順に値を取り出し設定していきます。これで棒グラフの「棒」の部分の表示がガラリと変わります。ずいぶんと細かくカスタマイズできることがわかるでしょう。

データのラベル表示

サンプルではsetHasDataLabelsをtrueにしてデータの数値をグラフに表示させました。表示部分は「データラベル」と呼ばれ、これを扱うためのオブジェクトも用意されています。

データラベルは以下のようにして取り出します。

```
変数 =《ChartSeries》.getDataLabels()
```

これで「ChartDataLabels」というオブジェクトが返されます。これはグラフのデータラベルをまとめて管理するオブジェクトです。データラベルはCharSeriesのように1つ1つが分かれて配列になっているわけではありません。ChartDataLabelsという1つのオブジェクトで全データラベルを管理しています。このオブジェクトのメソッドを使ってデータラベルを操作します。

1つ1つのラベルに分かれていないということで想像がつくでしょうが、ChartDataLabelsによるデータラベル管理は「個々のラベルを操作する」ことではありません。データラベル全体の設定を操作するものです。したがって特定のラベルだけ表示を変更したい、というようなことはできません。

では、用意されている主なメソッドを挙げておきましょう。

▼フォーマットの取得

```
変数 =《ChartDataLabels》.getFormat()
```

▼値の表示

```
変数 =《ChartSeries》.getShowValue()
《ChartSeries》.setShowValue( 真偽値 )
```

▼カテゴリ名の表示

```
変数 =《ChartSeries》.getShowCategoryName()
《ChartSeries》.setShowCategoryName( 真偽値 )
```

▼系列名の表示

```
変数 =《ChartSeries》.getShowSeriesName()
《ChartSeries》.setShowSeriesName( 真偽値 )
```

▼凡例キーの表示

```
変数 =《ChartSeries》.getShowLegendKey()
《ChartSeries》.setShowLegendKey( 真偽値 )
```

▼パーセンテージの表示

```
変数 =《ChartSeries》.getShowPercentage()
《ChartSeries》.setShowPercentage( 真偽値 )
```

▼水平方向の位置揃え

```
変数 =《ChartSeries》.getHorizontalAlignment()
《ChartSeries》.setHorizontalAlignment(《ChartTextHorizontalAlignment》)
```

▼垂直方向の位置揃え

```
変数 =《ChartSeries》.getVerticallAlignment()
《ChartSeries》.setVerticalAlignment(《ChartTextVerticalAlignment》)
```

▼テキストの向き(垂直方向の位置揃え)

```
変数 =《ChartSeries》.getTextOrientation()
《ChartSeries》.setTextOrientation( 数値 )
```

▼数値フォーマットのリンク

```
変数 =《ChartSeries》.getShowValue()
《ChartSeries》.setShowValue( 真偽値 )
```

▼ラベルの配置

```
変数 =《ChartSeries》.getPosition()
《ChartSeries》.setPosition(ChartDataLabelPosition》)
```

▼ChartDataLabelPositionの値

```
bestFit, bottom, callout, center, insideBase, insideEnd, invalid, left, none,
outsideEnd, right, top
```

「Show ～」という名前のメソッドはラベルに表示する内容をON/OFFするためのものです。また、位置揃えや配置などはすでに同様のものが何度も登場しましたね。ちょっとわかりにくいのは「数値フォーマットのリンク」でしょう。これはラベルの数値フォーマットと、元データのセルに設定されている数値フォーマットをリンクし同じ形式で表示するための設定です。

ChartDataLabelFormatについて

とりあえずはgetFormatでフォーマットを取得し書式を設定するところから始めるとよいでしょう。これで得られるのは「ChartDataLabelFormat」というオブジェクトです。以下のメソッドを持っています。

```
《ChartDataLabelFormat》.getBorder()
《ChartDataLabelFormat》.getFill()
《ChartDataLabelFormat》.getFont()
```

これらで得られるのはChartBorder、ChartFill、ChartFontといったオブジェクトです。これらはすでに使ったことのあるものですから、だいたい利用できるようになるでしょう。

データラベルを設定する

サンプルを挙げておきましょう。データラベルをわかりやすいように表示させます。

▼リスト5-14

```
function main(workbook: ExcelScript.Workbook) {
  const sheet = workbook.getActiveWorksheet()
  const chart = sheet.getCharts()[0]
  const labels = chart.getDataLabels()
  labels.setShowValue(true)
  const fmt = labels.getFormat()
  fmt.getFont().setSize(14)
  fmt.getFont().setBold(true)
  fmt.getFont().setColor('white')
  fmt.getFill().setSolidColor('606090')
}
```

濃いグレーの背景に白地でデータの値を表示させています。フォントサイズを少し大きくしボールドに設定しているので、だいぶ見やすくなるでしょう。

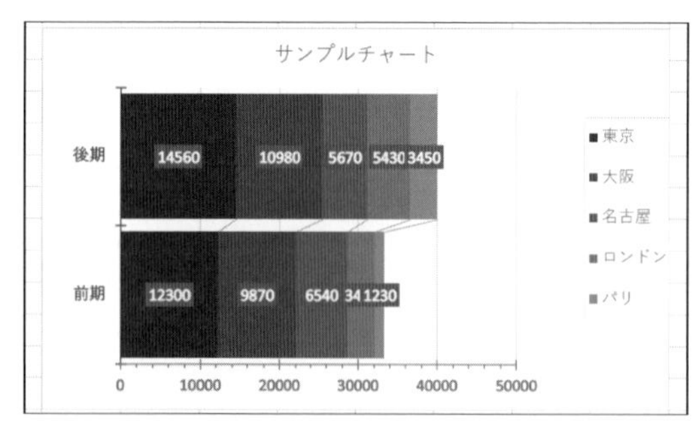

図5-17：データラベルを表示する。

ここではgetDataLabelsでChartDataLabelを取得したらsetShowValueで値の表示をONにし、後はフォーマットからフォントサイズ、ボールド、カラー、背景色といったものを設定しています。これらはすでに何度も使ったものですから、改めて説明する必要もないでしょう。

グラフ自動化の必要性とは

以上、グラフの基本的な部品類の操作について一通り説明をしました。グラフはかなり複雑なオブジェクトであるため、細々としたオブジェクトとメソッドの説明が続きました。「何だか難しそうな割に使うことはなさそうだな」と思った人も多かったかもしれません。

実際、マクロを使ってグラフを生成することというのはあまり多くないでしょう。しかし、定期的に繰り返し作業しなければならない業務で「データからグラフを生成し利用する」というようなことが必要になることは意外と多いように思えます。

そのようなとき、たとえ面倒でも「データを元に、あらかじめ考えた形のグラフを自動生成する」というマクロを作っておけば、この先、定型業務のたびに「グラフを作って細々と設定をして……」という作業から開放されます。マクロは「作るのが大変だからいらない」と考えるべきではありません。「これから先、そのマクロによってどれだけ作業が軽減されるか」を重視して考えるべきです。

何度となく繰り返さなければならない、ちょっとだけ面倒な作業。それを「マクロ実行」だけですべて行えるようになるなら、たとえ面倒で時間がかかってもマクロを作成しよう、という気になるのではありませんか？　そのほうが最終的に遥かに時間と労力の節約になることはわかっているのですから。

Chapter 5

5.3. 図形の利用

シェイプとShape

ワークシートに配置されるビジュアルな部品はグラフだけではありません。Excelではワークシート上にさまざまな図形やイメージなどを配置することができます。こうしたものもOffice Scriptで扱うことができます。

まずは図形からです。Office Scriptでは「Shape」というオブジェクトとして用意されています。ワークシートであるWorksheetのメソッドで追加することができます。

```
変数 =《Worksheet》.addShape(《GeometricShapeType》)
```

addShapeは図形であるShapeオブジェクトをワークシートに追加し、そのオブジェクトを戻り値として返します。返されたオブジェクトを変数などに保管しておき、それを操作していくわけです。

引数に指定する「GeometricShapeType」というのは図形の種類を示す列挙体です。すべての図形の種類が値として用意されており、その数はかなりなものになります。詳しく説明していくわけにはいかないので、主な図形の種類だけピックアップして使うことにしましょう。

主な図形のGeometricShapeType値

rectangle	四角形
ellipse	楕円
star5	星
arc	円弧
blockArc	扇形
leftArrow	左向きの矢印
rightArrow	右向きの矢印
upArrow	上向きの矢印
donwArrow	下向きの矢印
cube	立方体

これらのGeometricShapeTypeを指定してShapeを作成します。作成されたShapeは位置も大きさもゼロの状態なので、作成後、必ず位置と大きさを設定します。

▼横位置の利用

```
変数 =《Shape》.getLeft()
《Shape》.setLeft( 数値 )
```

▼縦位置の利用

```
変数 =《Shape》.getTop()
《Shape》.setTop( 数値 )
```

▼横幅の利用

```
変数 =《Shape》.getWidth()
《Shape》.setWidth( 数値 )
```

▼高さの利用

```
変数 =《Shape》.getHeight()
《Shape》.setHeight( 数値 )
```

これらのメソッドを使って、作成した図形を指定の場所に表示できるようになります。とりあえず、ここまでできれば図形の作成は行えます。

四角形と円形を作る

利用例を挙げておきましょう。四角形と円形の図形を作成するマクロを作ってみます。

▼リスト5-15

```
function main(workbook: ExcelScript.Workbook) {
  const sheet = workbook.getActiveWorksheet()
  const rect = sheet.addGeometricShape(
      ExcelScript.GeometricShapeType.rectangle)
  rect.setTop(50)
  rect.setLeft(50)
  rect.setWidth(100)
  rect.setHeight(100)

  const oval = sheet.addGeometricShape(
      ExcelScript.GeometricShapeType.ellipse)
  oval.setTop(150)
  oval.setLeft(150)
  oval.setWidth(100)
  oval.setHeight(100)
}
```

実行すると、四角形と円形の図形が作成されます。addGeometricShapeを使い、rectangleとellipseのGeometricShapeTypeを指定して図形を作成しています。作成後、位置と大きさをそれぞれ設定します。図形の形などに関係なく図形が作成できるのがわかります。

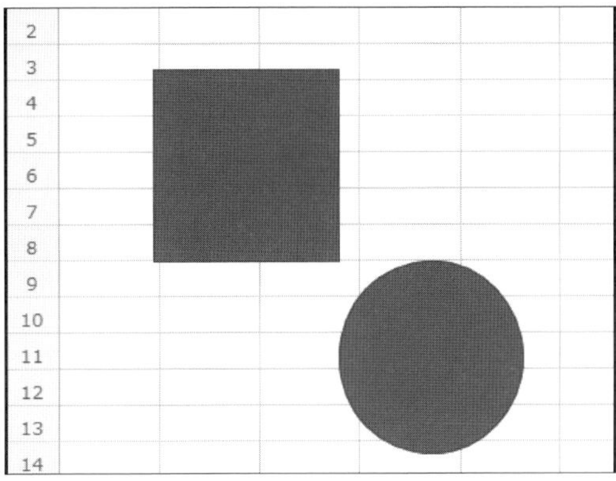

図5-18：四角形と円形の図形が作成される。

セルにピッタリと合わせて図形を作る

図形は基本的にセルとは無関係に位置や大きさを設定できます。ではグラフのように、選択したセルの範囲にピッタリと収まるような形で図形を作ることはできないのでしょうか？

Shapeに用意されている位置や大きさのメソッドはすべて数値を引数にしています。"A1"のようなセルのアドレスやRangeなどを引数にして設定することはできません。したがって、アドレスやRangeを使って図形の位置・大きさを指定することはできないのです。

ただし！　実を言えばセルを扱うRangeオブジェクトには、そのRangeの位置や大きさを得るためのメソッドが用意されています。ですからこれらを利用してRangeの位置と大きさを取得し、それに合わせて図形を設定すれば、セルにピッタリと合わせる形で図形を作ることは可能です。

選択したRangeに図形を配置する

簡単な例を挙げておきましょう。Rangeを選択して実行すると、その選択された領域にピッタリと合うように図形を作るマクロを考えてみます。

▼リスト5-16

```
function main(workbook: ExcelScript.Workbook) {
  const sheet = workbook.getActiveWorksheet()
  const range = workbook.getSelectedRange()
  const x = range.getLeft()
  const y = range.getTop()
  const w = range.getWidth()
  const h = range.getHeight()
  const oval = sheet.addGeometricShape(ExcelScript.GeometricShapeType.ellipse)
  oval.setLeft(x)
  oval.setTop(y)
  oval.setWidth(w)
  oval.setHeight(h)
}
```

選択されているRangeを取得し、その位置と大きさを変数に取り出しています。

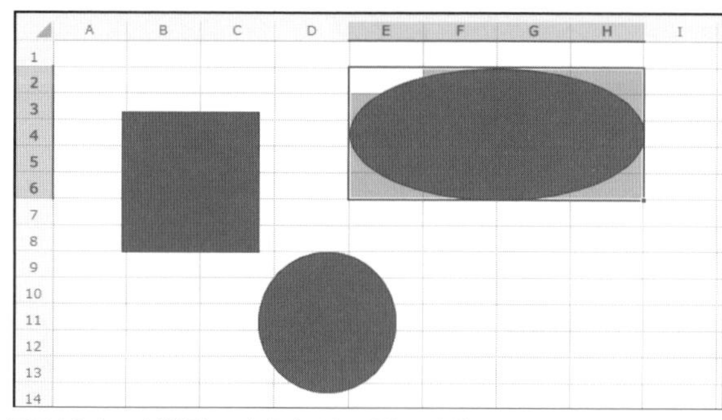

図5-19：セルを選択して実行すると、選択した範囲にピッタリと重なるように図形が作られる。

```
const range = workbook.getSelectedRange()
const x = range.getLeft()
const y = range.getTop()
const w = range.getWidth()
const h = range.getHeight()
```

これでRangeの位置と大きさがわかりました。後はShapeを作成したら、取得した値を使ってShapeの位置と大きさを設定するだけです。

すべての図形を操作する

すでにワークシート上に配置されている図形（Shape）を操作するには、シートからShapeを取得するメソッドを使ってオブジェクトを取り出して操作すればいいでしょう。以下のようなメソッドを使います。

▼キーを指定して取得

```
変数 =《Worksheet》.getSape( テキスト )
```

▼全Shapeを配列で取得

```
変数 =《Worksheet》.getShapes()
```

「getShape」は、その図形に割り振られる名前（「キー」と呼ばれます）を指定してShapeを取得します。名前（キー）は図形を選択すると、数式バーのところに表示されるものです。

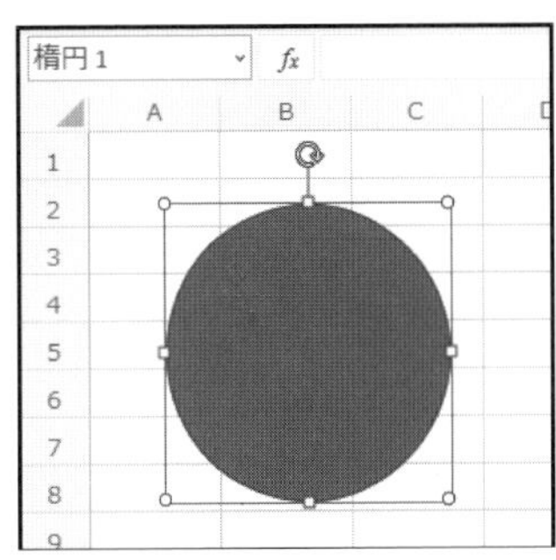

図5-20：図形を選択すると、ツールバー左端にキーが表示される。

もう1つの「getShaps」は、ワークシートに配置されているすべてのShapeをまとめて取り出すものです。配列として戻り値が得られるので、後はここから必要なShapeを取り出し処理すればいいでしょう。

すべてのシェイプを整列する

では、すでに配置されている図形の操作を行ってみましょう。以下のようにマクロを書き換えて実行してください。

▼リスト5-17

```
function main(workbook: ExcelScript.Workbook) {
  const sheet = workbook.getActiveWorksheet()
  const shapes = sheet.getShapes()
  let count = 0
  let num = 50
  shapes.forEach((val)=>{
    val.setLeft(num * count)
    val.setTop(num)
    val.setWidth(num)
    val.setHeight(num)
    count++
  })
}
```

実行すると、開いているワークシート内にある図形を50×50の大きさで左上に横一列に並べます。

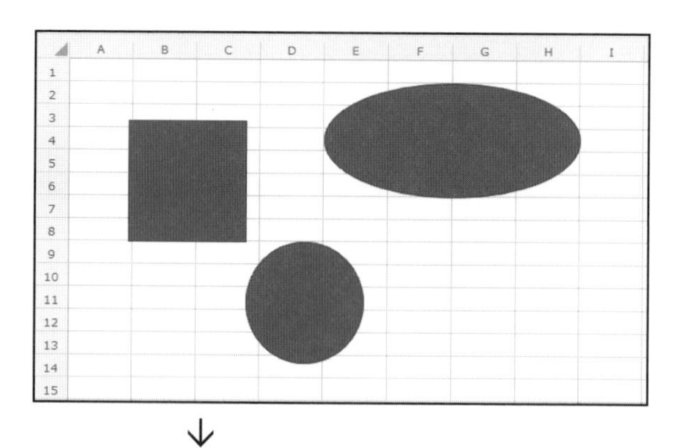

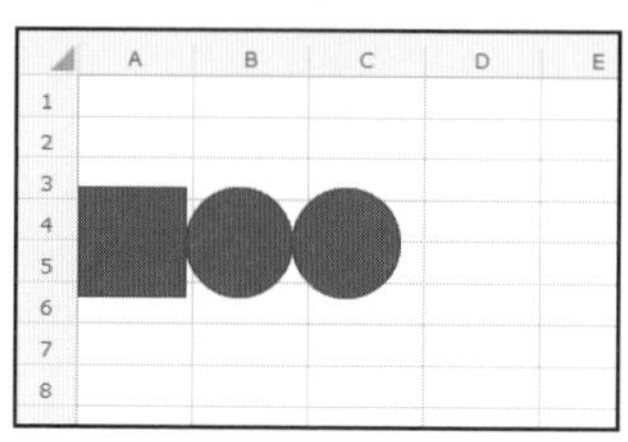

図5-21：実行すると、シート上の図形が50×50のサイズで整列する。

ここでは以下のようにしてワークシート内の全図形を取得しています。

```
const shapes = sheet.getShapes()
```

後はshapes.forEach((val)=>{……})というようにして全Shapeを処理しています。このforEachはすでに使いました。配列の要素1つ1つに対して引数の関数を実行するものでしたね。引数に用意したアロー関数のvalに配列内のShapeが順に渡されるので、これを使って位置と大きさを設定しています。

図形の塗りつぶし

図形には「塗りつぶし」と「線分」に関する設定情報が用意されています。まずは、「塗りつぶし」についてです。

塗りつぶしはShapeから「ShapeFill」というオブジェクトを取得して利用します。以下のように取り出します。

```
変数 =《Shape》.getFill()
```

ShapeFillからメソッドを呼び出して塗りつぶしの設定を行います。主なメソッドとしては以下のようなものがあります。

▼前景色の利用

```
変数 =《ShapeFill》.getForegroundColor()
《ShapeFill》.setForegroundColor( テキスト )
```

▼塗りつぶし色の利用

```
変数 =《ShapeFill》.getSolidColor()
《ShapeFill》.setSolidColor( テキスト )
```

▼透過度の利用

```
変数 =《ShapeFill》.getTransparency()
《ShapeFill》.setTransparency( 数値 )
```

前景色はパターンが使われた図形などで利用されるもので、基本的な図形の塗りつぶしはSolidColorを使います。これと透過度の設定だけ覚えておけば十分でしょう。透過度は0～1.0の間の実数で設定します。

図形の色を変更する

利用例を挙げておきましょう。ワークシートにある図形の色を変更するマクロを挙げておきます。

▼リスト5-18

```
function main(workbook: ExcelScript.Workbook) {
  const sheet = workbook.getActiveWorksheet()
  const shapes = sheet.getShapes()
  let count = 0
  const c = ['aa0000','ff0000','ff9090'] //☆
  shapes.forEach((val) => {
    const fill = val.getFill()
    fill.setSolidColor(c[count++])
    fill.setTransparency(0.5)
    if (count == c.length) {
      count = 0
    }
  })
}
```

実行すると、ワークシートにあるすべての図形の色と透過度を変更します。色は定数c（☆の部分）にいくつかの値を用意しておき、それを繰り返し使うようにしています。

ここではgetShapesでワークシートのすべての図形を取り出し、forEachで処理を行っています。引数のvalから以下のように色と透過度を設定しています。

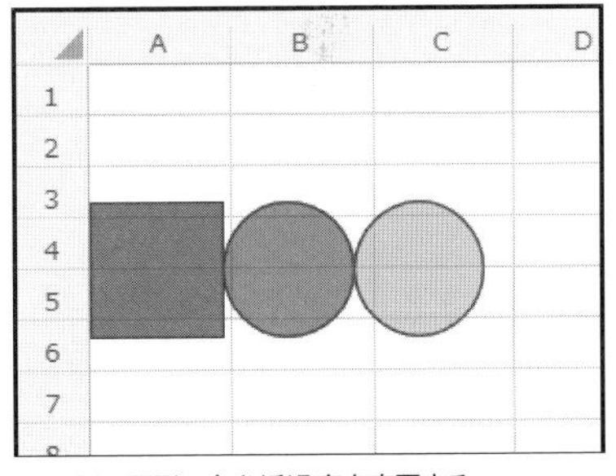

図5-22：図形の色と透過度を変更する。

```
const fill = val.getFill()
fill.setSolidColor(c[count++])
fill.setTransparency(0.5)
```

getFillで取得したShapeFillのsetSolidColorと、setTransparencyを呼び出して色と透過度を変更しているのがわかるでしょう。

16進カラーの設定

図形のカラーをいろいろと操作できるようになると、引っかかるのが「色の値」でしょう。Office Scriptでは Shapeの他にもさまざまなところで色を設定できますが、それらは基本的にすべて「16進数のテキスト」です。これはプログラムの中で値として利用するにはかなり使いにくいものです。

もしカラーの値が「RGBそれぞれ数値で設定する」というようになっていたなら、ずいぶんと色の扱いも便利になります。

これは、できないわけではありません。要するに、「数値を元に16進数のテキストを作成する」という機能を自分で作ればいいのです。そうすれば、数値を元に16進数の色の値を作成して使えるようになります。

では、実際の利用例を挙げておきましょう。

▼リスト5-19

```
function main(workbook: ExcelScript.Workbook) {
  const sheet = workbook.getActiveWorksheet()
  const shapes = sheet.getShapes()
  const n = shapes.length
  let count = 1
  shapes.forEach((val) => {
    const fill = val.getFill()
    const d = 255 / n * count
    const c = getRGB(0, d, d)
    fill.setSolidColor(c)
    fill.setTransparency(0.5)
    count++
  })
}

function getRGB(r:number, g:number, b:number):string {
  return convertTo16(r)
    + convertTo16(g)
    + convertTo16(b)
}

function convertTo16(n:number):string {
  let c = Math.floor(n).toString(16)
  return c.length == 1 ? '0' + c : c
}
```

ここではmain関数の他にgetRGB、convertTo16という2つの関数を用意してあります。これらはそれぞれ次表のような働きをします。

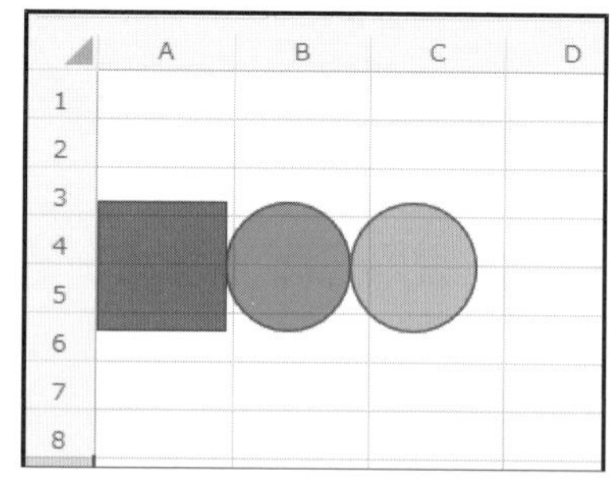

図5-23：図形の色を変化させながら設定する。

getRGB	引数にRGBの各値を数値で受け取ります。内部でconvertTo16関数を呼び出して各値の16進数テキストを取得し、それをつなげて6桁の16進数のテキストを作り変えしています。
convertTo16	引数に数値が渡されると、その16進数のテキストを作成し返します。これは、基本的に色の値である「2桁の16進数」を作ることを考えています。255以上だと正しい値が得られない場合があります。

数値の値であるnumberには「toString」というメソッドがあり、テキストに変換された値を取り出せるようになっています。これを呼び出す際にtoString(16)と引数を指定すると、16進数のテキストとして取り出すことができます。ただし、16未満の値（1桁の16進数）だと10の位にゼロが付かず1桁の16進数になってしまいます。そこでtoStringした値の長さが1のときは頭に'0'を付けています。これで常に2桁の16進数が得られるようになります。

Office ScriptはTypeScriptというプログラミング言語をベースに作られています。プログラミング言語ですから、機能がなければ自分で処理を書いて作ればいいのです。

線の設定

図形には内部の塗りつぶしの他に、輪郭などの「線」もあります。図形の線は「getLineFormat」というメソッドでフォーマットを取り出すことができます。

```
変数 =《Shape》.getLineFormat()
```

これで得られるのは「ShapeLineFormat」というオブジェクトです。ShapeLineFormatは、この中に線分を操作するメソッドが収められており、これらを呼び出して先の設定を行います。用意されている主なメソッドには以下のものがあります。

▼線のカラー

```
変数 =《ShapeLineFormat》.getColor()
《ShapeLineFormat》.setColor( テキスト )
```

▼線の太さ

```
変数 =《ShapeLineFormat》.getWeight()
《ShapeLineFormat》.setWeight( 数値 )
```

▼線の表示

```
変数 =《ShapeLineFormat》.getVisible()
《ShapeLineFormat》.setVisible( 真偽値 )
```

▼線の透過度

```
変数 =《ShapeLineFormat》.getTransparency()
《ShapeLineFormat》.setTransparency( 数値 )
```

▼線の種類

```
変数 =《ShapeLineFormat》.getStyle()
《ShapeLineFormat》.setStyle(《ShapeLineStyle》)
```

▼ShapeLineStyleの値

```
single, thickBetweenThin, thickThin, thinThick, thinThin
```

▼点線破線の種類

```
変数 =《ShapeLineFormat》.getDashStyle()
《ShapeLineFormat》.setDashStyle(《ShapeLineDashStyle》)
```

▼ShapeLineDashStyleの値

```
dash, dashDot, dashDotDot, longDash, longDashDot, longDashDotDot, roundDot, solid,
squareDot, systemDash, systemDashDot, systemDot
```

線は塗りつぶしよりも設定する項目が多く用意されています。先の太さや点線破線の設定等までありますから、意外と複雑です。

ただし、点線や破線を考えなければ、「色」「透過度」「太さ」の3つだけわかれば設定できるようになるでしょう。

図形の線を設定する

実際の利用例を挙げておきましょう。ワークシートの図形の線を変更するマクロを考えてみます。先ほど作成したgetRGB、convertTo16も必要になるので削除しないでください。

▼リスト5-20

```
function main(workbook: ExcelScript.Workbook) {
  const sheet = workbook.getActiveWorksheet()
  const shapes = sheet.getShapes()
  let count = 1
  shapes.forEach((val) => {
    const fmt = val.getLineFormat()
    fmt.setWeight(count)
    const n = 255 / shapes.length * count
    fmt.setColor(getRGB(0, 0, n))
    count++
  })
}

// getRGB, convertTo16 は省略。
```

実行すると図形の線の太さが少しずつ太くなり、色も黒から青へと少しずつ変化していきます。

これも、getShapesで取得した配列をforEachで処理しています。getLineFormatでShapeLineFormatを取得した後、setWeight, setColorで太さとカラーを変更しています。

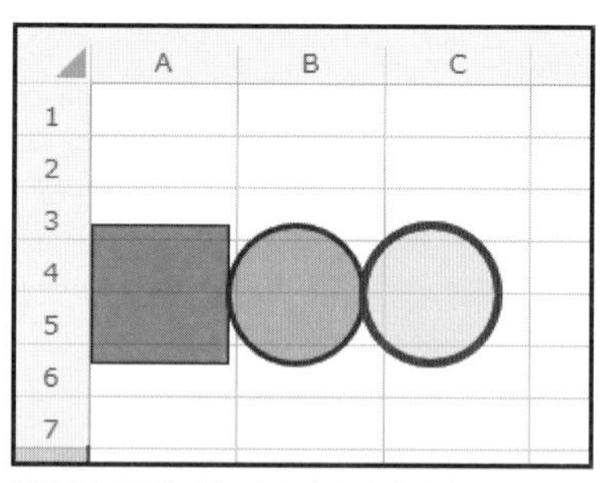

図5-24：図形の線の色と太さを変更する。

その他の図形の機能

図形の基本的な操作はこれでだいたいわかってきましたが、その他にも覚えておきたい機能がいくつかあります。ここで簡単にまとめておきましょう。

▼図形の回転

```
変数 =《Shape》.getRotation()
《Shape》.setRotation( 数値 )
```

図形の回転角度に関するものです。1回転＝360度として指定した数値で示されます。setRotationにより右回りで図形を回転できます。マイナスの数値を指定すると左回りで回転します。

▼図形の重なり順

```
変数 =《Shape》.getZOrderPosition()
《Shape》.setZOrder( 数値 )
```

図形の重なり順に関するものです。一番下にあるものがゼロとなり、1, 2, 3……と数値が増えていきます。値と取得と設定のメソッド名が異なっているので注意しましょう。重なり順を変更する場合はsetZOrderとなります。

▼位置と向きの調整

```
《Shape》.incrementLeft( 数値 )
《Shape》.incrementTop( 数値 )
《Shape》.incrementRotation( 数値 )
```

現在の位置と向きを加算減算するためのものです。引数に指定したポイント数だけ値を増減させます。例えばincrementRotation(10)とすれば、現在の角度より10度回転します。位置や向きを少しずつ変化させるような場合に利用されます。

直線の描画

これで図形の機能について一通り説明しました。しかし注意してほしいのは「図形はaddGeometricShapeだけで作成するわけではない」という点です。これ以外のメソッドで図形を作成する場合もます。それは「直線」です。

addGeometricShapeの説明のところで、主なGeometricShapeTypeの中に「直線」がないのを不思議に思った人もいたことでしょう。直線は、Worksheetの「addLine」というメソッドを使って作成するのです。

```
変数 =《Worksheet》.addLine( 横1, 縦1, 横2, 縦2,《ConnectorType》)
```

ConnectorTypeの値

curve	曲線
elbow	エルボー
straight	直線

addLineは5つの引数を持っています。4つは、直線の始点と終点の2つの点の位置を示します。最後のConnectorTypeは、線の接合の形状を指定します。通常の直線はstraightで、curveやelbowはフローチャートや組織図などで図形間を線でつなぐようなときに使われます。

このaddLineは直線を作成し、そのオブジェクトを返します。作成されるオブジェクトは、実は「Shape」なのです。直線も他の図形と同じShapeなのですが、作成するためのメソッドが異なっているのです。

同じShapeですから用意されている機能などはまったく同じです。直線の表示についてはgetLineFormatで得られるShapeLineFormatを使って変更することができます。

直線を作成する

では、実際の利用例を挙げておきましょう。繰り返しを使い、10本の直線を少しずつ太さと色を変えながら作ります。

▼リスト5-21

```
function main(workbook: ExcelScript.Workbook) {
  const sheet = workbook.getActiveWorksheet()
  for(let i = 1;i <= 10;i++) {
    const line = sheet.addLine(50 * i, 100, 50 * i + 100, 200,
        ExcelScript.ConnectorType.straight)
    const fmt = line.getLineFormat()
    fmt.setWeight(i)
    fmt.setColor(getRGB(0, 25 * i, 0))
  }
}

// getRGB, convertTo16 は省略。
```

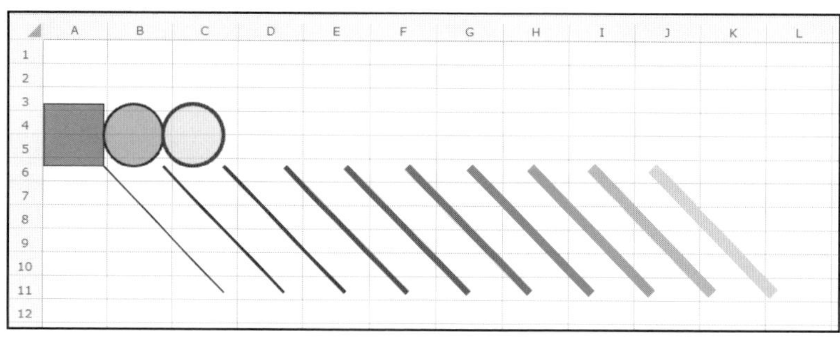

図5-25：10本の直線が作成される。

ここではforによる繰り返しを使い、addLineで直線を作成しています。作成後、getLineFormatでShapeLineFormatを取得し、setWeightとsetColorで太さと色を設定しています。すでにShapeLineFormatの使い方はわかっていますから、直線の書式変更も簡単に行えるでしょう。

Chapter 5

5.4.

テキスト表示と画像

テキストボックスの利用

この他に触れておくべきものとして、「テキストボックス」があります。テキストボックスは、Excelのリボンビューでは「テキストボックス」という部品として、図形とは別に用意されています。これを作成する場合も、メソッドは専用のものが用意されています。

```
変数 =《Worksheet》.addTextBox( 表示テキスト )
```

これで引数に指定したテキストを表示するテキストボックスが作成され、戻り値としてオブジェクトが返されます。

では、テキストボックスのオブジェクトとはどういうものでしょうか？　実を言えば、これはただの「Shape」です。テキストボックス専用のオブジェクトなどはありません。テキストボックスは、内部的にはただの図形なのです。

テキストボックスを作成する

実際にテキストボックスを作成するマクロを作ってみましょう。ここでは簡単なテキストを表示するテキストボックスを1つ作ってみます。

▼リスト5-22

```
function main(workbook: ExcelScript.Workbook) {
  const sheet = workbook.getActiveWorksheet()
  const box = sheet.addTextBox('This is sample text box.')
  box.setLeft(200)
  box.setTop(50)
  box.setWidth(200)
  box.setHeight(200)
  const lnfm = box.getLineFormat()
  lnfm.setWeight(2)
  lnfm.setColor('blue')
}
```

実行すると、ワークシートに200×200の大きさでテキストボックスが作成されます。addTextBoxを実行した後、位置と大きさを設定しています。そしてgetLineFormatでShapeLineFormatを取得し、線の太さと色を変更しています。

これはただのShapeですから、このようにShapeにあるフォーマットを使って塗りつぶしや線分の書式を操作できます。

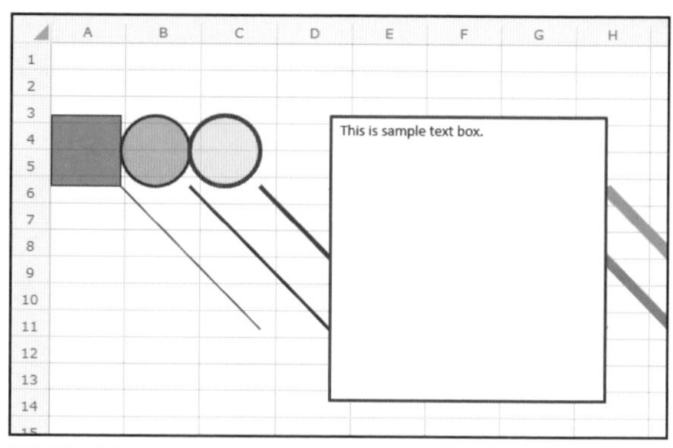

図5-26：実行すると、テキストボックスが1つ作成される。

TextFrameとTextRange

では、ただのShapeなのに、なぜテキストボックスはテキストが表示できるのでしょう？　このテキスト表示の部分はどのように組み込まれているのでしょうか。

これは、Shapeの「TextFrame」というものとして組み込まれています。TextFrameはテキストの表示を組み込んで管理するためのもので、以下のように取得します。

▼TextFrameの取得

```
変数 =《Shape》.getTextFrame()
```

TextFrameは実際に表示するテキストの「配置場所」です。用意されているメソッドは、テキストの配置に関するものが中心となります。以下に主なものをまとめておきます。

▼表示テキストがあるかどうか

```
変数 =《TextFrame》.getHasText()
```

▼上下左右のマージン（余白幅）

```
変数 =《TextFrame》.getTopMargin()
《TextFrame》.setTopMargin( 数値 )
変数 =《TextFrame》.getBottomMargin()
《TextFrame》.setBottomMargin( 数値 )
変数 =《TextFrame》.getLeftMargin()
《TextFrame》.setLeftMargin( 数値 )
変数 =《TextFrame》.getRightMargin()
《TextFrame》.setRightMargin( 数値 )
```

▼水平方向の配置

```
変数 =《TextFrame》.getHorizontalAlignment()
《TextFrame》.setHorizontalAlignment(《ShapeTextHorizontalAlignment》)
```

▼ShapeTextHorizontalAlignmentの値

```
center, distributed, justify, justifyLow, left, right, thaiDistributed
```

▼垂直方向の配置

```
変数 =《TextFrame》.getVerticalAlignment()
《TextFrame》.setVerticalAlignment(《ShapeTextVerticallAlignment》)
```

▼ShapeTextVerticalAlignmentの値

```
bottom, distributed, justified, middle, top
```

▼水平方向のオーバーフロー（収まりきれないテキストの処理）

```
変数 =《TextFrame》.getHorizontalOverflow()
《TextFrame》.setHorizontalOverflow(《ShapeTextHorizontalOverflow》)
```

▼《ShapeTextHorizontalOverflowの値

```
clip, overflow
```

▼垂直方向のオーバーフロー（収まりきれないテキストの処理）

```
変数 =《TextFrame》.getVerticalOverflow()
《TextFrame》.setVerticalOverflow(《ShapeTextVerticalOverflow》)
```

▼《ShapeTextVerticalOverflowの値

```
clip, ellipsis, overflow
```

TextRangeについて

表示テキストの操作はこのTextFrameから、さらにテキストの表示を管理する「TextRange」というオブジェクトを取り出して行います。

```
変数 =《TextFrame》.getTextRange()
```

TextRangeにはフォントと表示テキストに関する以下のようなメソッドが用意されています。

getFont()	フォントの属性を扱うShapeFontを返します。
getText()	表示テキストを返します。
setText(テキスト)	表示テキストを設定します。

テキストの変更はsetTexで行えます。また、getFontで取り出したShapeFontを使って表示フォントの設定を行うことができます。

TextRangeは名前からわかるように、「テキストの範囲を管理するもの」です。TextFrameで得られるのは「テキスト全体を示すTextRange」です。

TextRangeはテキストの一部分を指定して取り出すこともできます。以下のように行えます。

▼テキストの一部のTextRangeを得る

```
変数 =《TextRange》.getSubstring( 開始位置 , 長さ )
```

取り出したTextRangeからgetFontしてフォントを設定すれば、テキストの一部だけフォントを変更したりできます。

テキストボックスのテキストを操作する

テキストボックスのテキストを扱うサンプルを挙げておきましょう。ワークシートに配置されているテキストボックスのテキストとフォントを設定します。

▼リスト5-23

```
function main(workbook: ExcelScript.Workbook) {
  const sheet = workbook.getActiveWorksheet()
  const shapes = sheet.getShapes()
  shapes.forEach(val => {
    try {
      const frm = val.getTextFrame()
      const rng = frm.getTextRange()
      if (frm.getHasText()) {
        rng.setText('※サンプル\nこれは、サンプルで作成したテキストボックスです。')
        rng.getFont().setSize(16)
        rng.getFont().setColor('red')
        const srng = rng.getSubstring(0, 5)
        srng.getFont().setBold(true)
        srng.getFont().setSize(20)
      }
    } catch (e) {
      console.log(e)
    }
  })
}
```

ここではgetShapesでShape配列を取得し、forEachで個々に処理を行っています。

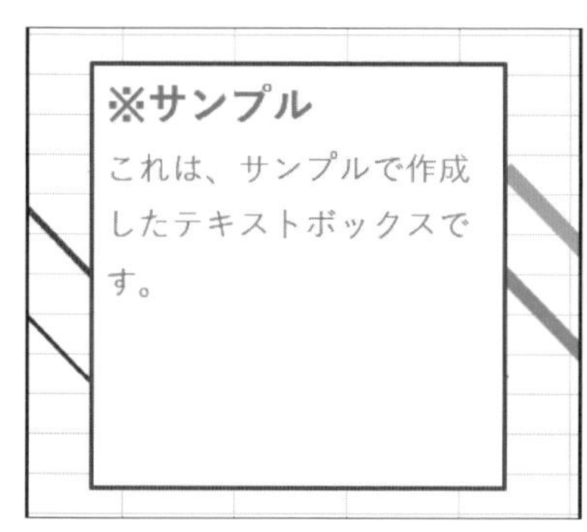

図5-27：テキストボックスのテキストとフォントを変更する。

まず最初に行うのは、TextFrameとTextRangeの取得です。

```
const frm = val.getTextFrame()
const rng = frm.getTextRange()
```

次に行うのは、このShapeがテキストボックスかどうかをチェックする作業です。以下のようにして行っています。

```
if (frm.getHasText()) {……}
```

getHasTextの値がtrueならばテキストがあることがわかります。falseならばテキストはないのでテキストボックスではない、と判断できます。trueの場合はsetTextでテキストを設定し、getFontでShapeFontを取り出してフォントの設定を行います。

部分的にフォントを設定する

今回のサンプルでは、1行目の「※サンプル」の部分だけフォントサイズが大きくボールドで表示されていますね。これは以下で行っています。

```
const srng = rng.getSubstring(0, 5)
```

これでテキストの冒頭から5文字目までのTextRangeが取り出せます。そこからさらにgetFontし、フォントサイズとボールドの設定を行っているわけです。

このように、必要に応じてgetSubstringでTextRangeを取り出し処理すれば、マルチフォントのテキストも作成することができます。

tryについて

今回のサンプルをよく見ると、forEach内の処理がtry {……}というようなものの中で実行されていることに気がつくでしょう。

このtryは「例外処理」というものです。「例外」とは「プログラムの実行中に発生するエラーのこと」と考えてください。実行する前にスクリプトを書いた段階でチェックされるエラーが「文法（シンタックス）エラー」、実行時に発生するエラーが「例外」です。スクリプトの作成で起こるエラーは、だいたいこの2つのどちらかです。

文法エラーと違い、実行中のエラーというのは事前に検知するのが難しいものです。そこで、実行中に「ここでは例外が発生する可能性がある」というところにこの構文をおいておきます。

try構文は以下のような形をしています。

```
try {
  ……例外が発生する処理……
} catch(e) {
  ……例外発生時の処理……
} finally {
  構文を抜ける際の処理……
}
```

tryは、その後の{}内に例外が発生する可能性のある処理を記述します。例外が発生すると、その場でcatchにジャンプします。引数eには発生した例外のメッセージが渡されます。catchの後の{}に例外時処理を用意すればいいのです。

この他、この構文から抜ける際に実行する処理を用意するfinallyというものも用意されています。このcatch(e){……}とfinally{……}は、どちらか一方だけでもかまいません。

tryの利点は、「例外が発生してもプログラムを終了せず引き続き実行できる」点にあります。エラーが起きたらそこで終わりではありません。catchで受け止め必要な処理をすることで、エラーに対処してそのままプログラムを続けていけるのです。

イメージの表示について

Shapeによる図形については、これで一通り説明しました。しかし、実はまだ説明をしていないShapeの部品があるのです。それは「画像」です。Excelでは画像を読み込んでワークシートに貼り付けることができます。

この画像もShapeなのですが、作成は独自のメソッドを使います。

```
変数 =《Worksheet》.addImage( Base64テキスト )
```

addImageというメソッドを使ってワークシートに組み込みます。引数に「Base64にエンコードされたイメージデータ」を指定します。Base64というのは64種類の英数字だけでデータを記述するようにしたもので、Webでバイナリデータをテキストとしてやり取りするのに用いられています。

ということは画像を追加したければ、画像のBase64データを用意しなければならなくります。マクロ内ではパソコンの中からファイルを読み込んだりできないため、データを取得する方法も考えなければいけません。画像の表示はけっこうハードルが高い作業なのです。

fetch関数について

まず「画層データの取得」についてから考えましょう。これはTypeScriptに用意されている「fetch」という関数を利用する方法があります。Office Scriptの機能ではなく、TypeScriptの機能です。

fetchはネットワーク経由でデータをダウンロードする関数で、以下のように利用します。

```
fetch( アドレス ).then( コールバック関数 )
```

引数には、アクセスするアドレスをテキストで指定します。これでアクセスを開始します。fetch関数は「非同期関数」と言って、実行するとすぐに次に進んでしまします。

アクセスが終了した後の処理は「then」というメソッドを呼び出し、その引数に用意してある関数の中で行います。これは「コールバック関数」と呼ばれるもので、非同期処理の実行が完了した後で呼び出される関数です。この関数の中でデータを取り出して処理を行うわけです。

awaitで同期関数として利用する

非同期関数は、慣れない人にはかなりわかりにくく厄介なものです。そこで本書では、「非同期関数を同期関数（処理が終わってから次に進む普通の関数）として扱う」方法を紹介しておきましょう。

```
変数 = await fetch( アドレス )
```

これで、アクセスが完了したら値が返されるようになります。返される値は「Response」というオブジェクトで、アクセス先から返される情報を管理するためのものです。

注意しておきたいのは、「awaitを使う場合、関数にasyncを付ける」という点です。main関数の中でawaitを使いたいのであれば、「async main……」というように、関数の先頭にasyncを付ける必要があります。

バイナリバッファの利用

Responseからデータを取得するのですが、イメージデータはテキストなどではなくバイナリデータですので、バイナリデータを扱うための「ArrayBuffer」という値をここから取り出す必要があります。

```
変数 = await《Response》.arrayBuffer()
```

ArrayBufferは一般に「バイト配列」と呼ばれるものです。データを1バイトごとに配列にまとめたもので、ここから1つ1つのバイトデータを取り出してバイナリデータの処理を行っていくのです。

後はこのバイト配列を元にBase64データを生成する関数を作成すれば、ネットワーク経由でイメージデータをBase64で取得できるようになります。

ネットワーク経由でイメージを取得する

では、fetch関数を使ってイメージをダウンロードし、ワークシートに追加してみましょう。ここでは「Lorem Picsum」というダミーデータ配信サイト（https://picsum.photos/）からイメージデータを取得し表示させてみます。

▼リスト5-24

```
const link = "https://picsum.photos/200" //☆アクセス先

async function main(workbook: ExcelScript.Workbook) {
  const sheet = workbook.getActiveWorksheet()
  const resp = await fetch(link)
  const data = await resp.arrayBuffer()
  const image = encodeBase64(data)
  const img = sheet.addImage(image)
  img.setLeft(50)
  img.setTop(50)
  img.setWidth(200)
  img.setHeight(200)
}

function encodeBase64(data: ArrayBuffer) {
  const int_arr = new Uint8Array(data)
  const count = int_arr.length
  const s_arr = new Array<string>(count)
  for (let i = 0; i < count; i++) {
    s_arr[i] = String.fromCharCode(int_arr[i])
  }
  return btoa(s_arr.join(''));
}
```

実行すると、ランダムにイメージをダウンロードして表示します。https://picsum.photos/200というURLは、アクセスすると200ドットサイズのイメージをランダムに表示します。このイメージを取得し、ワークシートに追加し表示します。

図5-28：Lorem Picsumサイトからランダムにイメージをダウンロードし表示する。

処理の流れを整理する

ここではmainの他に、encodeBase64という関数を定義してあります。ArrayBufferを引数として渡すと、Base64にエンコードされたテキストを生成して返すものです。この関数で行っていること自体は、ここで理解する必要はありません。「この関数を書いてArrayBufferを渡して呼び出せばBase64のデータが得られる」ということだけわかれば今は十分です。処理の流れを簡単に整理しておきましょう。

[1] fetchで指定URLにアクセスし結果（Response）を得る。

```
const resp = await fetch(link)
```

[2] 受け取った結果からArrayBufferを得る。

```
const data = await resp.arrayBuffer()
```

[3] ArrayBufferからBase64データを得る。

```
const image = encodeBase64(data)
```

[4] Base64データを元に画像のShapeを作成する。

```
const img = sheet.addImage(image)
```

Response、ArrayBuffer、Base64など聞き慣れない用語が次々と出てくるため非常に難しく感じるでしょうが、「よくわからなくても、この通りに実行すれば画像Shapeが作成できる」ということだけ理解してください。Shapeができれば、後はこれまでの知識を使っていろいろな操作が可能になりますから。

Shapeはアイデア次第

図形というのは、スプレッドシートにおいてはメインの要素とは言えません。あくまで「おまけの部分」と言えるでしょう。

しかし、スプレッドシート自体にさまざまな情報を盛り込みレポート的に作成をするような場合には俄然、利用頻度が高まります。マクロを使うことで、例えば「同じ図形を決まった法則で多数作成する」というような面倒な作業が非常に簡単に行えるようになります。今すぐ必要になるとは限りませんが、マクロの利用として「こうした図形や画像の作成も十分に自動化できるのだ」ということは知っておきましょう。

Chapter 6

テーブルとピボットテーブル

データをまとめ分析するのに多用されるのが「テーブル」と「ピボットテーブル」です。
これらをOffice Scriptから操作する方法について説明しましょう。
テーブルでデータを絞り込む「フィルター」や「スライサー」の利用についても説明します。

Chapter 6

6.1. テーブルの利用

テーブルの基本

グラフや図形といったビジュアルなものは、使っているだけで「スプレッドシートを使いこなしている」といった気分になれます。

けれど、本当にスプレッドシートを使いこなすためにはこうした目を引く機能よりも、「データの扱い」こそが重要でしょう。Excelにはデータを活用するためのさまざまな機能が用意されています。こうした機能について注目してみましょう。

まずは「テーブル」からです。テーブルはシートに記述されているデータを1つのまとまりとして扱えるようにするための機能です。テーブルとして設定するだけで、データは見やすいスタイルに変わり、またデータの集計や追加・削除など、さらにはフィルターによる絞り込みなどさまざまな処理が簡単に行えるようになります。

Tableの作成

このテーブルもOffice Scriptから利用することができます。どのようにテーブルを作成するのか見てみましょう。

▼テーブルの作成

```
変数 =《Workbook》.addTable( 範囲 , 真偽値 )
```

注目してほしいのは、「これがWorkbookのメソッドである」という点です。テーブルはシートのRangeを指定して作るのでワークシートごとに管理されているように思いがちですが、実はワークブックによって管理されています。

テーブルの作成はWorkbookの「addTable」というメソッドで行います。第1引数には、テーブルにする範囲を指定します。"A1:C3"といったA1形式アドレスのテキストでもいいですし、その範囲のRangeを指定してもかまいません。

2番目の真偽値は、「ヘッダーが含まれているかどうか」を示します。第1引数で指定した範囲にヘッダーの行(各列の名前を記した行)があるならばtrue、ヘッダーがなくデータだけならばfalseを指定します。

addTableは実行するとテーブルを作成し、「Table」というオブジェクトを返します。Tableは作成されたテーブルのオブジェクトです。この戻り値として返されたTableからメソッドを呼び出して、テーブルの設定を行います。

テーブルの名前

とりあえずTableを作成したら、必ずやっておくこととして「名前の設定」を挙げておきましょう。テーブルの名前は以下のメソッドで操作できます。

▼名前の設定

```
変数 =《Table》.getName()
《Table》.setName( テキスト )
```

setNameで名前の設定を行えます。作成したテーブルを後から利用する場合、この名前によってTableオブジェクトを取得するのが一般的ですので、何という名前なのかわかっていないと困ります。「Tableを作成したら、必ず名前を設定しておく」と考えましょう。

テーブルを作成する

実際にテーブルを作成してみましょう。まず、テーブルとして使用するためのデータを用意しておく必要があります。ワークシートに以下のようなデータを用意しておいてください。

支店名	上期	下期
東京	12300	14560
大阪	9870	10980
名古屋	6540	4560
パリ	3210	6780
ロンドン	5670	8760

先にChapter 3で用意したデータと同じものです。これを新しいシートのA1から記述しておきましょう。このデータを使ってテーブルを作成していきます。

	A	B	C
1	支店名	上期	下期
2	東京	12300	14560
3	大阪	9870	10980
4	名古屋	6540	4560
5	パリ	3210	6780
6	ロンドン	5670	8760

図6-1：シートにデータを用意する。

テーブルを作る

では、テーブルを作成するマクロを作りましょう。以下のように記述をしてください。データの範囲を選択して実行すると、その範囲がテーブルに設定されます。

▼リスト6-1

```
function main(workbook: ExcelScript.Workbook) {
  const range = workbook.getSelectedRange()
  const table = workbook.addTable(range, true)
  table.setName('table1')
}
```

	A	B	C	D
1	支店名	上期	下期	
2	東京	12300	14560	
3	大阪	9870	10980	
4	名古屋	6540	4560	
5	パリ	3210	6780	
6	ロンドン	5670	8760	

→

	A	B	C	D
1	支店名	上期	下期	
2	東京	12300	14560	
3	大阪	9870	10980	
4	名古屋	6540	4560	
5	パリ	3210	6780	
6	ロンドン	5670	8760	

図6-2：データ範囲を選択して実行すると、その範囲がテーブルに変わる。

ここでは、WorkbookからgetSelectedRangeで選択された範囲のRangeを取得しています。そして、WorkbookのaddTableを呼び出します。

```
const table = workbook.addTable(range, true)
```

このサンプルでは一番上に「支店名」「上期」「下期」といったヘッダーの値が用意されていますので、第2引数はtrueにします。これでテーブルが作成され、そのTableが戻り値として返されます。

後はこのtableを使ってTableに名前を設定しておけば、テーブルの作成は完了です。

テーブルの取得

作成されたテーブルは、ワークブックの中にまとめて保管されています。これらを操作する際は、ワークブックからテーブルのオブジェクトを取り出してメソッドを呼び出していきます。

Tableオブジェクトの取得は、Workbookにある以下のメソッドを使って行えます。

▼指定した名前のTableを得る

```
変数 =《Workbook》.getTable( テキスト )
```

▼全Tableを得る

```
変数 =《Workbook》.getTables()
```

getTableは引数にテーブルの名前（「キー」と呼ばれます）を指定してTableを取得します。先ほどaddTableした際にsetNameで設定したものですね。「テーブルデザイン」メニューを使うと、テーブルの名前を確認することができます。

getTablesは、ワークブックに保管されているすべてのテーブルをTable配列として取り出します。この2つを使えるようになれば、必要なテーブルのTableを取り出せるようになるでしょう。

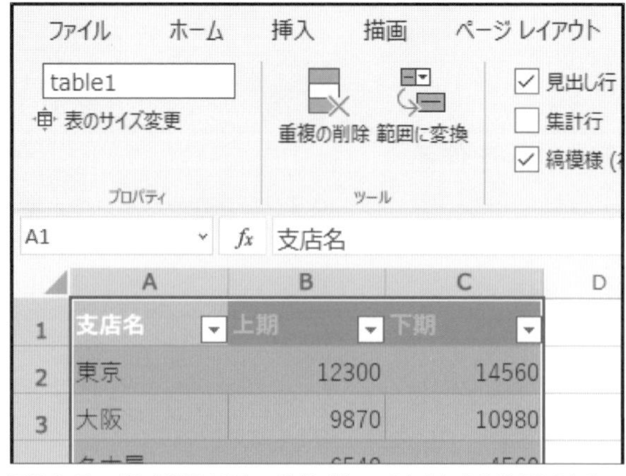

図6-3：テーブルを選択すると、リボンビューの左上に名前が表示される。

テーブルスタイルの設定

作成されたテーブルには、青い色合いのテーブルスタイルが自動的に設定されます。テーブルスタイルはExcelの「テーブルデザイン」メニューを選ぶと、リボンビューの「表のスタイル」に利用可能なスタイルが一覧表示されます。テーブルスタイルはTableオブジェクトに利用するためのメソッドが用意されています。

▼テーブルスタイルの設定

```
変数 =《Table》.getPredefinedTableStyle()
《Table》.setPredefinedTableStyle( スタイル名 )
```

テーブルスタイルはPredefinedTableStyleという値として設定されており、getPredefinedTableStyle/setPredefinedTableStyleで操作できます。

テーブルスタイルの値は「使用するスタイル名」のテキストになっています。Excelにはテーブルスタイルがあらかじめ多数用意されており、それぞれに名前が付けられています。この名前はだいたい以下のようになっています。

```
TableStyleLight1～21
TableStyleMedium1～28
TableStyleMedium1～11
```

見ればわかるように、「TableStyleLight」「Table StyleMedium」「TableStyleMedium」という名前の後に番号が付けられた名前になっています。それぞれ淡色・中間・濃色のテーブルスタイルの名前です。

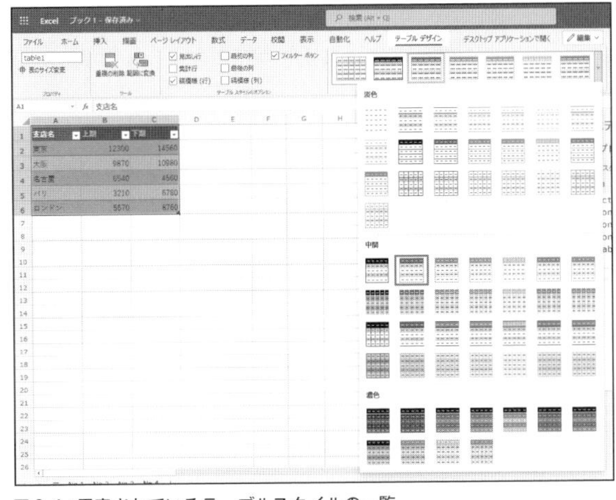

図6-4：用意されているテーブルスタイルの一覧。

テーブルスタイルを変更する

テーブルスタイルを変更してみましょう。マクロを以下のように修正して実行してみてください。

▼リスト6-2

```
function main(workbook: ExcelScript.Workbook) {
  const sheet = workbook.getActiveWorksheet()
  const table = workbook.getTable('table1')
  table.setPredefinedTableStyle('TableStyleMedium5')
}
```

	A	B	C	D
1	支店名	上期	下期	
2	東京	12300	14560	
3	大阪	9870	10980	
4	名古屋	6540	4560	
5	パリ	3210	6780	
6	ロンドン	5670	8760	
7				

→

	A	B	C	D
1	支店名	上期	下期	
2	東京	12300	14560	
3	大阪	9870	10980	
4	名古屋	6540	4560	
5	パリ	3210	6780	
6	ロンドン	5670	8760	
7				

図6-5：table1のテーブルスタイルが変更される。

実行すると、先ほど作成したテーブルのスタイルが黄色いカラーのものに変わります。ここではgetTableでTableを取得した後、setPredefinedTableStyle('TableStyleMedium5')でテーブルスタイルを変更しています。スタイル名さえわかっていれば、このように簡単にテーブルスタイルは操作できます。

テーブルスタイルは作れる？

このテーブルスタイルは、あらかじめ用意されているものだけしか使えないのでしょうか？　自分で新たに作成することは可能？

これは「YES」でもあり、「NO」でもあります。Worksheetにはテーブルスタイルを作成するためのメソッドがちゃんと用意されています。

▼テーブルスタイルの作成位

```
変数 =《Workbook》.addTableStyle( テキスト , 真偽値 )
```

第1引数にテーブルスタイルの名前、第2引数には名前をユニーク（同じ名前が存在しない）にするかどうかを指定する真偽値をそれぞれ設定します。これで新しいテーブルスタイルを作ることができます。

このaddTableStyleはテーブルスタイルを作成した後、「TableStyle」というオブジェクトを返します。これがテーブルスタイルの値です。ここからメソッドを呼び出すことで、作成したテーブルスタイルを操作できます。

C　O　L　U　M　N

テーブルスタイルはデスクトップ版で！

Web版Excelではテーブルスタイルの細かな設定機能がありません。しかし、実はワークブックにはデータはきちんと保存されており、テーブルスタイルを正しく扱えるようになっています。
デスクトップ版のExcelには、テーブルスタイルを作成する機能が用意されています。これでテーブルスタイルを作成し、そのワークブックをWeb版Excelで開けば、作成したテーブルスタイルを利用し、ちゃんとスタイルを設定できます。当面の間、テーブルスタイルは「作るときだけデスクトップ版を使う」と考えるとよいでしょう。

ただし！　実際に調べてみると現状のTableStyleクラスには、「名前の設定」「複製」「削除」といった機能しかありません。肝心の「スタイルの設定」のための機能がまだないのです。したがって、新しいTableStyleを作成してもスタイルが設定できないため、何のスタイルも用意されていないテーブルスタイルしか作ることができません。

いずれアップデートによりこうしたスタイルの設定機能がTableStyleに実装されることでしょう。そうなったら、マクロから自由にテーブルスタイルを作成できるようになるかもしれません。ですから今はまだ、できないと考えてください。

テーブルスタイルを作る

念のために、テーブルスタイルを作成する簡単なサンプルを挙げておきましょう。なお、テーブルスタイルは作っても実質的に使えないので、これは実際に実行する必要はありません。

▼リスト6-3

```
function main(workbook: ExcelScript.Workbook) {
  const style = workbook.addTableStyle('tablestyle1',false)
  const sheet = workbook.getActiveWorksheet()
  const table = workbook.getTable('table1')
  table.setPredefinedTableStyle('tablestyle1')
}
```

	A	B	C	D
1	支店名	上期	下期	
2	東京	12300	14560	
3	大阪	9870	10980	
4	名古屋	6540	4560	
5	パリ	3210	6780	
6	ロンドン	5670	8760	
7				

→

	A	B	C	D
1	支店名	上期	下期	
2	東京	12300	14560	
3	大阪	9870	10980	
4	名古屋	6540	4560	
5	パリ	3210	6780	
6	ロンドン	5670	8760	
7				

図6-6：実行すると「tablestyle1」というテーブルスタイルを作成し、table1テーブルに設定する。

実行すると、「tablestyle1」という名前でテーブルスタイルを作成し、先ほどのtable1テーブルに設定します。addTableStyleでテーブルスタイルを作成し、これをsetPredefinedTableStyleで設定すればいいのです。デフォルトで用意されているテーブルスタイルと同じ感覚で使えます。

テーブルスタイルを作成すると、「テーブルデザイン」メニューで現れるリボンビューの「表のスタイル」に「ユーザー定義」として追加されるようになります。

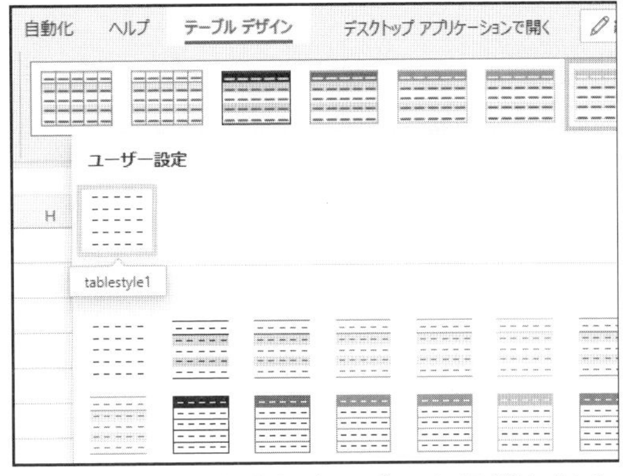

図6-7：「表のスタイル」に作成したテーブルスタイルが追加される。

Tableの基本的な設定について

作成したTableオブジェクトにはテーブルに関するさまざまなメソッドが用意されています。特に、表示に関する基本的なものについてここでまとめておきましょう。

▼行のバンド書式の設定

```
変数 =《Table》.getShowBandedRows()
《Table》.setShowBandedRows( 真偽値 )
```

▼列のバンド書式の設定

```
変数 =《Table》.getShowBandedColumns()
《Table》.setShowBandedColumns( 真偽値 )
```

▼ヘッダー行の表示

```
変数 =《Table》.getShowHeaders()
《Table》.setShowHeaders( 真偽値 )
```

▼合計行の表示

```
変数 =《Table》.getShowTotals()
《Table》.setShowTotals( 真偽値 )
```

▼フィルターボタンの表示

```
変数 =《Table》.getShowFilterButton()
《Table》.setShowFilterButton( 真偽値 )
```

これらは基本的にすべて真偽値で設定されるものです。trueにすれば表示がON、falseにするとOFFになります。「バンド書式」というのがよくわからないかもしれませんが、これは偶数行と奇数行（あるいは偶数列と奇数列）の色を交互に変えることで表示をわかりやすくする書式です。デフォルトではShowBandedRowsがtrue、ShowBandedColumnsがfalseに設定されています。

テーブルの表示を変更する

では、これらの利用例を挙げておきましょう。行・列のバンド書式、ヘッダー・合計行の表示をON/OFFしてみます。

▼リスト6-4

```
function main(workbook: ExcelScript.Workbook) {
  const sheet = workbook.getActiveWorksheet()
  const table = workbook.getTable('table1')
  const f1 = table.getShowBandedColumns()
  const f2 = table.getShowBandedRows()
  const f3 = table.getShowHeaders()
  const f4 = table.getShowTotals()
  table.setShowBandedColumns(!f1)
  table.setShowBandedRows(!f2)
  table.setShowHeaders(!f3)
  table.setShowTotals(!f4)
}
```

	A	B	C	D
1	支店名	上期	下期	
2	東京	12300	14560	
3	大阪	9870	10980	
4	名古屋	6540	4560	
5	パリ	3210	6780	
6	ロンドン	5670	8760	
7				

→

	A	B	C	D
1				
2	東京	12300	14560	
3	大阪	9870	10980	
4	名古屋	6540	4560	
5	パリ	3210	6780	
6	ロンドン	5670	8760	
7	**集計**		**45640**	

図6-8：実行すると、行・列のバンド書式、ヘッダー行、合計行がON/OFFする。

デフォルトでは、ヘッダー行と行のバンド書式がONになっています。実行するとこれらがOFFになり、列のバンド書式と合計行がONになります。再度実行すると元に戻ります。

見ればわかるように、ここではgetTable('table1')でTableを取得した後、メソッドで各設定の値を取り出し、その逆の値を設定しています。値に「!f1」というように!が付いていますが、これは真偽値の値を逆にする演算子です。真偽値の設定をON/OFFする場合には便利ですね！

行の追加

テーブルは作成した後でデータを操作する必要が生じることもあります。これもOffice Scriptで自動化できます。まずは行データの追加からです。

```
《Table》.addRow( インデックス , 配列 )
《Table》.addRows( インデックス , 2次元配列 )
```

addRowは1つの行データを、addRowsは複数行データを追加するものです。これらは第1引数に挿入場所を示すインデックス番号を、そして第2引数にデータをそれぞれ用意します。データは、1行だけの場合は挿入する値の配列を、複数行の場合は挿入データの配列の配列（2次元配列）を用意します。

インデックスはゼロにすると一番手前に挿入され、1だと1～2番目の間に、2だと2～3番目の間に……という具合に位置が指定されます。

注意が必要なのは「データの形式」です。挿入するデータの配列には、そのテーブルの各列の値と同じ数だけ値を用意する必要があります。またそれぞれの列の値は、テーブルの各列の値のタイプに揃えておきます。挿入するデータがテーブルと内容が合致しないとうまく追加できないので注意してください。

テーブルにデータを追加する

では、実際にデータを追加してみましょう。ここでは一番下に新しい支店のデータを追加してみます。

▼リスト6-5

```
function main(workbook: ExcelScript.Workbook) {
  const sheet = workbook.getActiveWorksheet()
  const table = workbook.getTable('table1')
  const n = table.getRowCount()
  table.addRow(n, ['ニューヨーク',1230,2340])
}
```

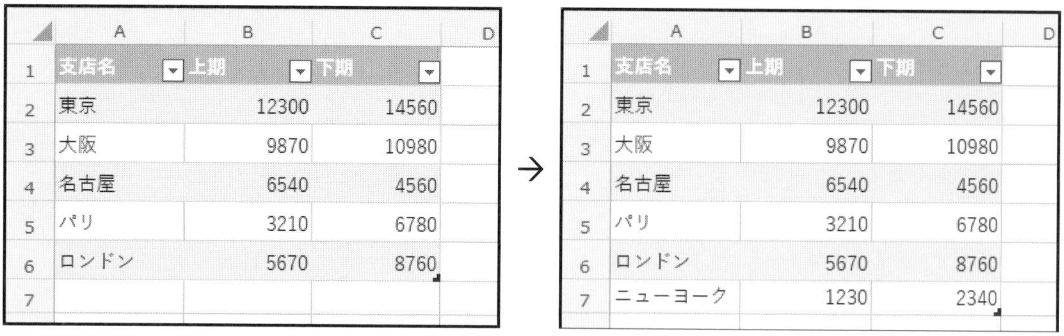

	A	B	C	D
1	支店名	上期	下期	
2	東京	12300	14560	
3	大阪	9870	10980	
4	名古屋	6540	4560	
5	パリ	3210	6780	
6	ロンドン	5670	8760	
7				

→

	A	B	C	D
1	支店名	上期	下期	
2	東京	12300	14560	
3	大阪	9870	10980	
4	名古屋	6540	4560	
5	パリ	3210	6780	
6	ロンドン	5670	8760	
7	ニューヨーク	1230	2340	

図6-9：実行すると、一番下にニューヨーク支店のデータが追加される。

実行すると、一番下にニューヨーク支店の売上データが追加されます。ここではgetTableでデータを取得した後、データが何行あるかを調べています。

```
const n = table.getRowCount()
```

Tableの「getRowCount」は、データとして用意されている行数を返すものです。これにはヘッダー行や合計行どは含まれていません。純粋にデータの行の数だけが得られます。

これで得られた値を引数に指定してaddRowすれば、一番下にデータを挿入することができます。

列の追加

テーブルでは後から列を追加することもあります。例えば「売上とは別に消費税額も表示させたい」というように、後から管理するデータが増えたりすることはよくあります。このような場合に列を増やす必要が生じます。

列の追加は以下のようなメソッドで行います。

```
《Table》.addColumn( インデックス , 配列 , 名前 )
```

引数は3つあります。1～2番目は行の追加と同じで追加する場所を示すインデックス番号と、追加した列に設定される値を配列にまとめて用意します。3番目の引数として、その列の名前を指定できます。これはそのまま列のヘッダー行に表示されます。

合計の列を追加する

これも利用例を挙げておきましょう。table1テーブルの右側に合計を表示する列を追加してみます。

▼リスト6-6

```
function main(workbook: ExcelScript.Workbook) {
  const sheet = workbook.getActiveWorksheet()
  const table = workbook.getTable('table1')
  const n = table.getColumns().length
  table.addColumn(n, null, '合計')
  sheet.getCell(1, n).setFormula('=SUM(B2:C2)')
}
```

	A	B	C	D
1	支店名	上期	下期	
2	東京	12300	14560	
3	大阪	9870	10980	
4	名古屋	6540	4560	
5	パリ	3210	6780	
6	ロンドン	5670	8760	
7	ニューヨーク	1230	2340	

→

	A	B	C	D
1	支店名	上期	下期	合計
2	東京	12300	14560	26860
3	大阪	9870	10980	20850
4	名古屋	6540	4560	11100
5	パリ	3210	6780	9990
6	ロンドン	5670	8760	14430
7	ニューヨーク	1230	2340	3570
8				

図6-10：実行すると、右に合計の列が追加される。

実行すると「合計」という列が追加され、それぞれの行に上期下期の合計が表示されます。ここではgetTable('table1')でTableを取得した後、テーブルの列数を調べています。

```
const n = table.getColumns().length
```

getColumnsというのは、テーブルの全列の配列を取り出すメソッドです（テーブルの列については後述）。この配列のlengthで、要素数（つまり、その列の行数）が得られます。

この要素数の値を用いて以下のように列を追加しています。

```
table.addColumn(n, null, '合計')
```

インデックスにlengthで得た値を指定し、第2引数の値の設定はnullで値を用意しないようにしています。では、どうやって合計を表示させているのかというと、その次の行です。

```
sheet.getCell(1, n).setFormula('=SUM(B2:C2)')
```

getCellで追加した列の最初のデータ行のRangeを取り出し、これにsetFomulaでフォーミュラ（数式）を設定しています。ここではSUM関数を使い、B2:C2の合計を計算し表示しています。

一番上のセルに数式を設定すると、テーブルは自動的にそれ以下のセルに数式を割り当てていきます。このため1つだけ数式を指定すれば、その列すべてに同じ数式が設定できるのです。

Chapter 6

6.2. テーブルのフィルター利用

FilterとAutoFilter

テーブルではフィルターを利用してデータを絞り込むことができます。Office Scriptでは2種類が用意されています。それはFilterとAutoFilterです。

Filter	各列に割り当てられているフィルターです。
AutoFilter	テーブルに設定されているフィルターです。

2種類といっても、実は内容的には同じものです。

Filterは、列のオブジェクト(TableColumn)にあるメソッドを使って設定するもので、単純にフィルターの内容だけ指定すれば設定できます。

これに対しAutoFilterは、適用する列のインデックスなどの情報も追加して設定することになります。やり方が違うだけで、実際に適用されるフィルターは同じです。

列へのフィルター設定

フィルターの設定手順を説明しましょう。まず、各列にフィルターを設定するやり方です。Filterオブジェクトを使って設定します。

最初に行うのは「列の取得」です。列は「TableColumn」というオブジェクトとして用意されています。このオブジェクトを取得するには以下のようなメソッドを使います。

▼TableColumnの取得

```
変数 =《Table》.getColumn( キー )
変数 =《Table》.getColumnByName( 名前 )
変数 =《Table》.getColumnById( ID )
変数 =《Table》.getColumns()
```

getColumns以外のものは取得したい列の情報(キー、名前、ID)を引数に指定し、その列のTableColumnを取得します。

getColumnsはすべてのTableColumnの配列を取り出します。後は利用したいTableColumnを探して使うわけですね。

フィルターの設定

TableColumnからフィルターを取得します。以下のメソッドを使います。

▼フィルターの取得

```
変数 =《TableColumn》.getFilter()
```

これで得られるのが「Filter」オブジェクトです。Filterオブジェクトにあるメソッドを利用してフィルターの設定を行います。「apply」というメソッドを使います。

▼フィルターの設定

```
《Filter》.apply(《FilterCriteria》)
```

引数の「FilterCriteria」というのが具体的なフィルターの内容を設定するものです。オブジェクトリテラルの形で必要な情報を記述します(詳細は後述)。

これでフィルターがテーブルに適用されます。

オートフィルターの設定

もう1つの「オートフィルター」の設定についても説明しておきましょう。こちらはTableから直接取得します。

▼オートフィルターの取得

```
変数 =《Table》.getAutoFilter()
```

これで「AutoFilter」オブジェクトが取り出されます。このAutoFilterはFilterと同様のフィルターを扱うオブジェクトですが、用意されているメソッドなどが微妙に違っています。

フィルターの設定はFilterと同じく「apply」Methodを使いますが、AutoFilterでは以下のようになっています。

▼フィルターの設定

```
《AutoFilter》.apply( 範囲 , インデックス ,《FilterCriteria》)
```

第1引数には、フィルターを適用する範囲を指定します。これはRangeや、適用範囲を示すアドレスのテキストなどを用意します。

第2引数には、フィルターを適用する列のインデックス番号を指定します。ここで指定した列にフィルターが適用されます。

第3引数には、フィルターの内容をまとめたFilterCriteriaを指定します。Filterのapplyメソッドで使ったのと同じものです。

以上、FilterとAutoFilterのそれぞれのフィルター設定の手順をまとめました。2つはそれぞれ異なるものですが、最終的には「FilterCriteriaを用意してapplyする」という点は同じです。フィルターは「いかにFilterCriteriaを用意するか」次第だ、と言えます。

FilterCriteriaの作成

では、FilterCriteriaはどのように作成すればいいのでしょうか？　これはオブジェクトリテラルとして作成します。

用意されているプロパティをすべて記すと、以下のようになります。

▼FilterCriteriaの内容

```
{
  color: カラーのテキスト ,
  criterion1: 条件のテキスト 1,
  criterion2: 条件のテキスト 2,
  dynamicCriteria: 動的な条件のテキスト ,
  filterOn: 値の表示を判断する条件テキスト ,
  icon: アイコン ,
  operator: 2 つの条件を合わせるための演算子 ,
  subField: サブフィールド ,
  values: 値の配列
}
```

多数の項目がずらっと出てきて、「これを全部指定しないといけないのか…」とショックを受けた人、安心してください。これらは「用意されているすべての項目」を並べただけで、実際のフィルター作成にはこの中から必要なものをいくつか用意するだけです。全部を用意する必要はありません。

filterOnの利用

おそらく、もっとも多用されるのは「filterOn」を使ったフィルターでしょう。これは、そのデータを表示するかどうかを決めるための条件を設定するものです。ここで設定した条件に合わないデータは非表示になり、条件に合致するデータだけが表示される、そういうものです。

このfilterOnには「FilterOn」という列挙体の値を指定します。これには以下のような値が用意されています。

FilterOnの値

bottomItems	下位の項目を指定した数だけ表示する。
bottomPercent	下位の指定したパーセントだけを表示する。
cellColor	指定したセルカラーの項目を表示する。
custom	カスタム設定。
dynamic	ダイナミックに条件を設定する。
fontColor	指定したフォントカラーの項目を表示する。
icon	指定したアイコンの項目を表示する。
topItems	上位の項目を指定した数だけ表示する。
topPercent	上位の指定したパーセントだけを表示する。
values	指定した値の項目だけ表示する。

これらがわかりにくいのはそれぞれの値の役割だけでなく、「その値を指定したとき、FilterCriteriaのどの項目に必要情報を用意すればいいのか」を覚えなければならないためです。どの値を使うときはどの項目に関連する値を用意するか、それをセットで説明していきましょう。

valuesによる値のチェック

もっともわかりやすいのは、「用意した値だけ表示する」というものでしょう。FilterCriteriaを以下のように用意します。

```
{
  filterOn: ExcelScript.FilterOn.values,
  values:[ 値1, 値2, ……]
}
```

表示したい値を配列にまとめたものをvaluesに指定します。これで、そこに用意された値の項目だけが表示されるようになります。やってみましょう。

▼リスト6-7

```
function main(workbook: ExcelScript.Workbook) {
  const sheet = workbook.getActiveWorksheet()
  const table = workbook.getTable('table1')
  const fltr = table.getColumn('支店名').getFilter()
  fltr.apply({
    filterOn: ExcelScript.FilterOn.values,
    values:['東京','ロンドン','ニューヨーク']
  })
}
```

これはTableColumnからFilterを使ってフィルター設定をしたものです。実行すると、支店名が「東京」「ロンドン」「ニューヨーク」だけを表示します。

table.getColumn('支店名').getFilter()で「支店名」の列のFilterを取得し、FilterCriteriaのfilterOnにExcelScript.FilterOn.valuesを指定します。そしてvaluesに表示したい値をまとめておけば、「支店名」の値が配列に含まれているものだけが表示されます。

	A	B	C	D	E
1	支店名	上期	下期	合計	
2	東京	12300	14560	26860	
6	ロンドン	5670	8760	14430	
7	ニューヨーク	1230	2340	3570	
8					

図6-11：東京、ロンドン、ニューヨークだけを表示する。

AutoFilterの場合は?

TableColumnからFilterを使って設定をしましたが、AutoFilterを使う場合はどうなるでしょうか？　サンプルを書き換えてみましょう。

▼リスト6-8

```
function main(workbook: ExcelScript.Workbook) {
  const sheet = workbook.getActiveWorksheet()
  const table = workbook.getTable('table1')
  const fltr = table.getAutoFilter()
  fltr.apply(table.getRange(), 0, {
    filterOn: ExcelScript.FilterOn.values,
    values:['東京','ロンドン','ニューヨーク']
  })
}
```

先ほどのサンプルを書き換えたものです。働きはまったく同じです。ここではTableからgetAutoFilterでAutoFilterを取得し、applyでテーブルのRangeとインデックス番号ゼロ、そしてFilterCriteriaを用意しています。

applyの引数が増えてわかりにくくなりますが、TableColumnを取得してさらにFilterを取得して……といった作業は必要なくなります。慣れればこちらのほうが書きやすいでしょう。どちらの書き方もできるようにしたいところですね。

数値を使ったフィルター処理

フィルター処理でもっとも一般的なのは、数値を使ったものでしょう。例えば「売上の合計が10000以上の支店のみ表示」「上期の売上の上位25%だけを表示」というように、数値の項目を元にフィルター処理を行うことは非常に多いはずですね。

数値を扱ったフィルターの場合、FilterOnの値が重要になります。ここには数値関係の値が多数用意されているのです。具体的には以下になります。

bottomItems	下位の項目を指定個数だけ表示。
bottomPercent	下位の項目を指定の%だけ表示。
topItems	上位の項目を指定個数だけ表示。
topPercent	上位の項目を指定の%だけ表示。

いずれも個数またはパーセンテージを表す数字を用意する必要があり、「criterion」を使って渡します。注意してほしいのは、「criterionの値はテキストである」という点です。criterion:10ではなく、criterion:'10'というようにテキストとして用意してください。

売上上位の半分だけを表示

利用例を挙げておきましょう。売上が上位のもの半分(50%)の項目を表示させてみます。

▼リスト6-9

```
function main(workbook: ExcelScript.Workbook) {
  const sheet = workbook.getActiveWorksheet()
  const table = workbook.getTable('table1')
  const fltr = table.getColumn('合計').getFilter()
  fltr.apply({
    filterOn: ExcelScript.FilterOn.topPercent,
    criterion1: '50'
  })
}
```

ここではTableオブジェクトのgetColumn('合計')で「合計列のTableColumnを取得し、さらにgetFilterでFilterを取り出しています。そして、そこに次のようなフィルターの条件を指定します。

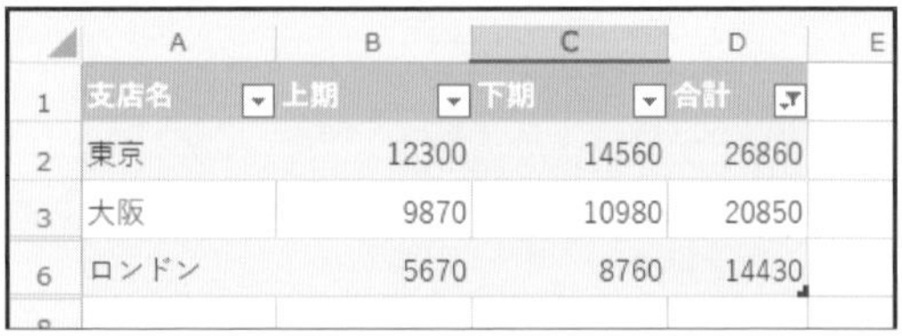

	A	B	C	D	E
1	支店名	上期	下期	合計	
2	東京	12300	14560	26860	
3	大阪	9870	10980	20850	
6	ロンドン	5670	8760	14430	

図6-12：売上の上位半分だけを表示する。

```
{
  filterOn: ExcelScript.FilterOn.topPercent,
  criterion1: '50'
```

filterOnでは「topPercent」という値を指定し、criterion1に'50'を指定します。これで売上合計が上位50%の項目だけを表示します。

もっとも多いものだけを表示する

このように、数値を使ったフィルター処理は非常に簡単です。

もう1つの「topItems」も使って見ましょう。先ほどのサンプルで、applyメソッドを以下のように修正します。

▼リスト6-10

```
fltr.apply({
  filterOn: ExcelScript.FilterOn.topItems,
  criterion1: '1'
})
```

上期下期の合計がもっとも大きかった支店だけが表示されるようになります。ここではfilterOnにtopItemsを指定し、criterion1には'1'を指定しています。

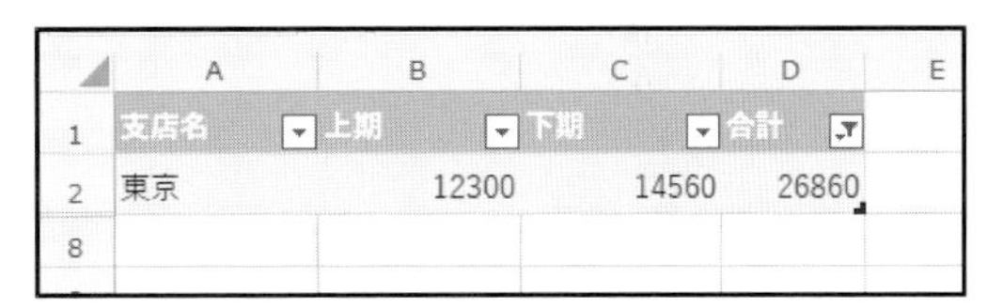

	A	B	C	D	E
1	支店名	上期	下期	合計	
2	東京	12300	14560	26860	
8					

図6-13：合計がもっとも多いものが1つだけ表示される。

これで上位1番のものだけが表示されます。criterion1の値を5にすれば、売上トップ5が表示できます。

AutoFilter利用に書き換えると?

サンプルではTableColumnからFilterを取得して設定していましたが、もちろんAutoFilterを利用しても同じことができます。

先ほどのサンプルならば、以下のようになるでしょう。

▼リスト6-11

```
function main(workbook: ExcelScript.Workbook) {
  const sheet = workbook.getActiveWorksheet()
  const table = workbook.getTable('table1')
  const fltr = table.getAutoFilter()
  fltr.apply(table.getRange(), 3, {
    filterOn: ExcelScript.FilterOn.topPercent,
    criterion1:'50'
  })
}
```

動作はまったく変わりません。何度か書いてみると、FilterとAutoFilterの両者の書き方がだいぶわかってくるでしょう。

カラーを使ったフィルター

FilterCriteriaには、colorという項目も用意されています。これはいったい何に使うのでしょうか？　それは、テキストやセルのカラーによってフィルター処理を行うためです。filterOnにfontColorあるいはcellColorを指定することで、セルやテキストのカラーによるフィルター処理を作成できます。

例として、テキストの色を使ってフィルター処理を行うサンプルを作ってみましょう。まず、事前にいくつかのデータの「支店」のフォント色を'ff0000'に設定しておきます。セルを選択して右クリックすると書式を設定するパレットがポップアップして現れるので、そこからff0000にフォント色を変更しておきます。

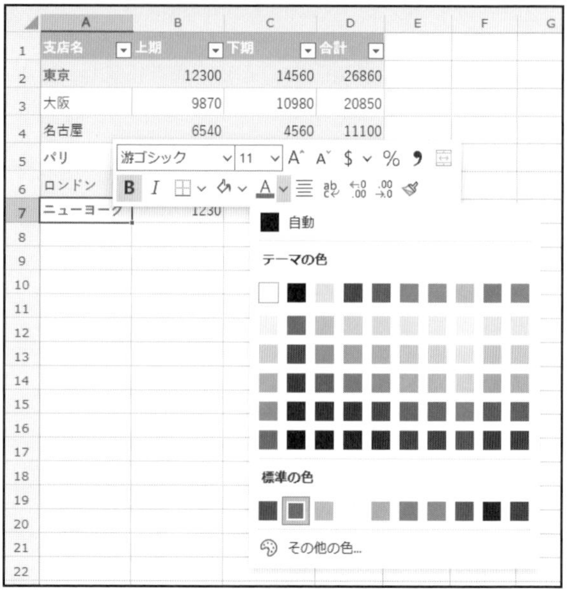

図6-14：「支店」のテキストのフォント色を赤にしておく。

続いてマクロを修正します。以下のように内容を修正し実行すると、「支店」のテキストの色が赤（ff0000）のものだけを表示します。

▼リスト6-12

```
function main(workbook: ExcelScript.Workbook) {
  const sheet = workbook.getActiveWorksheet()
  const table = workbook.getTable('table1')
  const fltr = table.getColumn('支店名').getFilter()
  fltr.apply({
    filterOn: ExcelScript.FilterOn.fontColor,
    color: 'ff0000'
  })
}
```

getTableでtabel1テーブルを取得した後、そこから「支店名」のFilterを以下のように取り出しています。

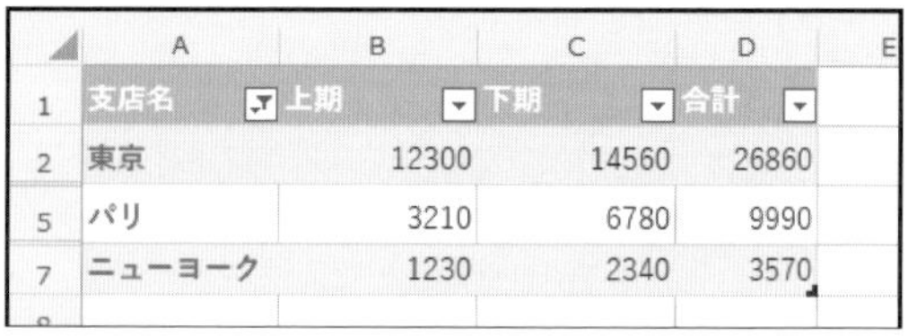

	支店名	上期	下期	合計
2	東京	12300	14560	26860
5	パリ	3210	6780	9990
7	ニューヨーク	1230	2340	3570

図6-15：「支店」のテキストが赤いものだけを表示する。

```
const fltr = table.getColumn('支店名').getFilter()
```

applyでfilterOn: ExcelScript.FilterOn.fontColorを指定し、対象となるカラーの値としてcolor:'ff0000'を用意してあります。これで、フォント色を指定したフィルター処理が行われます。

アイコンセットによるフィルター処理

FilterOnの中で比較的わかりにくいのが「icon」でしょう。これは、アイコンを使ってフィルター処理を行うものです。というと「テーブルのセルにアイコンなんて表示できただろうか？」と疑問を抱く人も多いはずです。

この場合のアイコンとは、「条件付き書式」によるアイコンセットのことを示します。先に条件付き書式を使い、値に応じていくつかのアイコンの中から自動的に1つが割り当てられ表示されるアイコンセットの利用について説明しました（4-2「IconSetによる条件付き書式」参照）。これを利用するのですね。

アイコンセットではいくつか用意されているアイコンの中から、値に応じて自動的に1つが割り当てられ表示されます。例えば3つの矢印のアイコンセットなら、下位・中位・上位と値の範囲を3等分し、その値がどこの含まれるかによって表示されるアイコンが決まります。

3つの矢印を設定する

実際に試してみましょう。まず、テーブルにアイコンを設定します。「合計」列のデータ部分を選択し、「ホーム」メニューのリボンビューから「条件付き書式」の「アイコンセット」の値を「3つの矢印」にしておきます。

これで、「合計」のデータに矢印のアイコンが表示されるようになります。

図6-16：条件付き書式のアイコンセットを「3つの矢印」にする。

設定したら、マクロを修正しましょう。以下のように内容を書き換えて実行すると、「table1」テーブルで「合計」列のアイコンが「↓」のものだけを表示します。

▼リスト6-13

```
function main(workbook: ExcelScript.Workbook) {
  const sheet = workbook.getActiveWorksheet()
  const table = workbook.getTable('table1')
  const fltr = table.getColumn('合計').getFilter()
  fltr.apply({
    filterOn: ExcelScript.FilterOn.icon,
    icon: {
      index: 0,
      set: ExcelScript.IconSet.threeArrows
    }
  })
}
```

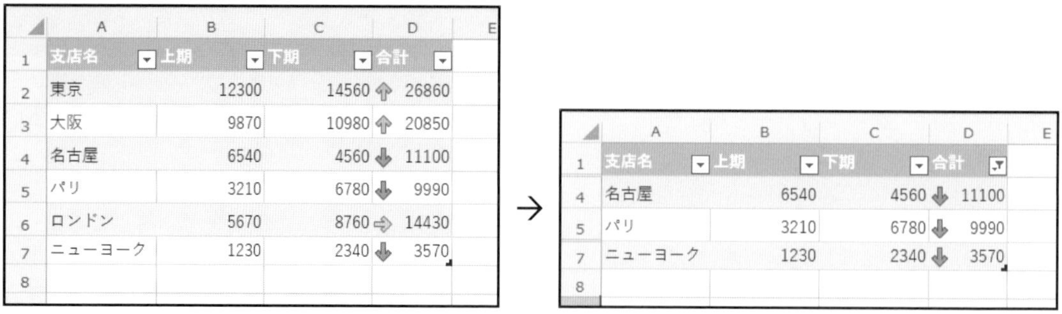

	A	B	C	D	E
1	支店名	上期	下期	合計	
2	東京	12300	14560	26860	
3	大阪	9870	10980	20850	
4	名古屋	6540	4560	11100	
5	パリ	3210	6780	9990	
6	ロンドン	5670	8760	14430	
7	ニューヨーク	1230	2340	3570	
8					

→

	A	B	C	D	E
1	支店名	上期	下期	合計	
4	名古屋	6540	4560	11100	
5	パリ	3210	6780	9990	
7	ニューヨーク	1230	2340	3570	
8					

図6-17：合計のアイコンが↓のものだけを表示する。

ここではapplyのfilterOnに「ExcelScript.FilterOn.icon」を指定しています。これでアイコンによるフィルターが設定されます。フィルター対処となるアイコンは「icon」という項目として用意するのですが、以下のような形になっています。

```
icon: {
  index: 0,
  set: ExcelScript.IconSet.threeArrows
}
```

iconの値はオブジェクトリテラルを使って記述します。これには「index」と「set」の2つの値が必要です。setにはアイコンセットの値である「IconSet」という値を用意しています。列挙体になっており、この中からアイコンセットの値を指定します。「threeArrows」というのが「3つの矢印」の値です。

そしてindexにはsetで指定したアイコンセットのどのアイコンを使うか、アイコンのインデックス番号を指定します。3つの矢印の場合、「↓」「→」「↑」の順に0, 1, 2がインデックスの番号として割り当てられています。index: 0とすれば、3つの矢印の「↓」を指定することができます。

このように、アイコンによる検索は「検索対象となる列にアイコンセットが設定されている」「検索するアイコンセットとインデックス番号をそれぞれ指定する」という点に注意しなければいけません。

カスタムフィルターについて

こうした基本的なフィルター処理以外のことを行わせたい場合は、「カスタムフィルター」を作成することになります。これはfilterOnに「custom」を指定するものです。

カスタムフィルターはcriterion1、criterion2にフィルター処理のための式を記述して独自の処理を作成します。「どのように式を記述するのか」がわからないといけませんが、式の書き方さえわかっていればかなり柔軟なフィルター処理ができます。では、いくつかの書き方を紹介しておきましょう。

テキストの指定

テキストの指定は「=テキスト」という形で値を記述します。このとき、特殊な役割を果たす以下のような記号を含めることができます。

?	任意の文字1文字を示す。
*	任意の文字を示す。

“?”は「何かの文字1つ」を示すもので、“*”は「何でも当てはまる」ものです。例えば「=A?B」とするとAABやABBなどは探し出せますが、ABやAXYBなどは探しません。しかし「=A*B」とすると、これらもすべて探し出します。

2文字の支店名を表示

簡単な利用例として、「2文字の支店名だけを表示する」というフィルターを作ってみましょう。以下のマクロを実行してください。

▼リスト6-14

```
function main(workbook: ExcelScript.Workbook) {
  const sheet = workbook.getActiveWorksheet()
  const table = workbook.getTable('table1')
  const fltr = table.getColumn('支店名').getFilter()
  fltr.apply({
    filterOn: ExcelScript.FilterOn.custom,
    criterion1: '=??'
  })
}
```

ここではtable.getColumn('支店名').getFilter()で「支店名」のFilterを取り出し、以下のように条件を用意してapplyしています。

	A	B	C	D	E
1	支店名	上期	下期	合計	
2	東京	12300	14560	26860	
3	大阪	9870	10980	20850	
5	パリ	3210	6780	9990	

図6-18：2文字の支店名だけを表示する。

```
{
  filterOn: ExcelScript.FilterOn.custom,
  criterion1: '=??'
}
```

criterion1: '=??'で「何らかの文字が2つ」という指定ができます。つまり、これで「2文字の名前だけ」を表示できるのです。3文字ならば'=???'というように?を増やせばいいのです。では、「3文字以上」の場合は？　これは、'=???*'とすれば可能になります。

複数条件の指定

カスタムフィルターでは「operator」という値を使うことで、2つの条件を組み合わせた検索も可能になっています。operatorはFilterOperatorという列挙体を使います。これには以下の2つの値が用意されています。

and	criterion1とcriterion2の両方の式が成立する。
or	criterion1とcriterion2のどちらかの式が成立する。

これにより、2つの条件を用意してこれらを組み合わせたフィルター処理が行えるようになります。

10000以上20000以下の項目を表示

では、実際の利用例を挙げておきましょう。「合計」の値が10000以上20000以下の項目を表示させてみます。

▼リスト6-15

```
function main(workbook: ExcelScript.Workbook) {
  const sheet = workbook.getActiveWorksheet()
  const table = workbook.getTable('table1')
  const fltr = table.getColumn('合計').getFilter()
  fltr.apply({
    filterOn: ExcelScript.FilterOn.custom,
    operator: ExcelScript.FilterOperator.and,
    criterion1: '>=10000',
    criterion2: '<=20000'
  })
}
```

ここではfilterOnにcustomを指定し、operatorにはFilterOperatorの「and」を指定しています。そして2つの条件を以下のように用意します。

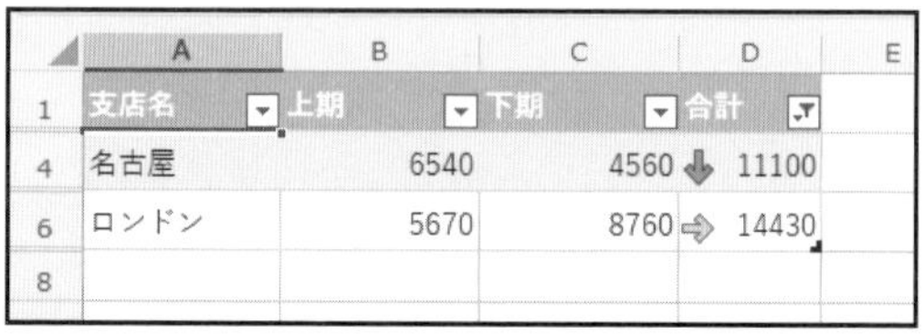

	A	B	C	D	E
1	支店名	上期	下期	合計	
4	名古屋	6540	4560	11100	
6	ロンドン	5670	8760	14430	
8					

図6-19：「合計」の値が10000 ～ 20000の範囲の値を検索する。

```
criterion1: '>=10000',
criterion2: '<=20000'
```

これで「合計」の値が10000以上20000以下の項目だけが表示されるようになります。operatorのandは、このようにある範囲内の値を検索するような場合に多用されます。

フィルターの削除

最後にフィルターの削除についても触れておきましょう。削除は、作成されるFilterおよびAutoFilterのオブジェクトに用意されているメソッドを呼び出して行います。

▼フィルターの削除

```
《Filter》.clear()
《AutoFilter》.clearCriteria()
```

FilterとAutoFilterは、実際に組み込まれるフィルターは同じものだと説明しました。Filterのclearは、そのFilterだけを削除します。

FilterはTableColumnから取り出しますから、これはつまり「指定の列に設定されたフィルターを削除する」というものになります。

これに対してAutoFilterは、Tableから取り出されるものです。したがってclearCriteriaは、「指定したテーブルにあるすべてのフィルターを削除する」という働きをします。

特定の「このフィルターを削除したい」ということが明確な場合は、そのFilterを取得してclearするのが確実です。しかし「テーブルのフィルターをすべて消したい」という場合は、AutoFilterのclearCriteriaを使ったほうが遥かに楽です。

すべてのフィルターを削除

利用例を挙げておきましょう。table1に設定されたフィルターをすべて削除するサンプルを挙げておきます。

▼リスト6-16

```
function main(workbook: ExcelScript.Workbook) {
  const sheet = workbook.getActiveWorksheet()
  const table = workbook.getTable('table1')
  table.getAutoFilter().clearCriteria()
}
```

これでフィルターがすべて消えます。「AutoFilterとFilterは、同じフィルターだ」という点がわかっていれば、フィルターの削除も迷うことはないでしょう。「AutoFilterのclearCriteriaで、Filterに設定したフィルターも消えるのか？」などと頭を悩ませることはなくなりますね。

Chapter 6

6.3. ピボットテーブルの利用

ピボットテーブルとは

一般的なテーブルは、基本的には「データをひとまとめにして見やすくする」というものです。テーブルにしたからといって特段にデータの分析機能が向上するというわけではありません。

しかし、Excelにはデータの分析を支援するテーブル機能もあります。「ピボットテーブル」がそれです。ピボットテーブルはデータの可視化や要約を行う特殊なテーブルです。特に複数の要素を持つデータを分析するのに威力を発揮します。

ただし、一般的なテーブルに比べると構造も複雑になっており、それだけマクロによる制御もわかりにくくなっています。

ピボットテーブルもテーブルと同様にワークブックで管理されています。Workbookに用意されているメソッドを使ってピボットテーブルを作成し、操作することができます。

データを用意する

ピボットテーブルを扱うためには、まずデータを用意しなければいけません。これまでの「支店」と「売上」といった単純な構造のものでは、ピボットテーブルを使うメリットはあまり感じられないでしょう。

そこで、「支店」「期間」「チャンネル」「売上」といった項目を持つデータを用意することにします。ざっと以下のような形でデータを作成していきます。

支店	期間	チャンネル	売上
東京	2021上期	実店舗	12300
東京	2021下期	実店舗	14500
東京	2021上期	オンライン	5670
東京	2021下期	オンライン	4560
ニューヨーク	2021上期	実店舗	9870
ニューヨーク	2021下期	実店舗	8760
ニューヨーク	2021上期	オンライン	12340
ニューヨーク	2021下期	オンライン	14320
……以下略……			

一番上には「支店」「期間」「チャンネル」「売上」と各項目名を記した行を用意してください。支店や期間、チャンネルなどはそれぞれで適当に考え、必要なだけ作成してください。

	A	B	C	D	E
1	支店	期間	チャンネル	売上	
2	東京	2021上期	実店舗	12300	
3	東京	2021下期	実店舗	14500	
4	東京	2022上期	実店舗	13100	
5	東京	2022下期	実店舗	15260	
6	東京	2021上期	オンライン	5670	
7	東京	2021下期	オンライン	4560	
8	東京	2022上期	オンライン	6780	
9	東京	2022下期	オンライン	7890	
10	東京	2021上期	通販	3210	
11	東京	2021下期	通販	2340	
12	東京	2022上期	通販	1230	
13	東京	2022下期	通販	980	
14	ニューヨーク	2021上期	実店舗	9870	
15	ニューヨーク	2021下期	実店舗	8760	
16	ニューヨーク	2022上期	実店舗	8910	

図6-20：ピボットテーブル用のデータを作成する。

PivotTableの作成

では、ピボットテーブルの作成を行いましょう。ピボットテーブルは「PivotTable」というオブジェクトとして用意されています。以下のように作成します。

▼PivotTableの作成

```
変数 =《Workbook》.addPivotTable( 名前 , ソース範囲 , 作成範囲 )
```

引数は3つあります。第1引数に、作成するPivotTableの名前をテキストで指定します。

第2引数は、データソースの指定です。データのある範囲のRangeやアドレスのテキストを使います。あるいはデータがテーブルになっている場合は、Tableオブジェクトを指定することもできます。

第3引数に、ピボットテーブルを作成する場所をRangeまたはアドレスのテキストで指定をします。ピボットテーブルは必要に応じて柔軟に拡大縮小していきますので、テーブルの左上の位置になるセルを指定しておけばいいでしょう。

ワークシートの作成

ピボットテーブルはデータソースがあるワークシート内に配置してもいいのですが、新しいワークシートを作成して、そこに配置することも多いでしょう。このような場合は新しいワークシートを作成し、それを作成場所に指定します。

ワークシートの作成は先にChapter3で説明しました（3-1「ワークシートの作成と削除」参照）。このように行いましたね。

```
変数 =《Workbook》.addWorksheet( 名前 )
```

addWorksheetは作成したワークシートを戻り値として返します。これを変数に入れておき、そこからテーブル作成場所のRangeを取り出し使えばいいでしょう。

PivotTableを作成する

ピボットテーブルを作成するマクロを作りましょう。今回は新しいワークシートを作り、そこにピボットテーブルを配置することにします。

▼リスト6-17

```
function main(workbook: ExcelScript.Workbook) {
  const range = workbook.getSelectedRange()
  const sheet = workbook.addWorksheet('Pivot')
  sheet.activate()
  let pivot1 = workbook.addPivotTable("pivot1", range, sheet.getRange("A1"))
}
```

作成したデータの範囲を選択しマクロを実行すると、新たに「Pivot」というワークシートを作成してピボットテーブルを作ります。addWorksheetでワークシートを作り、そこからgetRange("A1")でA1セルを指定してピボットテーブルを作成しています。

	A	B	C	D	E
1	支店	期間	チャンネル	売上	
2	東京	2021上期	実店舗	12300	
3	東京	2021下期	実店舗	14500	
4	東京	2022上期	実店舗	13100	
5	東京	2022下期	実店舗	15260	
6	東京	2021上期	オンライン	5670	
7	東京	2021下期	オンライン	4560	
8	東京	2022上期	オンライン	6780	
9	東京	2022下期	オンライン	7890	
10	東京	2021上期	通販	3210	

→

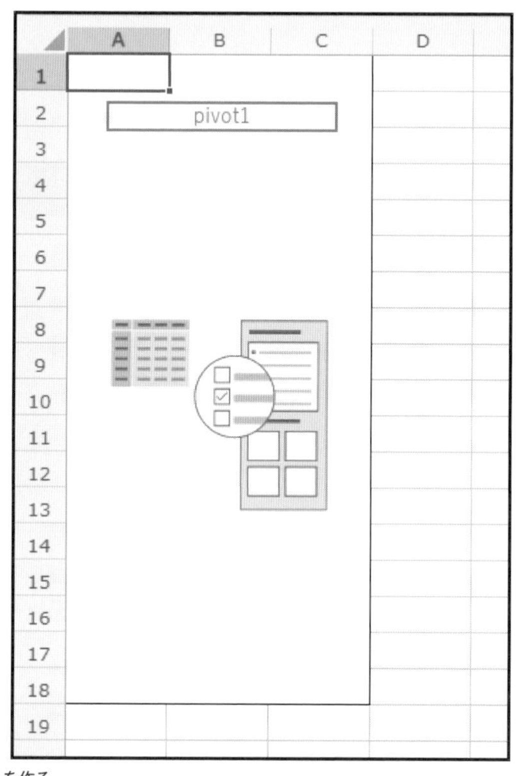

図6-21：データを選択して実行すると、新しいシートにピボットテーブルを作る。

フィールドと階層

しかし、作成したピボットテーブルには何も表示がされていません。ピボットテーブルに「階層」が設定されていないためです。

ピボットテーブルでは、データの項目は「フィールド」と呼ばれる形で組み込まれています。これらのフィールドを「列」「行」「値」といったところに組み込んでいきます。

マクロを実行してピボットテーブルが作成されると、ワークシートの右側に「ピボットフィールド」というパネルが表示されるでしょう。これがピボットテーブルのフィールドの設定を行う画面です。

左側に表示されているテーブルのフィールドを「列」「行」「値」といったところに組み込んでいくと、ピボットテーブルにその設定を元に表示がされるようになります。

これらの設定は「階層」(正確には「ピボット階層」)と呼ばれる形で管理されています。ピボットテーブルでは、例えば「期間のデータの中に各チャンネルのデータがまとめてある」というように、追加したフィールド順にデータが階層的に組み込まれていきます。このように列・行・値に組み込むフィールドの階層を作成していくのが「ピボットテーブルを作る」ということなのです。

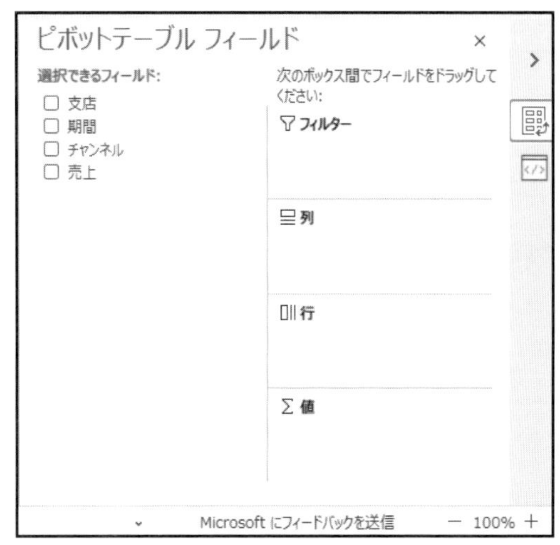

図6-22:ピボットフィールドの設定画面。

3つの階層

ピボットテーブルでは、この「行」「列」「値」という項目にフィールドを組み込んで階層状態を作っていくことで、表示する項目を設定していきます。Office Scriptでは、これらの階層はオブジェクトとして用意されています。これを以下のようなメソッドを使って取り出し、組み込んでいきます。

▼ピボットテーブルの取得

```
変数 =《Workbook》.getPivotTable( 名前 )
```

まず最初に、作成したピボットテーブルを取り出さないといけません。これは「getPivotTable」メソッドで引数に名前を指定して呼び出すだけです。この他、追加された全ピボットテーブルをまとめて取り出す「getPivotTables」といったメソッドも用意されています。

▼フィールドの階層「PivotHierarchy」

```
変数 =《PivotTable》.getHierarchy( 名前 )
```

各フィールドは、ピボットテーブルの階層にまとめられています。これは「PivotHierarchy」というオブジェクトとして用意されています。このオブジェクトはPivotTableの「getHierarchy」というメソッドで取得できます。これで取り出したオブジェクトを以下のメソッドで他の階層に追加していきます。

▼行/列の階層「RowColumnPivotHierarchy」

```
変数 =《PivotTable》.addRowHierarchy(《PivotHierarchy》)
変数 =《PivotTable》.addColumnHierarchy(《PivotHierarchy》)
```

行と列の階層は、「RowColumnPivotHierarchy」というオブジェクトとして用意されています。フィールドであるPivotHierarchyをこれらに組み込むことで、行・列の階層に追加します。戻り値は、追加したPivotHierarchyになります。

▼値の階層「DataPivotHierarchy」

```
変数 =《PivotTable》.addDataHierarchy(《PivotHierarchy》)
```

値の階層は、「DataPivotHierarchy」というオブジェクトとして用意されています。PivotHierarchyを組み込んで値の階層として設定します。戻り値は、追加したDataPivotHierarchyになります。

階層を設定する

いきなり見たこともない難しそうな名前のオブジェクトとメソッドがずらずらと出てきて驚いたでしょうが、これらは基本的な呼び出し方が決まっています。一度、実際に作業してみれば、使い方はすぐに理解できるでしょう。

では、作成したpivot1ピボットテーブルの階層を設定するマクロを作成しましょう。

▼リスト6-18

```
function main(workbook: ExcelScript.Workbook) {
  const pivot = workbook.getPivotTable("pivot1")
  pivot.addRowHierarchy(pivot.getHierarchy("期間"))
  pivot.addRowHierarchy(pivot.getHierarchy("チャンネル"))
  pivot.addColumnHierarchy(pivot.getHierarchy("支店"))
  pivot.addDataHierarchy(pivot.getHierarchy("売上"))
}
```

実行すると、行・列・値にフィールドが設定され、いわゆるピボットテーブルらしい表示が完成します。ここではまず、ワークシートからpivot1ピボットテーブルを取り出します。

	A	B	C	D	E
1	合計 / 売上	列ラベル			
2	行ラベル	ニューヨーク	ロンドン	東京	総計
3	⊟2021下期	31840	14430	21400	67670
4	オンライン	14320	8520	4560	27400
5	実店舗	8760	4320	14500	27580
6	通販	8760	1590	2340	12690
7	⊟2021上期	29860	14530	21180	65570
8	オンライン	12340	7890	5670	25900
9	実店舗	9870	5430	12300	27600
10	通販	7650	1210	3210	12070
11	⊟2022下期	33790	15150	24130	73070
12	オンライン	15670	7410	7890	30970
13	実店舗	10230	6780	15260	32270
14	通販	7890	960	980	9830
15	⊟2022上期	32230	17640	21110	70980
16	オンライン	13450	9630	6780	29860
17	実店舗	8910	6540	13100	28550
18	通販	9870	1470	1230	12570
19	総計	127720	61750	87820	277290
20					

図6-23：実行すると、行・列・値にそれぞれフィールドを設定しピボットテーブルを完成させる。

```
const pivot = workbook.getPivotTable("pivot1")
```

これでpivot1ピボットテーブルのオブジェクトが取り出されました。後はこれに階層を設定していくだけです。

▼行に「期間」「チャンネル」を追加

```
pivot.addRowHierarchy(pivot.getHierarchy("期間"))
pivot.addRowHierarchy(pivot.getHierarchy("チャンネル"))
```

▼列に「支店」を追加

```
pivot.addColumnHierarchy(pivot.getHierarchy("支店"))
```

▼値に「売上」を追加

```
pivot.addDataHierarchy(pivot.getHierarchy("売上"))
```

いずれもフィールドは「getHierarchy」を使ってPivotHierarchyとして取り出し、それを階層追加のメソッドに引数として渡しています。オブジェクト名もメソッドも難しそうですが、呼び出し方さえ知っていれば誰でも簡単に使えます。

階層を操作する

ピボットテーブルをマクロで操作する一番の利点は、「行・列・値のフィールドを自由に操作できる」ということが挙げられるでしょう。項目が多数あって階層状態が複雑になると、あらかじめ決まった形に自動的に設定してくれるのは非常に助かります。

この階層の操作の考え方は割と単純です。「必要に応じて階層オブジェクトを削除し、また追加する」のです。オブジェクトの追加はすでに説明しましたね。後はピボットテーブルから階層を削除するメソッドだけです。

▼階層オブジェクトの削除

```
《PivotTable》.removeRowHierarchy(《RowColumnPivotHierarchy》)
《PivotTable》.removeColumnHierarchy(《RowColumnPivotHierarchy》)
《PivotTable》.removeDataHierarchy(《DataPivotHierarchy》)
```

これらを使ってオブジェクトを削除したり追加したりすることで、階層の構造を自由に設定できるようになります。

この他、現在組み込まれている階層オブジェクトを取得するメソッドも必要になるでしょう。以下のようなものが一通り用意されています。

▼すべての階層オブジェクトを得る

```
変数 =《PivotTable》.getRowHierarchies()
変数 =《PivotTable》.getColumnHierarchies()
変数 =《PivotTable》.getDataHierarchies()
```

▼指定した名前の階層オブジェクトを得る

```
変数 =《PivotTable》.getRowHierarchy( 名前 )
変数 =《PivotTable》.getColumnHierarchy( 名前 )
変数 =《PivotTable》.getDataHierarchy( 名前 )
```

すべての階層オブジェクトの取得は、階層オブジェクトの配列の形で値が得られます。そこからインデックスを指定して必要なオブジェクトを取り出せばいいでしょう。

行の階層を入れ替える

実際の利用例を挙げておきましょう。まずは行の階層を入れ替える例からです。サンプルでは行の階層は「期間」があり、その内部に「チャンネル」が組み込まれている形になっていました。これを「チャンネル」の中に「期間」が組み込まれるようにしてみましょう。

▼リスト6-19

```
function main(workbook: ExcelScript.Workbook) {
  const pivot = workbook.getPivotTable("pivot1")
  const rows = pivot.getRowHierarchies()
  const r = rows[0].getName()
  pivot.removeRowHierarchy(rows[0])
  pivot.addRowHierarchy(pivot.getHierarchy(r))
}
```

	A	B	C	D	E
1	合計 / 売上	列ラベル			
2	行ラベル	ニューヨーク	ロンドン	東京	総計
3	2021下期	31840	14430	21400	67670
4	オンライン	14320	8520	4560	27400
5	実店舗	8760	4320	14500	27580
6	通販	8760	1590	2340	12690
7	2021上期	29860	14530	21180	65570
8	オンライン	12340	7890	5670	25900
9	実店舗	9870	5430	12300	27600
10	通販	7650	1210	3210	12070
11	2022下期	33790	15150	24130	73070
12	オンライン	15670	7410	7890	30970
13	実店舗	10230	6780	15260	32270
14	通販	7890	960	980	9830
15	2022上期	32230	17640	21110	70980
16	オンライン	13450	9630	6780	29860
17	実店舗	8910	6540	13100	28550
18	通販	9870	1470	1230	12570
19	総計	127720	61750	87820	277290

→

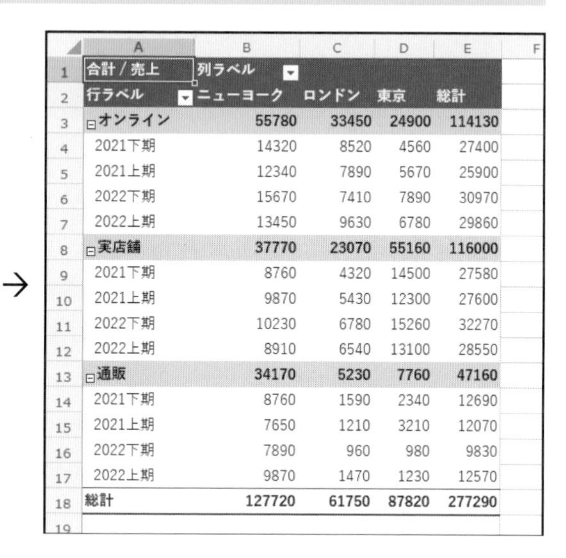

	A	B	C	D	E
1	合計 / 売上	列ラベル			
2	行ラベル	ニューヨーク	ロンドン	東京	総計
3	オンライン	55780	33450	24900	114130
4	2021下期	14320	8520	4560	27400
5	2021上期	12340	7890	5670	25900
6	2022下期	15670	7410	7890	30970
7	2022上期	13450	9630	6780	29860
8	実店舗	37770	23070	55160	116000
9	2021下期	8760	4320	14500	27580
10	2021上期	9870	5430	12300	27600
11	2022下期	10230	6780	15260	32270
12	2022上期	8910	6540	13100	28550
13	通販	34170	5230	7760	47160
14	2021下期	8760	1590	2340	12690
15	2021上期	7650	1210	3210	12070
16	2022下期	7890	960	980	9830
17	2022上期	9870	1470	1230	12570
18	総計	127720	61750	87820	277290

図6-24：実行すると、行の2つの項目の階層状態が入れ替わる。

実行すると、「チャンネル」の中に「期間」が表示される形になります。もう一度実行すると、元の「期間」内に「チャンネル」という状態に戻ります。実行するたびに、行の「期間」と「チャンネル」の階層構造が入れ替わることがわかるでしょう。ここではPivotTableを取得した後、以下の手順で作業をしています。

1 すべての行の階層オブジェクトを取得する。

```
const rows = pivot.getRowHierarchies()
```

2 最初のオブジェクトの名前を取り出す。

```
const r = rows[0].getName()
```

3 インデックス番号0のオブジェクトを行階層から取り除く。

```
pivot.removeRowHierarchy(rows[0])
```

4 取り出しておいた名前の階層オブジェクトを改めて追加する。

```
pivot.addRowHierarchy(pivot.getHierarchy(r))
```

getRowHierarchiesなど全階層オブジェクトの配列を取り出したものでは、組み込んだ順番にオブジェクトが並んでいます。新たに追加したオブジェクトは一番最後に追加されます。したがって最初のオブジェクトを取り除き改めて追加すれば、階層状態を全体に1階層移動させることができるわけです。

行と列の階層をローテートする

ではさらに進めて、行と列のすべての階層項目を順に移動させていくマクロを作ってみましょう。以下のようになります。

▼リスト6-20

```
function main(workbook: ExcelScript.Workbook) {
  const pivot = workbook.getPivotTable("pivot1")
  const rows = pivot.getRowHierarchies()
  const cols = pivot.getColumnHierarchies()
  const r = rows[0].getName()
  const c = cols[0].getName()
  pivot.addRowHierarchy(pivot.getHierarchy(c))
  pivot.addColumnHierarchy(pivot.getHierarchy(r))
}
```

合計 / 売上	列ラベル			
行ラベル	ニューヨーク	ロンドン	東京	総計
⊟2021下期	31840	14430	21400	67670
オンライン	14320	8520	4560	27400
実店舗	8760	4320	14500	27580
通販	8760	1590	2340	12690
⊟2021上期	29860	14530	21180	65570
オンライン	12340	7890	5670	25900
実店舗	9870	5430	12300	27600
通販	7650	1210	3210	12070
⊟2022下期	33790	15150	24130	73070
オンライン	15670	7410	7890	30970
実店舗	10230	6780	15260	32270
通販	7890	960	980	9830
⊟2022上期	32230	17640	21110	70980
オンライン	13450	9630	6780	29860
実店舗	8910	6540	13100	28550
通販	9870	1470	1230	12570
総計	127720	61750	87820	277290

→

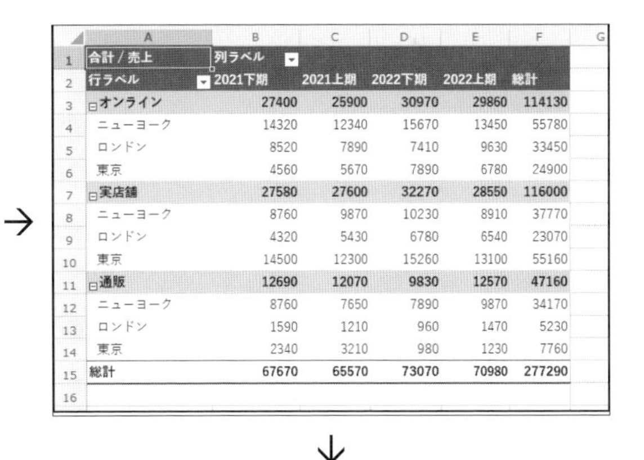

合計 / 売上	列ラベル				
行ラベル	2021下期	2021上期	2022下期	2022上期	総計
⊟オンライン	27400	25900	30970	29860	114130
ニューヨーク	14320	12340	15670	13450	55780
ロンドン	8520	7890	7410	9630	33450
東京	4560	5670	7890	6780	24900
⊟実店舗	27580	27600	32270	28550	116000
ニューヨーク	8760	9870	10230	8910	37770
ロンドン	4320	5430	6780	6540	23070
東京	14500	12300	15260	13100	55160
⊟通販	12690	12070	9830	12570	47160
ニューヨーク	8760	7650	7890	9870	34170
ロンドン	1590	1210	960	1470	5230
東京	2340	3210	980	1230	7760
総計	67670	65570	73070	70980	277290

↓

合計 / 売上	列ラベル			
行ラベル	オンライン	実店舗	通販	総計
⊟ニューヨーク	55780	37770	34170	127720
2021下期	14320	8760	8760	31840
2021上期	12340	9870	7650	29860
2022下期	15670	10230	7890	33790
2022上期	13450	8910	9870	32230
⊟ロンドン	33450	23070	5230	61750
2021下期	8520	4320	1590	14430
2021上期	7890	5430	1210	14530
2022下期	7410	6780	960	15150
2022上期	9630	6540	1470	17640
⊟東京	24900	55160	7760	87820
2021下期	4560	14500	2340	21400
2021上期	5670	12300	3210	21180
2022下期	7890	15260	980	24130
2022上期	6780	13100	1230	21110
総計	114130	116000	47160	277290

図6-25：実行すると、行と列の階層が順に移動していく。

実行すると、「行の上の階層→列」「行の下の階層→上の階層」「列の階層→行の下の階層」というようにローテートしていきます。3回実行すれば元の状態に戻ります。

ここでは行と列の階層オブジェクト配列を取り出し、それぞれのインデックス0の項目の名前を取り出してから行のものを列へ、列のものを行へそれぞれ追加しています。これで行と列の項目が順に入れ替わります。

C O L U M N

階層は削除しないの？

このサンプルを見て、「階層を削除していないけどいいのか？」と思った人もいるでしょう。これは、問題ありません。ピボットテーブルでは、ある階層オブジェクトを別の場所に追加すると、自動的に元の場所から削除されるのです。
では、なぜ「行を入れ替える」例では削除してから追加したのか？　それは「同じ場所に追加しても削除はされない」からです。行から列へ、列から行へと別の場所に追加したときは元の場所から削除されますが、行から行へ追加しても何も変更はされません。そのため、一度削除してから入れ直していたのですね。

値の集計方式

ピボットテーブルでは右端と下端にデフォルトで「総計」という項目が追加されます。これはデータの縦横の合計を計算し表示するものです。この項目は総計だけでなく、他の値（平均や最大値最小値、標準偏差など）を設定することもできます。これはデータの階層であるDataHierarchyにあるメソッドを利用します。

▼集計方式の設定

```
《DataHierarchy》.setSummarizeBy(《AggregationFunction》)
```

AggregationFunctionの値

automatic	自動的に集計方式を選択。
average	データの平均（AVERAGE関数）。
count	項目数の表示（COUNTA関数）。
countNumbers	データ内の数値の数（COUNT関数）。
max	最大値（MAX関数）。
min	最小値（MIN関数）。
product	積算（PRODUCT関数）。
standardDeviation	標準偏差（STDEV関数）。
standardDeviationP	標準偏差（STDEVP関数）。
sum	合計（SUM関数）。
unknown	未サポート。
variance	分散（VAR関数）。
varianceP	分散（VARP関数）。

setSummarizeByにAggregationFunction列挙体の値を指定することで、集計の方式を設定できます。デフォルトではautomaticが設定されており、多くの場合、sum（合計）が使われます。それ以外のものに設定すれば集計の方式を変えられます。

平均を表示

では一例として、「平均を表示する」というサンプルを作成してみましょう。次のようにマクロを記述し、実行してください。

▼リスト6-21

```
function main(workbook: ExcelScript.Workbook) {
  const pivot = workbook.getPivotTable("Pivot1")
  const d = pivot.getDataHierarchies()[0]
  d.setSummarizeBy(ExcelScript.AggregationFunction.average)
  d.setNumberFormat('#,###')
}
```

実行すると、「総計」のところの表示がデータの平均に変わります。なお、合計から平均に変えると、値によっては小数点以下の細かい値まで表示されることになるので、ここではデータのフォーマットを整数部分のみ表示するように設定してあります。

	A	B	C	D	E	F
1	平均 / 売上	列ラベル				
2	行ラベル	ニューヨーク	ロンドン	東京	総計	
3	⊟2021下期					
4	オンライン	14,320	8,520	4,560	9,133	
5	実店舗	8,760	4,320	14,500	9,193	
6	通販	8,760	1,590	2,340	4,230	
7	⊟2021上期					
8	オンライン	12,340	7,890	5,670	8,633	
9	実店舗	9,870	5,430	12,300	9,200	
10	通販	7,650	1,210	3,210	4,023	
11	⊟2022下期					
12	オンライン	15,670	7,410	7,890	10,323	
13	実店舗	10,230	6,780	15,260	10,757	
14	通販	7,890	960	980	3,277	
15	⊟2022上期					
16	オンライン	13,450	9,630	6,780	9,953	
17	実店舗	8,910	6,540	13,100	9,517	
18	通販	9,870	1,470	1,230	4,190	
19	総計	10,643	5,146	7,318	7,703	
20						

図6-26：総計のところにデータの平均が表示されるようになる。

では、処理を見てみましょう。まずDataHierarchyを取得します。

```
const d = pivot.getDataHierarchies()[0]
```

ここではピボットテーブルの値には売上の項目1つだけしか設定されていません。そこで、getDataHierarchiesのインデックス0の値を取り出して使うことにします。

```
d.setSummarizeBy(ExcelScript.AggregationFunction.average)
```

取り出したDataHierarchyからsetSummarizeByを呼び出し、AggregationFunctionのaverageに変更します。これで平均が表示されるようになります。

その後にあるのは表示フォーマットを設定するものです。

```
d.setNumberFormat('#,###')
```

ピボットテーブルの表示フォーマットは、値として設定されているDataHIerarchyに対して行います。ここにある「setNumberFormat」を使ってフォーマットを設定することで、その値のフォーマットが一括して設定されます。

値の表示ルール

表示されているピボットテーブルでは、売上の値はすべて元のテーブルに入力されている値がそのまま使われています。これらの値をどのような計算方式で表示するかという「値の表示ルール」というものが用意されています。これを変更することで、例えば「全体を100%とするパーセンテージ」として表示させたりすることもできます。これはPivotTableのフィールドを示す「PivotField」という値を使います。PivotTableから行・列の階層オブジェクトであるRowColumnPivotHierarchyを取り出し、その中から取り出します。

▼PivotFieldを得る

```
変数 =《RowColumnPivotHierarchy》.getPivotField( 名前 )
```

RowColumnPivotHierarchyは、PivotTableの「getRowHierarchy」「getColumnHierarchy」といったメソッドで取り出せましたね。そこからさらにgetPivotFieldでピボットフィールドのオブジェクトが得られるのです。表示ルールの設定は、PivotFieldの「setShowAs」というメソッドを使って行います。

▼表示ルールの設定

```
《PivotField》.setShowAs(《ShowAsRule》)
```

ShowAsRuleの値

baseField	計算のベースとなるピボットフィールドの指定。
baseItem	計算のベースとなる項目の指定。
calculation	計算の方式を指定(ShowAsPivotField)。

このsetShowAsでは「ShowAsRule」というオブジェクトを値として指定します。これはオブジェクトリテラルとして値を作成します。用意可能な項目はbaseField、baseItem、calculationの3つです。ただし、baseFieldとbaseItemはcalculationの設定によって必要ならば用意するというもので、不要ならば省略できます。

必ず用意する必要があるのはcalculationで、これは「ShowAsPivotFieldという列挙体を使って計算の方法を指定します。このShowAsPivotFieldには以下の値が用意されています。

ShowAsPivotFieldの値

differenceFrom	baseFieldとbaseItemとの違い。
index	(セル内の値) x (総計) / (行合計 x 列合計)。
none	計算をしない。
percentDifferenceFrom	baseFieldとbaseItemとの違いの割合。
percentOf	baseFieldとbaseItemの割合。
percentOfColumnTotal	列の合計の割合。
percentOfGrandTotal	総計の割合。
percentOfParentColumnTotal	baseFieldの列合計の割合。
percentOfParentRowTotal	baseFieldの行合計の割合。
percentOfParentTotal	baseFieldの合計の割合。
percentOfRowTotal	行の合計の割合。
percentRunningTotal	baseFieldの合計を実行する割合。
rankAscending	baseFieldの昇順ランク。
rankDecending	baseFieldの降順ランク。

runningTotal	baseFieldの合計。
unknown	未サポート。

baseFieldやbaseItemによってピボットフィールドや項目の指定が必要な計算方法では、それらの値を用意しておかなければうまく動作しないので注意してください。

列合計の割合で表示する

例として、ピボットテーブルの表示を列合計の割合で表示させてみましょう。以下のように実行してください。

▼リスト6-22

```
function main(workbook: ExcelScript.Workbook) {
  const pivot = workbook.getPivotTable("Pivot1")
  const d = pivot.getDataHierarchies()[0]
  d.setSummarizeBy(ExcelScript.AggregationFunction.sum)
  const f = pivot.getDataHierarchies()[0].getField()
  d.setShowAs({
    calculation: ExcelScript.ShowAsCalculation.percentOfColumnTotal
  })
}
```

実行すると、各列ごとに全体の割合（パーセント）として値が表示されるようになります。setShowAsの引数のオブジェクトで、calculationにpercentOfColumnTotalを指定しています。これにより、列の割合として数値が表示されるようになります。

	A	B	C	D	E
1	合計 / 売上	列ラベル			
2	行ラベル	ニューヨーク	ロンドン	東京	総計
3	⊟2021下期				
4	オンライン	11.21%	13.80%	5.19%	9.88%
5	実店舗	6.86%	7.00%	16.51%	9.95%
6	通販	6.86%	2.57%	2.66%	4.58%
7	⊟2021上期				
8	オンライン	9.66%	12.78%	6.46%	9.34%
9	実店舗	7.73%	8.79%	14.01%	9.95%
10	通販	5.99%	1.96%	3.66%	4.35%
11	⊟2022下期				
12	オンライン	12.27%	12.00%	8.98%	11.17%
13	実店舗	8.01%	10.98%	17.38%	11.64%
14	通販	6.18%	1.55%	1.12%	3.55%
15	⊟2022上期				
16	オンライン	10.53%	15.60%	7.72%	10.77%
17	実店舗	6.98%	10.59%	14.92%	10.30%
18	通販	7.73%	2.38%	1.40%	4.53%
19	総計	100.00%	100.00%	100.00%	100.00%

図6-27：各列ごとに割合が%で表示されるようになる。

元に戻すには?

これで表示の計算方式を設定できるようになりましたが、では元の状態に戻すにはどうすればいいのでしょうか？

これは、calculationに「none」を指定してsetShowAsを呼び出せばいいのです。その際に注意したいのは「数値フォーマット」です。割合の表示などに設定を変更していると、数値のフォーマットがデフォルトのパーセント表示のフォーマットに変更されます。このため、setShowAsしただけでは元の表示の状態には戻りません。併せてsetNumberFormatも設定しておくようにしましょう。

集計表示とレイアウト

ピボットテーブルではデフォルトで縦横の合計が表示されます。この表示は設定でOFFにすることもできます。また、行の表示に階層がある場合は、各項目ごとの小計を表示させる機能もあります。

こうした表示はPibotTableのレイアウトを管理する「PivotLayout」というオブジェクトによって設定できます。以下のように取得します。

▼PivotLayoutの取得

```
変数 =《PivotTable》.getLayout()
```

PivotLayoutにはレイアウトに関する細かなメソッドが多数用意されています。レイアウト設定の例として、いくつかメソッドを挙げておきましょう。

▼列の総計の表示

```
変数 =《PivotLayout》.getShowColumnGrandTotals()
《PivotLayout》.setShowColumnGrandTotals( 真偽値 )
```

▼行の総計の表示

```
変数 =《PivotLayout》.getShowRowGrandTotals()
《PivotLayout》.setShowRowGrandTotals( 真偽値 )
```

▼小計の表示

```
変数 =《PivotLayout》.getSubtotalLocation()
《PivotLayout》.setSubtotalLocation(《SubtotalLocationType》)
```

SubtotalLocationTypeの値

atBottom	下部に表示。
atTop	上部に表示。
off	表示をOFFにする。

総計の表示はいずれも真偽値で設定されます。trueならば表示をONにし、falseならばOFFにします。小計はSubtotalLocationType列挙体の値で指定します。

集計表示を操作する

では、ピボットテーブルの集計表示を操作してみましょう。小計・縦横の総計の表示をそれぞれON/OFFするマクロを作成してみます。

▼リスト6-23

```
function main(workbook: ExcelScript.Workbook) {
  const pivot = workbook.getPivotTable("Pivot1");
  const layout = pivot.getLayout()
  const f1 = layout.getSubtotalLocation()
  const f2 = layout.getShowColumnGrandTotals()
  const f3 = layout.getShowRowGrandTotals()
```

```
  if (f1 == ExcelScript.SubtotalLocationType.off) {
    layout.setSubtotalLocation(
        ExcelScript.SubtotalLocationType.atBottom)
  } else {
    layout.setSubtotalLocation(
        ExcelScript.SubtotalLocationType.off)
  }
  layout.setShowColumnGrandTotals(!f2)
  layout.setShowRowGrandTotals(!f3)
}
```

	A	B	C	D	E	F
1	合計 / 売上	列ラベル				
2	行ラベル	ニューヨーク	ロンドン	東京	総計	
3	⊟2021下期					
4	オンライン	11.21%	13.80%	5.19%	9.88%	
5	実店舗	6.86%	7.00%	16.51%	9.95%	
6	通販	6.86%	2.57%	2.66%	4.58%	
7	⊟2021上期					
8	オンライン	9.66%	12.78%	6.46%	9.34%	
9	実店舗	7.73%	8.79%	14.01%	9.95%	
10	通販	5.99%	1.96%	3.66%	4.35%	
11	⊟2022下期					
12	オンライン	12.27%	12.00%	8.98%	11.17%	
13	実店舗	8.01%	10.98%	17.38%	11.64%	
14	通販	6.18%	1.55%	1.12%	3.55%	
15	⊟2022上期					
16	オンライン	10.53%	15.60%	7.72%	10.77%	
17	実店舗	6.98%	10.59%	14.92%	10.30%	
18	通販	7.73%	2.38%	1.40%	4.53%	
19	総計	100.00%	100.00%	100.00%	100.00%	
20						

→

	A	B	C	D	E
1	合計 / 売上	列ラベル			
2	行ラベル	ニューヨーク	ロンドン	東京	
3	⊟2021下期				
4	オンライン	11.21%	13.80%	5.19%	
5	実店舗	6.86%	7.00%	16.51%	
6	通販	6.86%	2.57%	2.66%	
7	2021下期 集計	24.93%	23.37%	24.37%	
8	⊟2021上期				
9	オンライン	9.66%	12.78%	6.46%	
10	実店舗	7.73%	8.79%	14.01%	
11	通販	5.99%	1.96%	3.66%	
12	2021上期 集計	23.38%	23.53%	24.12%	
13	⊟2022下期				
14	オンライン	12.27%	12.00%	8.98%	
15	実店舗	8.01%	10.98%	17.38%	
16	通販	6.18%	1.55%	1.12%	
17	2022下期 集計	26.46%	24.53%	27.48%	
18	⊟2022上期				
19	オンライン	10.53%	15.60%	7.72%	
20	実店舗	6.98%	10.59%	14.92%	
21	通販	7.73%	2.38%	1.40%	
22	2022上期 集計	25.23%	28.57%	24.04%	
23					

図6-28：実行すると、小計と縦横の総計の表示がそれぞれON/OFFする。

実行すると、小計の表示と縦横の総計の表示がON/OFFされます。マクロ実行前では縦横の総計が表示され、小計は表示されていない状態です。マクロを実行すると小計が表示され、総計が表示されなくなります。再度実行すると元の状態に戻ります。小計と総計がそれぞれON/OFFされるのがわかるでしょう。

ここではまずgetLayoutでPivotLayoutを取得した後、小計と縦横の総計表示の値を変数に取り出しています。そして、その値を元に新たに設定を行います。総計の表示は真偽値なので、得た値を逆にしたものを設定するだけです。小計表示はSubtotalLocationTypeで設定するので、これがoffならばatBottomに、そうでなければoffに設定しています。これでOFFと下部の小計表示がON/OFFされます。

Chapter 6

6.4. ピボットテーブルのフィルターとスライサー

ピボットテーブルのフィルター設定

ピボットテーブルにもテーブルと同様にフィルター機能があります。これを設定することで、特定の条件に合致する項目だけを表示させることができます。ただし、ピボットテーブルは行・列・値の複数項目を組み合わせてテーブルが自動生成されていますので、単純なテーブルのフィルターとはアプローチが違います。

このフィルターはPivotTableのフィールドを扱う「PivotField」オブジェクトに用意されています。

▼フィルターの設定

```
《PivotField》.applyFilter(《PivotFilters》)
```

引数には「PivotFilters」というオブジェクトを指定します。これは、オブジェクトリテラルの形で作成をします。

▼PivotFiltersの作成

```
{
  dateFilter:《PivotDateFilter》,
  labelFilter:《PivotLabelFilter》,
  manualFilter:《PivotManualFilter》,
  valueFilter:《PivotValueFilter》
}
```

PivotFiltersはこのように4つのプロパティが用意されており、これらにフィルターの設定情報を記述していきます。すべて用意する必要はなく、設定したいフィルターの項目だけを用意すればいいようになっています。

4つのプロパティにそれぞれ用意するオブジェクトも、オブジェクトリテラルの形で記述します。これらの書き方がフィルターの設定のポイントと言えます。

ラベルフィルター

ではまず、labelFilterに設定する「PivotLabelFilter」の利用について説明しましょう。これは「ラベルフィルター」を設定するものです。ラベルフィルターは列や行の項目名により表示を絞り込むものです。例えば「支店の中から東京の項目だけ表示する」とか「チャンネルの中からオンラインだけを表示する」というように、行と列に表示されている項目の名前（ラベル）から条件に合うものだけを表示させます。

これを設定するためのPivotLabelFilterは以下のように記述します。

▼PivotLabelFilterの作成

```
{
  condition:《LabelFilterCondition》,
  exclusive:真偽値,
  lowerBound:テキスト,
  upperBound:テキスト,
  substring:テキスト
}
```

各プロパティの役割

condition	フィルターの条件を指定するもの。LabelFilterCondition列挙体で値を指定。条件式の演算子に相当する。
exclusive	条件に合致するものを表示するか、除外するかを指定。trueにすると条件に合致するものが表示されなくなる。
lowerBound, upperBound	条件の範囲の下限・上限を指定するためのもの。conditionに「between」を指定する場合に用意。
substring	conditionに「beginWith」「endWith」「contains」といった値を指定した場合に用意。

LabelFilterCondition列挙体の値

beginsWith	指定した値で始まるもの。
between	指定した範囲の値。
contains	指定した値を含むもの。
endsWith	指定した値で終わるもの。
equals	指定した値と等しいもの。
greaterThan	指定した値より大きい。
greaterThanOrEqualTo	指定した値と等しいか大きい。
lessThan	指定した値より小さい。
lessThanOrEqualTo	指定した値と等しいか小さい。
unknown	不明。

項目が非常にわかりにくくなっていますね。基本的に「conditionで演算子を指定し、それに合わせて他の値を用意する」と考えてください。conditionで指定した演算子では、それぞれどういう値を情報として用意してほしいかが決まっています。選んだ演算子に応じて、必要な値をプロパティとして用意すればいいのです。

オンラインのデータだけ表示する

これは実際の利用例を見てみないとうまく理解できないかもしれません。サンプルとして、「チャンネルの中から『オンライン』の項目だけを表示する」というマクロを作成してみましょう。

▼リスト6-24

```
function main(workbook: ExcelScript.Workbook) {
  const pivot = workbook.getPivotTable("Pivot1");
  const rh = pivot.getRowHierarchy('チャンネル').getFields()[0]
  rh.applyFilter({
```

```
    labelFilter: {
      condition: ExcelScript.LabelFilterCondition.contains,
      substring: 'オンライン'
    }
  })
}
```

実行すると、チャンネルの「オンライン」の項目だけが表示されます。getRowHierarchy('チャンネル')でチャンネルのRowColumnPivotHierarchyを取得し、そこからgetFieldsの最初のPivotFieldを取り出します。これにapplyFilterでフィルターを設定します。

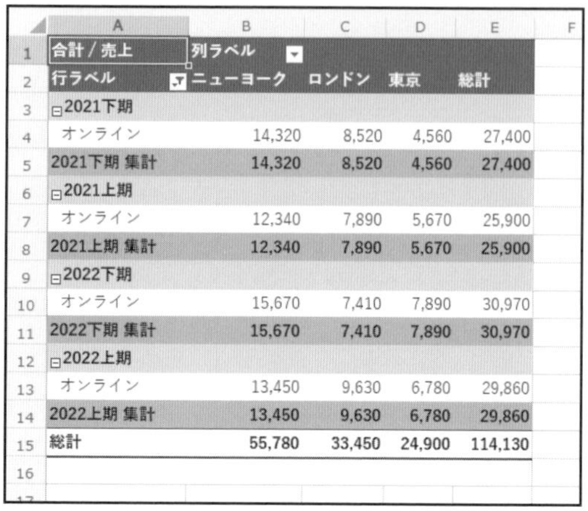

	A	B	C	D	E	F
1	合計 / 売上	列ラベル				
2	行ラベル	ニューヨーク	ロンドン	東京	総計	
3	⊟2021下期					
4	オンライン	14,320	8,520	4,560	27,400	
5	2021下期 集計	14,320	8,520	4,560	27,400	
6	⊟2021上期					
7	オンライン	12,340	7,890	5,670	25,900	
8	2021上期 集計	12,340	7,890	5,670	25,900	
9	⊟2022下期					
10	オンライン	15,670	7,410	7,890	30,970	
11	2022下期 集計	15,670	7,410	7,890	30,970	
12	⊟2022上期					
13	オンライン	13,450	9,630	6,780	29,860	
14	2022上期 集計	13,450	9,630	6,780	29,860	
15	総計	55,780	33,450	24,900	114,130	
16						

図6-29：実行すると、チャンネルの「オンライン」だけを表示する。

labelFilterに用意する値は以下のような形をしています。

```
labelFilter: {
  condition: ExcelScript.LabelFilterCondition.contains,
  substring: 'オンライン'
}
```

conditionには値が含まれているかチェックする「contains」を指定し、substringに'オンライン'と指定します。これでチャンネルのラベルに「オンライン」が含まれている項目だけが表示されます。

値フィルター

値でフィルター処理をする「値フィルター」の使い方についても触れておきましょう。これはPivotFiltersのvalueFilterプロパティに以下のような形で値を用意します。

▼PivotValueFilterの作成

```
{
  condition:《ValueFilterCondition》,
  exclusive:真偽値,
  comparator: 数値,
  lowerBound: テキスト,
  upperBound: テキスト,
  selectionType:《TopBottomSelectionType》,
  threshold: 数値,
  value: テキスト
}
```

各プロパティの役割

condition	フィルターの条件を指定するもの。ValueFilterCondition列挙体で値を指定。条件式の演算子に相当する。
exclusive	条件に合致するものを表示するか、除外するかを指定。trueにすると条件に合致するものが表示されなくなる。
comparator	比較する条件の指定で使われる静的な値。項目の名前(ラベル)などを指定するのに用いられる。
lowerBound, upperBound	条件の範囲の下限・上限を指定するためのもの。conditionに「between」を指定する場合に用意。
selectionType	上位・下位の項目を得る場合の選択方式を指定。
threshold	アイテムや%を指定する際のしきい値。
value	フィルターでフィールドを指定する際に使う値。

ValueFilterCondition列挙体の値

between	指定した範囲内の値。
bottomN	指定した条件から下位の項目を得る。
topN	指定した条件から上位の項目を得る。
equals	指定した値に等しい。
greaterThan	指定した値より大きい。
greaterThanOrEqualTo	指定した値以上。
lessThan	指定した値より小さい。
lcssThanOrEqualTo	指定した値以下。
unknown	不明。

こちらも用意されているプロパティの内容が非常にわかりにくいですね。これもconditionで指定する演算子次第で必要なプロパティが決まります。ざっと以下のように考えるとよいでしょう。

- 値を「等しい、大きい、小さい」といった比較して取り出すものではcomparatorで項目の名前、valueで比較する値を指定します。
- betweenではlowerBound, upperBoundで範囲を指定します。
- bottomN, topNではselectionTypeで選択の方式を、thresholdでしきい値をしていします。

まずは「等しい、大きい、小さい」といった値の比較を行うフィルターを使えるようになりましょう。これだけでも使えるようになれば、値フィルターの働きがよくわかります。

チャンネルの総計でフィルターする

利用例を挙げておきましょう。各期間のチャンネルの合計が20000より大きいものだけを表示させる例を挙げておきます。

▼リスト6-25

```
function main(workbook: ExcelScript.Workbook) {
  const pivot = workbook.getPivotTable("Pivot1")
  const dh = pivot.getDataHierarchies()
  const rh = pivot.getRowHierarchy('チャンネル').getFields()[0]
  rh.applyFilter({
```

```
    valueFilter: {
      condition: ExcelScript.ValueFilterCondition.greaterThan,
      comparator:20000,
      value:dh[0].getName()
    }
  })
}
```

DataHierarchyの配列を変数dhに、チャンネルのRowColumnHierarchyを変数rhに、それぞれ代入しています。

	A	B	C	D	E	F
1	合計 / 売上	列ラベル				
2	行ラベル	ニューヨーク	ロンドン	東京	総計	
3	⊟2021下期					
4	オンライン	14,320	8,520	4,560	27,400	
5	2021下期 集計	14,320	8,520	4,560	27,400	
6	⊟2021上期					
7	オンライン	12,340	7,890	5,670	25,900	
8	2021上期 集計	12,340	7,890	5,670	25,900	
9	⊟2022下期					
10	オンライン	15,670	7,410	7,890	30,970	
11	2022下期 集計	15,670	7,410	7,890	30,970	
12	⊟2022上期					
13	オンライン	13,450	9,630	6,780	29,860	
14	2022上期 集計	13,450	9,630	6,780	29,860	
15	総計	55,780	33,450	24,900	114,130	
16						

図6-30：実行すると、チャンネルの合計が20000以上のものだけを表示する。

rhのapplyFilterではvalueFilterに以下のように設定を行っています。

```
valueFilter: {
  condition: ExcelScript.ValueFilterCondition.greaterThan,
  comparator:20000,
  value:dh[0].getName()
}
```

conditionにgreaterThanを指定しcomparatorに「20000」を、valueにはdh[0]からgetNameで取り出した名前を指定します。これでvalueには総計の項目の名前が設定され、総計が20000より大きいものだけが表示されるようになります。

フィルターはconditionの値次第で用意する値が変わるため、非常にわかりにくいかもしれません。基本のフィルターから使えるようにしていきましょう。

スライサーの利用

テーブルやピボットテーブルはフィルターにより特定の項目だけを表示できます。しかし、フィルターを毎回設定して表示を切り替えるのは意外と面倒です。もっと簡単に表示内容を操作できるような仕組みがほしい、と感じたことは多いでしょう。そうした用途のためにExcelに用意されているのが「スライサー」です。

スライサーは実は2021年現在、Web版Excelには作成のための機能が用意されていません。デスクトップ版Excelではテーブルやピボットテーブルのセルを選択し、「挿入」メニューのリボンビューにある「スライサー」アイコンを使って作成できます。アイコンをクリックすると、テーブル／ピボットテーブルのどの項目についてスライサーを作成するか選択するダイアログが現れます。ここで項目を選んで「OK」ボタンをクリックすればスライサーが作られます。

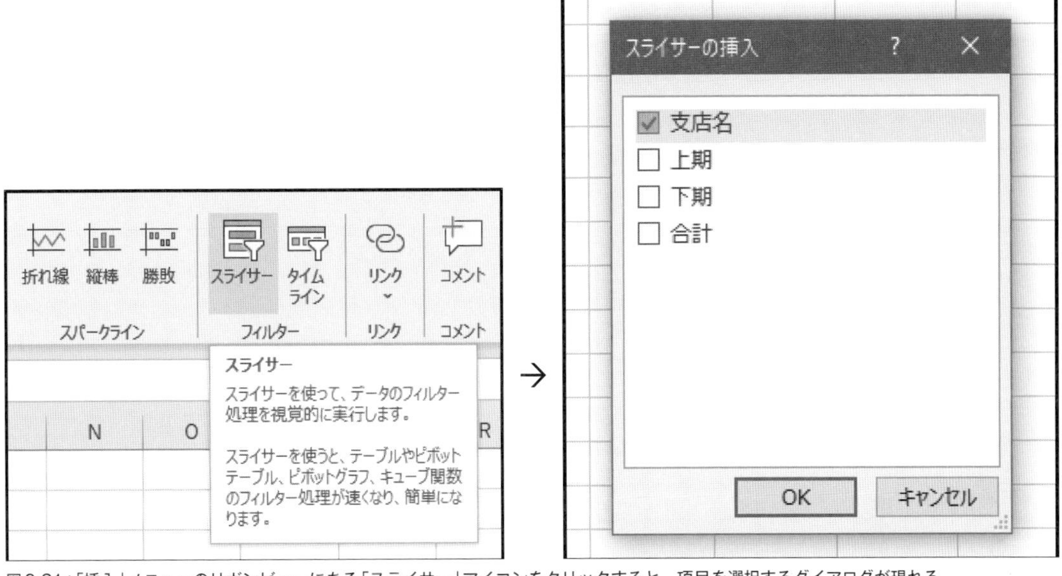

図6-31：「挿入」メニューのリボンビューにある「スライサー」アイコンをクリックすると、項目を選択するダイアログが現れる。

スライサーは選択した項目（列や行）にある値から表示する項目を素早く選ぶことができます。例えば「支店」のスライサーならば、ワンクリックで「東京」や「大阪」のデータだけを表示させることができます。

スライサーはフィルターの一種であると言えます。フィルターのように細々とした設定を必要とせず、表示される項目を素早く切り替えるためのものなのです。

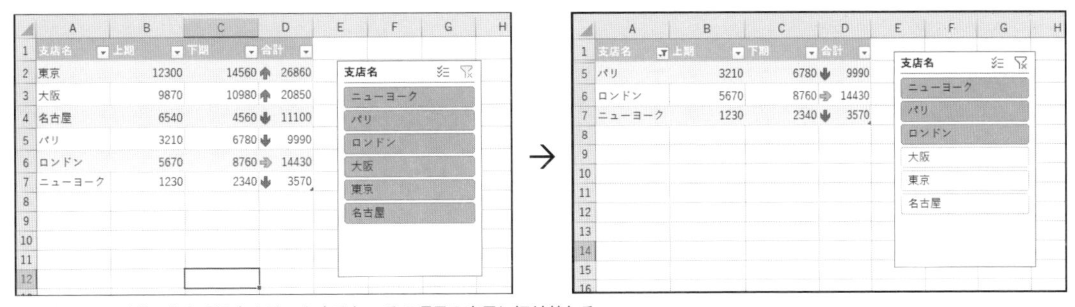

図6-32：スライサーから項目をクリックすると、その項目の表示に切り替わる。

スライサーの作成

スライサーはOffice Scriptから作成することができます。Web版Excelではスライサーのメニューやアイコンが用意されていません。しかしマクロを使うことでスライサーを作成し、利用できるようになります。

スライサーはWorkbookにある「addSlicer」というメソッドで作成することができます。

▼テーブルのスライサー作成

```
変数 =《Workbook》.addSlicer(《Table/PivotTable》, 項目の指定, シート名 )
```

テーブルでもピボットテーブルでも、どちらでもスライサーは作成できます。第2引数にTableまたはPivotTableを指定し、第2引数にどの項目にスライサーを設定するのか割り当てる項目を指定します。設定する列の名前でも、あるいは項目のインデックス番号でもかまいません。そして第3引数に、スライサーを配置するシート名を用意します。

スライサーのメソッド

addSlicerで作成されるのは「Slicer」というオブジェクトです。この中にはスライサーの設定を行うためのメソッドがいろいろと用意されています。主なものを以下にまとめておきましょう。

▼名前の設定

```
変数 =《Slicer》.getName()
《Slicer》.setName( テキスト )
```

▼キャプションの設定

```
変数 =《Slicer》.getCaption()
《Slicer》.setCaption( テキスト )
```

▼横位置の設定

```
変数 =《Slicer》.getLeft()
《Slicer》.setLeft( 数値 )
```

▼縦位置の設定

```
変数 =《Slicer》.getTop()
《Slicer》.setTop( 数値 )
```

▼横幅の設定

```
変数 =《Slicer》.getWidth()
《Slicer》.setWidth( 数値 )
```

▼高さの設定

```
変数 =《Slicer》.getHeight()
《Slicer》.setHeight( 数値 )
```

これで、スライサーの表示位置や大きさ、名前などを設定できます。なお、スライサーの上部にはスライサーの名前が表示できますが、これはsetNameではなく、setCaptionで設定されたキャプションの値です。

スライサーを作成する

では、実際にスライサーを作成してみましょう。これまで利用してきたtable1テーブルにスライサーを割り当ててみます。

▼リスト6-26

```
function main(workbook: ExcelScript.Workbook) {
  const sheet = workbook.getActiveWorksheet()
  const pivot = workbook.getPivotTable('pivot1')
```

```
  const slcr1 = workbook.addSlicer(pivot, '期間',
      sheet.getName())
  slcr1.setName('期間スライサー')
  slcr1.setCaption('期間の切替')
  slcr1.setLeft(350)
  slcr1.setTop(25)
  const slcr2 = workbook.addSlicer(pivot, 'チャンネル',
      sheet.getName())
  slcr2.setName('チャンネルスライサー')
  slcr2.setCaption('チャンネル切替')
  slcr2.setLeft(500)
  slcr2.setTop(25)
}
```

pivot1ピボットテーブルに2つのスライサーを作成するサンプルです。作成するのは「期間」と「チャンネル」のスライサーです。スライサーが表示されたら、この2つのスライサーを操作して表示をあれこれと変更してみましょう。

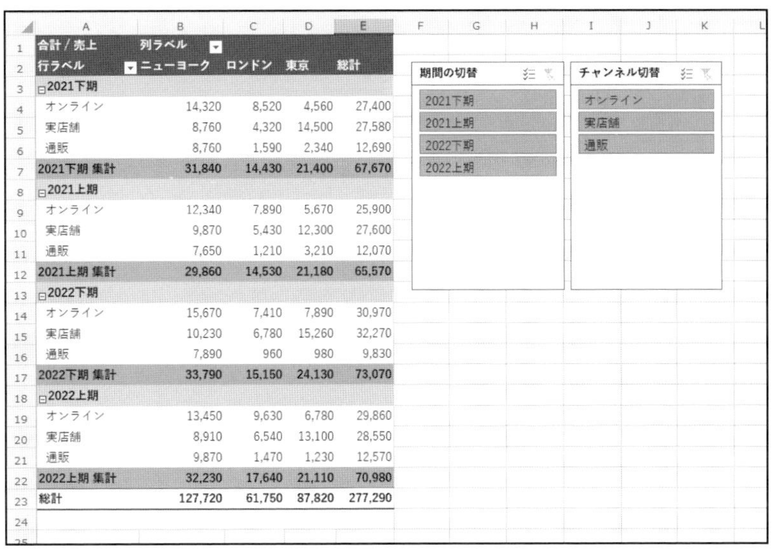

合計 / 売上	列ラベル			
行ラベル	ニューヨーク	ロンドン	東京	総計
2021下期				
オンライン	14,320	8,520	4,560	27,400
実店舗	8,760	4,320	14,500	27,580
通販	8,760	1,590	2,340	12,690
2021下期 集計	31,840	14,430	21,400	67,670
2021上期				
オンライン	12,340	7,890	5,670	25,900
実店舗	9,870	5,430	12,300	27,600
通販	7,650	1,210	3,210	12,070
2021上期 集計	29,860	14,530	21,180	65,570
2022下期				
オンライン	15,670	7,410	7,890	30,970
実店舗	10,230	6,780	15,260	32,270
通販	7,890	960	980	9,830
2022下期 集計	33,790	15,150	24,130	73,070
2022上期				
オンライン	13,450	9,630	6,780	29,860
実店舗	8,910	6,540	13,100	28,550
通販	9,870	1,470	1,230	12,570
2022上期 集計	32,230	17,640	21,110	70,980
総計	127,720	61,750	87,820	277,290

図6-33：実行すると、期間とチャンネルを操作する2つのスライサーが作成される。

スライサーの選択状態

スライサーは項目をクリックして選択すると、その項目だけが表示されるようになります。選択状態はSlicerオブジェクトにあるメソッドで操作することができます。

▼選択状態の設定

```
変数 =《Slicer》.getSelectedItems()
《Slicer》.selectItems( テキスト配列 )
```

▼フィルターのクリア

```
《Slicer》.getIsFilterCleared()
```

とりあえずこれらのメソッドを覚えておけば、マクロ内からスライサーの操作を行えるようになります。例を挙げておきましょう。

▼リスト6-27

```
function main(workbook: ExcelScript.Workbook) {
  const sheet = workbook.getActiveWorksheet()
  const slcr = workbook.getSlicer('チャンネルスライサー')
  slcr.selectItems(['オンライン'])
}
```

実行すると、先ほど作成した「チャンネルスライサー」の「オンライン」が選択された状態になります。同時にピボットテーブルの表示も、チャンネルの「オンライン」だけが表示された状態に変わります。マクロでスライサーを操作すれば、当然ですがピボットテーブルの表示もそれに合わせて変わるのです。

合計 / 売上	列ラベル			
行ラベル	ニューヨーク	ロンドン	東京	総計
2021下期				
オンライン	14,320	8,520	4,560	27,400
2021下期 集計	14,320	8,520	4,560	27,400
2021上期				
オンライン	12,340	7,890	5,670	25,900
2021上期 集計	12,340	7,890	5,670	25,900
2022下期				
オンライン	15,670	7,410	7,890	30,970
2022下期 集計	15,670	7,410	7,890	30,970
2022上期				
オンライン	13,450	9,630	6,780	29,860
2022上期 集計	13,450	9,630	6,780	29,860
総計	55,780	33,450	24,900	114,130

期間の切替
2021下期
2021上期
2022下期
2022上期

チャンネル切替
オンライン
実店舗
通販

図6-34：実行すると、チャンネルスライサーの「オンライン」が選択される。

スライサーの項目

スライサーに表示されている項目も、オブジェクトとして用意されています。「SlicerItem」というもので、以下のようにして取り出すことができます。

▼項目の設定

```
変数 =《Slicer》.getSlicerItems()
変数 =《Slicer》.getSlicerItem( テキスト )
```

SlicerItemオブジェクトには、項目の状態に関するメソッドがいくつか用意されています。

▼名前の取得

```
変数 =《SlicerItem》.getName()
```

▼キーの取得

```
変数 =《SlicerItem》.getKey()
```

▼選択状態の設定

```
変数 =《SlicerItem》.getIsSelected()
《SlicerItem》.setIsSelected( 真偽値 )
```

SlicerItemに用意されているメソッドは、基本的に「項目の情報を得るためのもの」です。状態を変更できるメソッドは、選択状態を示すsetIsSelectedだけしか用意されていません。

スライサー項目の選択を操作する

スライサー項目の選択状態を操作する例を挙げておきましょう。チャンネルスライサーからランダムに項目を選びます。

▼リスト6-28

```
function main(workbook: ExcelScript.Workbook) {
  const sheet = workbook.getActiveWorksheet()
  const slcr = workbook.getSlicer('チャンネルスライサー')
  const items = slcr.getSlicerItems()
  const c = items.length
  const r = Math.floor(Math.random() * c)
  console.log(items[r].getName())
  for(let i = 0;i < c;i++) {
    if (i == r) {
      items[i].setIsSelected(true)
    } else {
      items[i].setIsSelected(false)
    }
  }
}
```

合計 / 売上	列ラベル			
行ラベル	ニューヨーク	ロンドン	東京	総計
⊟2021下期				
実店舗	8,760	4,320	14,500	27,580
2021下期 集計	8,760	4,320	14,500	27,580
⊟2021上期				
実店舗	9,870	5,430	12,300	27,600
2021上期 集計	9,870	5,430	12,300	27,600
⊟2022下期				
実店舗	10,230	6,780	15,260	32,270
2022下期 集計	10,230	6,780	15,260	32,270
⊟2022上期				
実店舗	8,910	6,540	13,100	28,550
2022上期 集計	8,910	6,540	13,100	28,550
総計	37,770	23,070	55,160	116,000

期間の切替
2021下期
2021上期
2022下期
2022上期

チャンネル切替
オンライン
実店舗
通販

図6-35：チャンネルスライサーの項目がランダムに選択される。

実行すると、チャンネルスライサーにある項目から1つだけをランダムに選択します。以下のようにして乱数を用意しています。

```
const items = slcr.getSlicerItems()
const c = items.length
const r = Math.floor(Math.random() * c)
```

getSlicerItemsでSlicerItemsの配列を取り出し、lengthで個数を取り出します。その値を元に乱数を作成します。

Math.randomは0以上1未満の実数の乱数を返すメソッドです。これにlengthの値をかけてMath.floorで整数化すれば、0以上length未満の整数の乱数が作成されます。

後はforによる繰り返しを使い、乱数で得たインデックス番号のSlicerItemだけsetIsSelected(true)にし、それ以外はすべてsetIsSelected(false)にすればランダムに1つだけが選択された状態になります。

スライサーに表示される項目が多い場合は、状況に応じて複数の項目を選択することもあるでしょう。そのようなときは、マクロで特定の項目だけが選択された状態にできます。

Chapter 7

Power Automateとの連携

Power Automateは「フロー」によりさまざまな処理を自動化します。
これとExcelを連携することで、
より幅広くExcelを活用できるようになります。
Power AutomateとWeb版Excelを連携した活用法について説明しましょう。

Chapter 7

7.1. Power Automateの基本

Power Automateとは?

Office Scriptによるマクロ作成はExcelでさまざまな処理を行っているときに、面倒な作業を自動化してくれます。もしこのマクロを外部から自動的に呼び出せるようになったら、その意味合いはまた変わってきます。

「RPA」という言葉を耳にしたことがあるでしょうか。「Robotic Process Automation」の略で、ビジネスプロセスを自動化するための技術のことです。Excelをビジネスで使っている場合、単に「Excel内で行っている処理を自動化する」というだけでなく、「さまざまなビジネスプロセスの中でExcelの機能も呼び出せるようにする」ということができれば、その汎用性はグッと高まるでしょう。

例えば、プロセス内で作成したり取得されたデータをExcelにインポートして分析したり、各種の情報をExcelに書き出して整理したり、逆にExcelでまとられたデータを取り出して他のプロセスで利用したり等々……。こうしたことができるようになれば、作業効率は一気に高まります。

マイクロソフトでは、こうしたRPAのためのツールとして「Power Automate」というソフトウェアを提供しています。Microsoft 365を契約していれば、追加料金なしですぐに使うことができます。Power AutomateとExcelのOffice Scriptを連携することで、Excelを一連のビジネスプロセス内で利用できるようになるのです。

Power Automateを開く

Power Automateは、Web版とデスクトップ版があります。Web版のPower Automateには、Web版ExcelからWebサイトにアクセスできます。

Excelでワークブックを開いているとき、左上のアプリ起動ツールのアイコンをクリックしてください。Microsoft 365の主要アプリが表示されます。この中に「Power Automate」がある場合は、これをクリックすれば開くことができます。

図7-1：Excelの左上にあるアイコンをクリックし、現れたサイドバーから「Power Automate」をクリックする。

表示された中にPower Automateが見当たらなかったら、「すべてのアプリ→」をクリックしてください。これでMicrosoft 365が提供するすべてのWebアプリがリスト表示されます。この中に「Power Automate」があるので、選択してください。

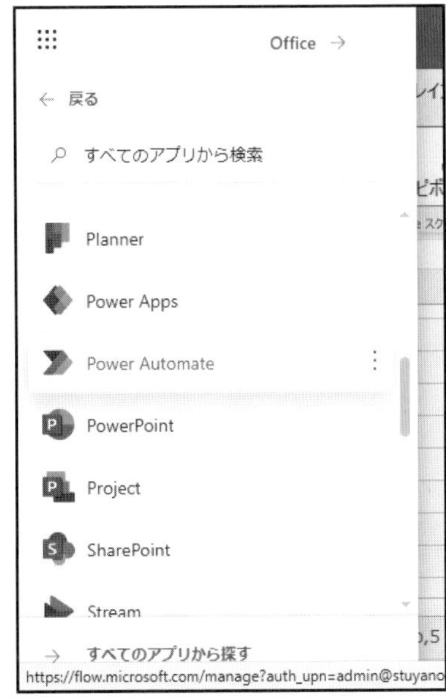

図7-2:「すべてのアプリ」をクリックすると、アプリの一覧リストが現れる。その中に「Power Automate」がある。

初めてPower Automteを利用する際は、画面に「Power Automateへようこそ」というパネルが現れます。「国/地域の選択」から「日本」を選び、下にある「開始する」ボタンをクリックすると、Power Automateが使えるようになります。

図7-3:「国/地域の選択」から「日本」を選び「開始する」ボタンをクリックする。

Power Automateの画面構成

Power Automateは左側のサイドバーに表示を切り替えるリストが並び、そこで選択された設定内容が表示されるようになっています。初期状態では「ホーム」が表示されています。右側にはテンプレートの検索フィールドと、「テンプレートから始める」というところに主なテンプレートが表示されています。その下には「人気のあるサービス」として各種のサービスのアイコンが並びます。

Power Automateでは、作成する処理は「フロー」と呼ばれます。フローはすべて自分で作ることもできますし、用意されているテンプレートを使って作ることもできます。

図7-4：Power Automateの画面。

ワークブックを用意する

では、Power AutomateとExcelを連携したフローを作成して使ってみましょう。まだフローというのがどういうものかよくわからないでしょうから、用意されているテンプレートを使ってサンプルを作ることにします。

その前に、サンプルで利用するExcelのワークブックを作成しておきましょう。Excelでワークブックを開いた状態の人は「ファイル」メニューをクリックし、現れたパネルから「ホーム」を選ぶと、「新規」という項目が表示されます。これで作成できます。

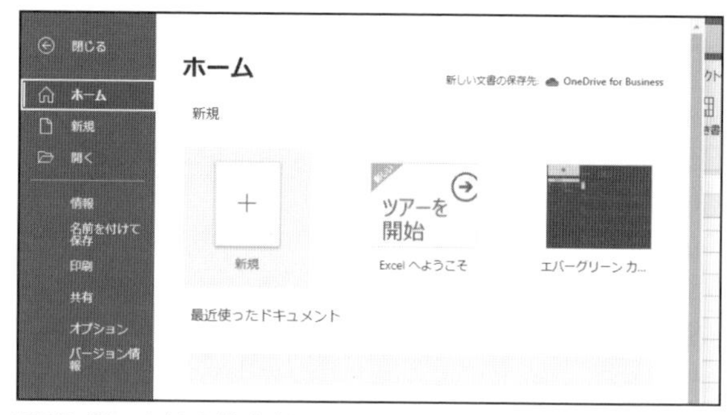

図7-5：「ホーム」から「新規」を選ぶ。

テーブルを用意する

新しいワークブックが開かれたら、Power Automateのフローで利用するためのテーブルを作成しておきます。

Power AutomateではExcelとデータをやり取りしますが、適当なシートのセルにアクセスできるわけではありません。アクセスできるのは、ワークブックに用意された「テーブル」のみです。したがって、Power AutomateからExcelを利用するためには、あらかじめそのためのテーブルを用意しておく必要があります。

では、ワークシートの最上段左端（A1セル）から以下の3つの項目を記述してください。

```
Name
Email
Address
Date
Timestamp
```

E1 fx Timestamp

	A	B	C	D	E
1	Name	Email	Address	Date	Timestamp
2					

図7-6：テーブルの項目名を記述する。

記述したセル(A1 ～ E1の範囲)を選択し、「挿入」メニューを選んでリボンビューから「テーブル」をクリックします。ダイアログが現れたら、「先頭行をテーブルの見出しとして使用する」の項目をONにして「OK」ボタンをクリックしてください。5つの列からなるテーブルが作成されます。

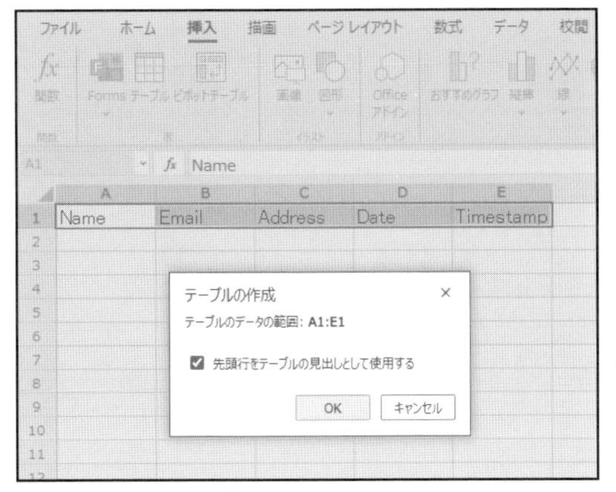

→

図7-7：テーブルを作成する。

テーブルの名前も設定しておきましょう。「テーブルデザイン」メニューを選び、左端にあるテーブル名を「timetable」としてください。

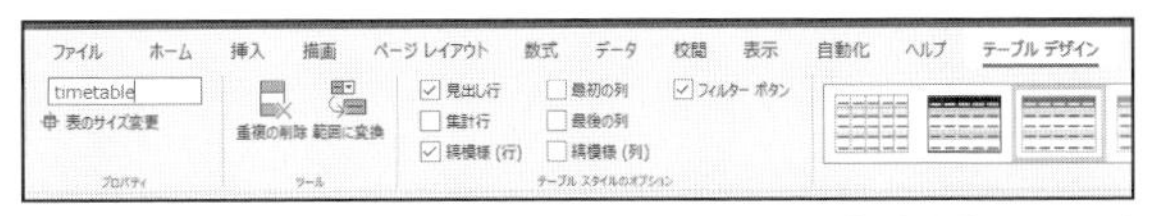

図7-8:「テーブルデザイン」メニューを選び、左端のテーブル名を「timetable」とする。

テンプレートを使う

Power Automateの画面に戻り、左側のリストから「テンプレート」を選択しましょう。これで画面にテンプレートの一覧が表示されます。

ここにはPower Automateで使えるさまざまなアプリケーションを利用したテンプレートが用意されています。Excelを利用したものもこの中に含まれています。

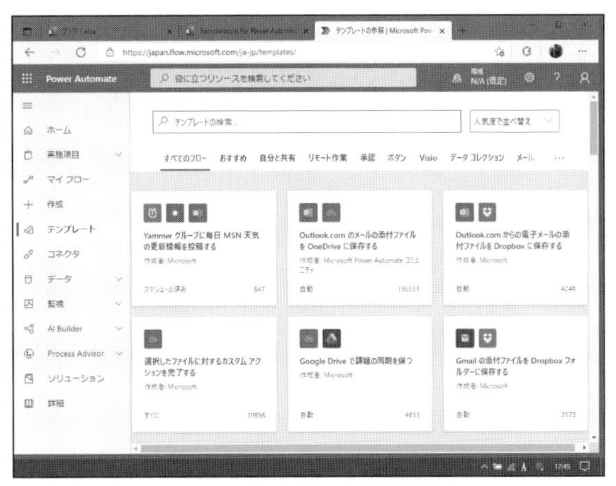

図7-9：Power Automateで「テンプレート」を選択する。

テンプレートを検索する

上部の検索フィールドに「excel online スプレッドシート」と入力します。テンプレートが検索され表示されるので、その中から「Excel online(Business)スプレッドシートで稼働時間を追跡」というテンプレートを探してください。これが今回利用するテンプレートです。見つけたらこれをクリックしましょう。

図7-10：テンプレートを探してクリックする。

テンプレートの接続を確認する

テンプレートの内容が表示されます。「このテンプレートからこのフローの接続先は次のとおりです」という表示の下に、「Excel Online(Business)」という項目が表示されます。フローはさまざまなアプリが連携して動くため、どのようなアプリやサービスに接続するのかしっかりと把握しておきましょう。

接続内容を確認したら、「続行」ボタンをクリックします。

図7-11：テンプレートの接続内容が表示される。

フローの編集画面

表示が変わり、四角いエリアと、それらを繋げる矢印が表示された画面になります。これがフローの編集画面です。

フローはさまざまな作業の部品を並べていくことで作成します。これは「ステップ」と呼ばれます。1つ1つのステップにさまざまな動作を設定してフローを作成していくのです。ステップに設定できる機能には「トリガー」と「アクション」があります。

トリガー	特定の動作やイベントなどによって呼び出される部品。
アクション	何らかの処理を実行する部品。

「トリガー」はフローの最初のステップに設定されるものです。それ以降のステップは、基本的にすべて「アクション」を使います。

今回使ったテンプレートでは、「手動でフローをトリガーします」というトリガーと、「Add a row into a table」というアクションの2つのステップで構成されています。これらの各ステップにあるトリガーやアクションを完成させれば、フローの出来上がりというわけです。

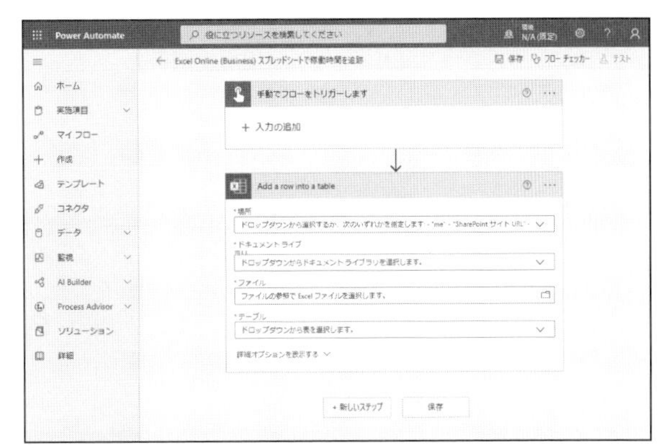

図7-12：作成したフローの編集画面。

「手動でフローをトリガーします」トリガー

1つ目の「手動でフローをトリガーします」というトリガーは、利用者が自分でフローを実行させたときに実行されるです。フローを手動で実行すると、このトリガーが実行されます。要するに、最初のステップに「手動でフローをトリガーします」という部品を用意すれば、自分で実行できるフローが作れると考えればいいでしょう。

その下には「入力の追加」という表示がありますが、今回は使いません。これはさまざまな値を入力する項目を用意するためのものです。後ほど使う必要が生じたときに改めて説明するので、今は触らないでおきましょう。

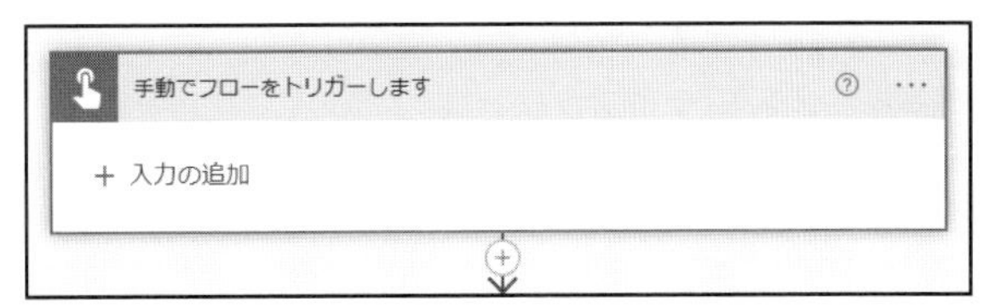

図7-13：「手動でフローをトリガーします」トリガー。「入力の追加」はクリックしないこと。

「Add a row into a table」アクション

2つ目の「Add a row into a table」は、テーブルに行データを追加するためのものです。利用するワークブックと、テーブルを設定するための入力フィールドがいくつか並んでいます。これらを順に設定していくことで利用するテーブルを決定します。

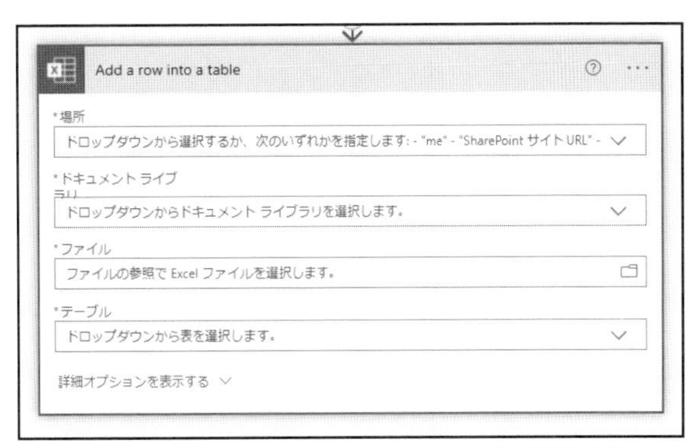

図7-14：「Add a row into a table」で使用するテーブルを指定する。

C O L U M N

「↓」にある「+」アイコンは何?

よく見ると、1つ目のステップから2つ目のステップに接続されている矢印の真ん中に「+」というアイコンが見つかります。これはいったい何でしょうか? これは、この2つのステップの間に新しいステップを挿入するためのものです。ステップは基本的に上から下へ追加していくので、「さっき作ったステップの前にやることがあった!」というときは、このようにステップ間の「+」で追加します。

接続するテーブルを設定する

では、接続するテーブルを設定しましょう。「Add a row into a table」にあるフィールドを上から順に設定していきます。

1場所

アクセスするサービスを選択します。クリックするといくつかの項目がポップアップ表示されるので、その中から「OneDrive for Business」という項目を選びます。

2ドキュメント ライブラリ

場所で選択したサービスに用意されているストレージとなるものを選択します。クリックすると「OneDrive」という項目が現れるので、これを選びます。

3ファイル

使用するファイルを選択します。右端のフォルダーアイコンをクリックすると利用可能なファイルがポップアップして現れるので、先ほど作成したワークブックを選択します。

4テーブル

選択したワークブックからテーブルを選びます。クリックすると先ほど作成した「timetable」が選択できるようになるので、これを選びます。

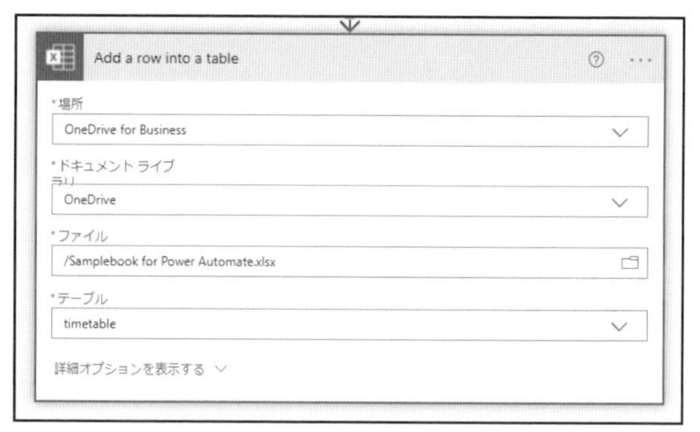

図7-15:OneDriveからワークブックの「timetable」テーブルを選択する。

追加する行データを設定する

テーブルまで設定すると、その下に新たにフィールドが追加表示されます。これは選択したtimetableに用意されている項目です。これらの項目に何の値を保管するかを設定していきます。

フィールドをクリックすると、その横に利用可能な値がポップアップして表示されます。ここから項目を選ぶと、その値がフィールドに設定されます。以下のように項目に値を設定していきましょう。

Name	ユーザー名
Email	ユーザーの電子メール
Address	完全なアドレス
Date	Date
Timestamp	タイムスタンプ

最後の2つ「Date」と「Timestamp」は自動的に値が設定されているでしょう。これらはテーブルの項目名から自動的に用意されます。他の3項目はそれぞれクリックして値を選択して設定してください。

すべて設定したら、一番下にある「保存」ボタンをクリックして保存します。これで今回のフローは完成です。

図7-16：テーブルの各項目に値を設定する。

フローをテストする

フローが完成したら、実際に動作するかテストを行いましょう。フロー編集画面の右上に「テスト」というリンクがありますので、これをクリックしてください。

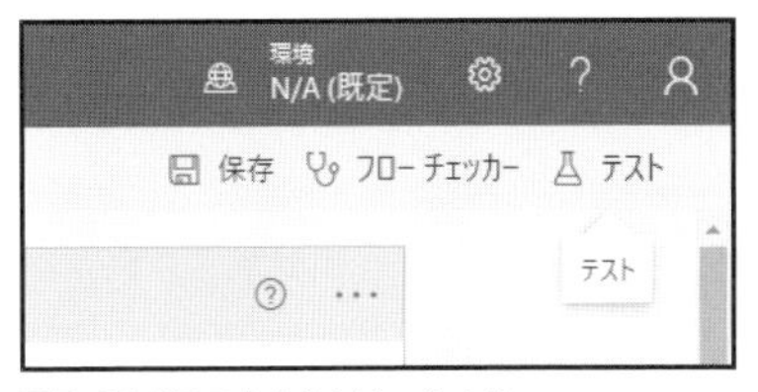

図7-17：「テスト」をクリックする。

画面右側に「フローのテスト」というパネルが現れます。ここで、どのようにテストを実行するかを指定します。「手動」と「自動」があるので、「手動」を選んで「テスト」ボタンをクリックします。

実行後、Webブラウザによっては現在位置の情報を求めるダイアログが現れる場合があります。このときは許可してください。

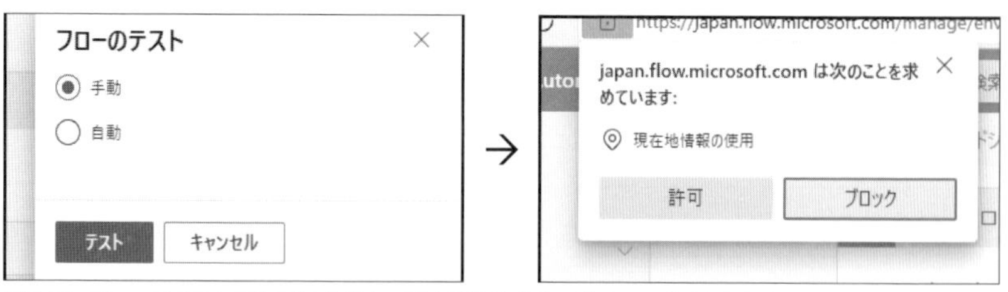

図7-18：フローのテストで「手動」を選ぶ。現在位置を求めるダイアログが出たら許可する。

「フローの実行」という表示が現れます。ここで必要なサービスへのサインインを確認します。すでにExcelにはサインインしていますから、「Excel Online (Business)」という項目にはチェックマークが表示されているでしょう。そのまま「続行」ボタンをクリックし、改めて表示される内容を確認して「フローの実行」ボタンをクリックします。

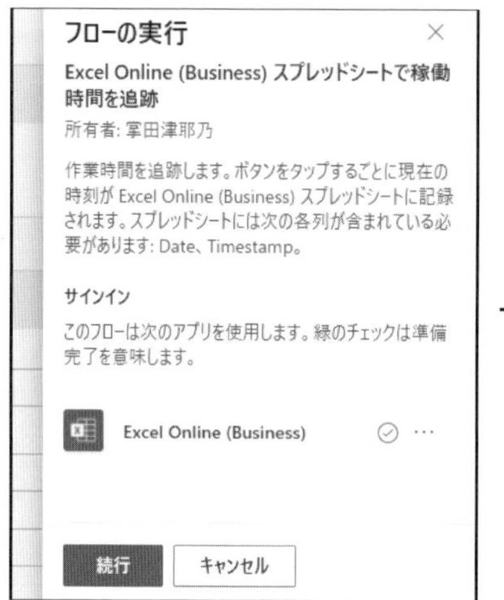

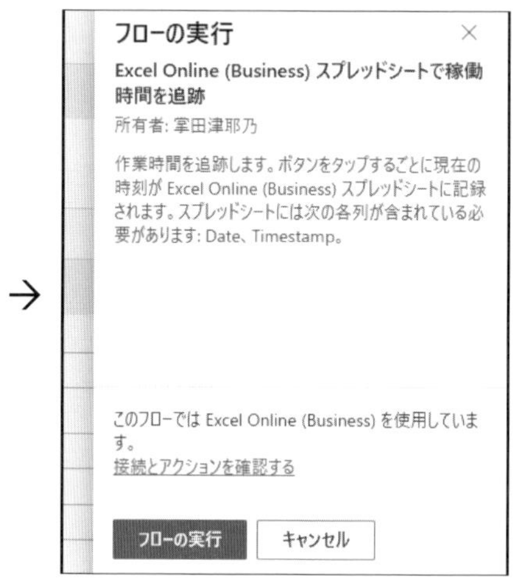

図7-19：フローの実行。そのまま続行する。

実行すると「フローの実行が正常に開始されました」という表示が現れます。これで「完了」ボタンをクリックすれば、フローのテスト実行は完了です。

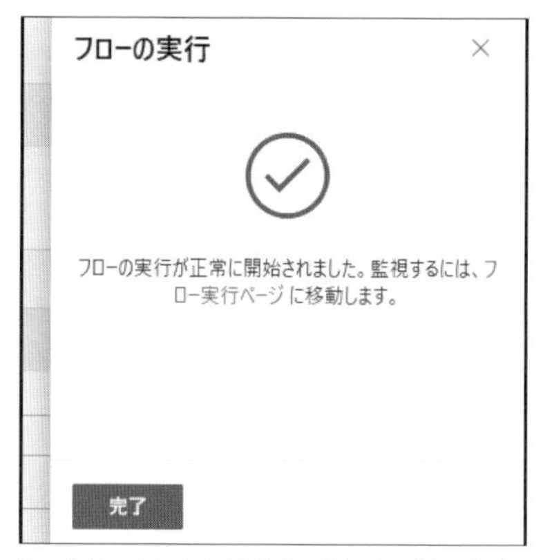

図7-20：フローの実行が開始される。「完了」ボタンをクリックすれば終わり。

フローの実行結果

フローの各ステップの状態が表示された画面が現れます。フローの各ステップの実行結果を表示するものです。問題なく実行されれば、そのステップの右上に緑色のチェックマークが表示されます。

すべてチェックマークが付いていれば、フローは正常に動作を完了したことがわかります。途中に「！」マークなどが出ていたら、そこで問題が発生していることになります。

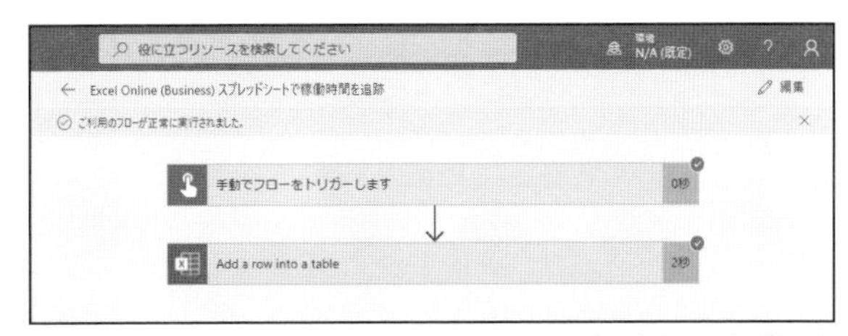

図7-21：フローの実行状況。すべてチェックマークが表示されていればOKだ。

フローの管理

フローの実行状況が表示された画面の左上にある「←」をクリックすると、フローの内容を表示した画面に切り替わります。なお、最初に表示する際に「フローを開始する準備ができました」というアラートが現れるかもしれません。その場合は「OK」ボタンをクリックすればアラートは消えます。

この画面ではフローの内容説明、最近の実行状況、フローから接続するサービス等の一覧、所有者といった情報がコンパクトにまとめられています。このフローがどういうものなのか、おおよそのことがわかるでしょう。

上部には「編集」「共有」「名前を付けて保存」「削除」「実行」といったリンクがズラッと並んでいます。これらによりフローを再編集や削除したり、その場で実行したりといった基本的な操作が行えるようになっています。

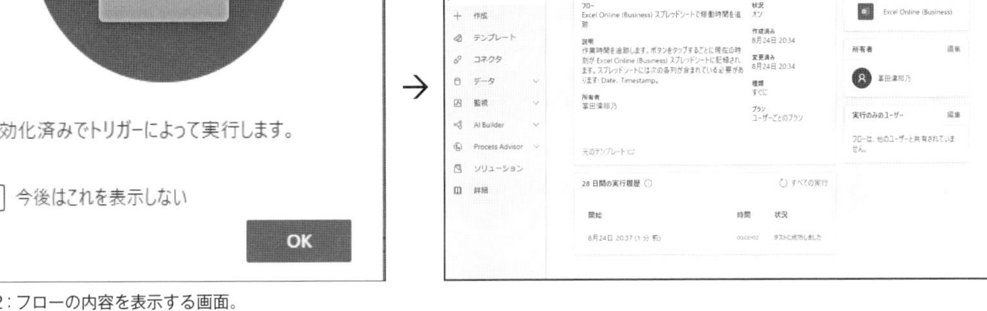

図7-22：フローの内容を表示する画面。

「マイフロー」について

では、左側のリストから「マイフロー」をクリックしてください。これは自分が作成したフローの管理画面です。

上部に「クラウドフロー」「デスクトップフロー」といったリンクがいくつか並んでいます。デフォルトでは「クラウドフロー」が選択されており、その下に先ほど作成したフローが表示されています。

クラウドフローというのはWeb版Power Automateで作成したフローです。「デスクトップフロー」は、デスクトップ版のPower Automateを利用するためのものです。この「マイフロー」の画面で、作成したさまざまなフローを管理することができます。マイフローに表示されるフローをクリックすると、先ほどのフローの内容を表示する画面へと移動します。

図7-23:「マイフロー」では、作成したフローがリスト表示される。

フローの再編集

「マイフロー」で、フロー名の右側に表示される編集アイコン(鉛筆のアイコン)をクリックすれば、フローを再編集できます。

編集画面ではフローのステップが並ぶ、すでにおなじみとなった表示が現れます。ここで設定内容を変更できます。

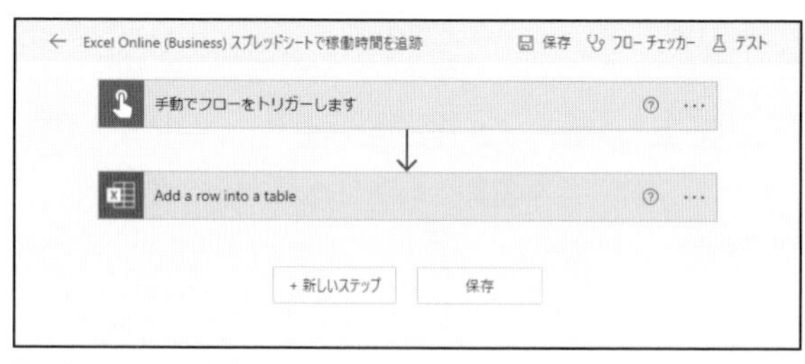

図7-24:フローの編集画面。

試しに、「Add a row into a table」アクションをクリックしてみてください。アクションの内容が展開表示され、編集できるようになります。このようにフローの編集画面では、修正するステップをクリックして内容を修正していきます。基本的な操作は最初にフローを作成したときと同じですから、迷うことはないでしょう。

図7-25:アクションをクリックすると、内容を編集できるようになる。

作成したフローを実行する

作成したフローを実行してみましょう。「マイフロー」にリスト表示されているフローから「実行」アイコンをクリックしてください。

図7-26：フローの「実行」アイコンをクリックする。

画面の右側に「フローの実行」というパネルが現れます。ここにある「フローの実行」ボタンをクリックします。これでフローが実行されます。

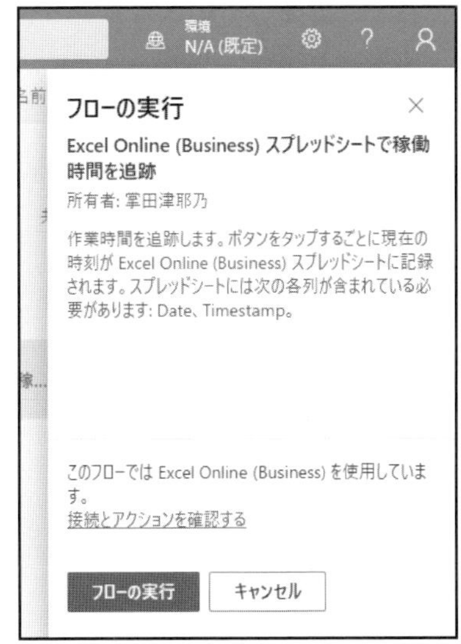

図7-27：「フローの実行」ボタンをクリックする。

問題なく実行できたら、チェックマークが表示されます。そのまま「完了」ボタンをクリックして終了してください。

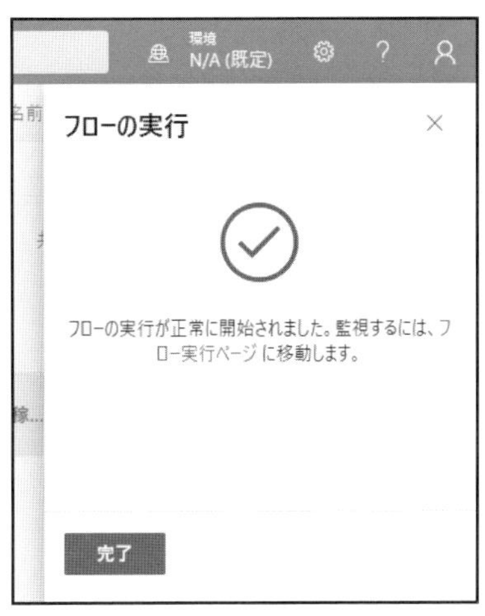

図7-28：「完了」ボタンをクリックして終了する。

Excelワークブックを確認する

実行したら、Excelのワークブック（フローで使用しているもの）に用意したテーブルを確認してください。テストで実行したデータと、今実行したフローの実行データがテーブルに追加されているのがわかるでしょう。

このテーブルではフローを実行したユーザーの名前、メールアドレス、住所、実行した日付とタイムスタンプといった情報が表示されます。

Power Automateのフローにより、Excelにデータを書き出せることが確認できました。うまく活用すれば、さまざまな情報をExcelにまとめていくことができそうですね。

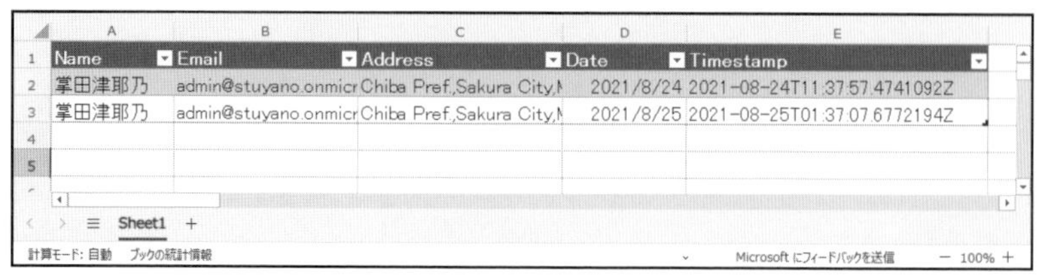

図7-29：フローを実行した情報がテーブルに保存されている。

Chapter 7

7.2. フローとExcel操作の基本

手動で動くフローを作る

Power Automateのフロー作成について説明していきましょう。本書はExcelのOffice Scriptの解説書であり、Power Automateの入門書ではありません。このため、Power Automateの機能についてすべて説明はしません。Power AutomateとExcelを連携するのに必要な情報と、それに付随して覚えておくと便利な機能のいくつかについてのみ説明します。それ以外の機能についても知りたい場合は別途学習してください。

まずは、フローの基本である「手動で動くフロー」の作成を行ってみましょう。先ほどのサンプルで行ったように、マイフローからフローを手動で実行し動かすものです。フローのもっとも基本的な形と言ってよいでしょう。

ではPower Automateで「マイフロー」を選択し、上部の「新しいフロー」をクリックしてください。作成するフローの種類がプルダウンして現れるので、「インスタントクラウドフロー」という項目を選択しましょう。

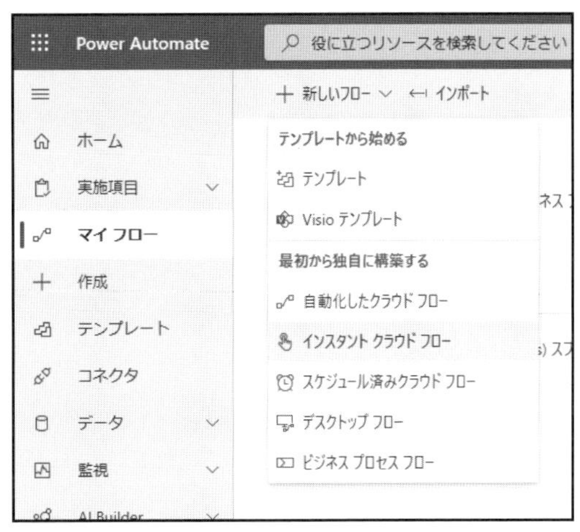

図7-30:「新しいフロー」から「インスタントクラウドフロー」を選ぶ。

インスタントフローを構築する

「インスタント クラウド フローを構築する」というパネルが現れるのでフロー名を入力し、トリガーする方法（フローを実行する方法）を選択します。以下のように設定しましょう。

フローの名前	「サンプル1」としておきます。
このフローをトリガーする方法を選択します	「手動でフローをトリガーします」を選択します。

これらを設定して「作成」ボタンをクリックしてください。これで新しいフローが作成され、編集画面が現れます。

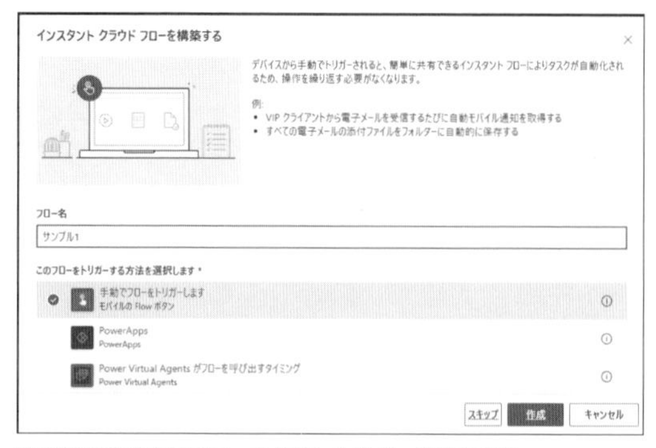

図7-31：作成するフローの名前とトリガーを設定する。

新しいステップを作る

編集画面が現れたら、「新しいステップ」ボタンをクリックしてください。画面にステップを選択し、設定するための表示が現れます。

ステップの作成画面では上部に種類（アプリなどのアイコン）が並び、そこで選んだ種類のアクションやトリガーが下に一覧リストとして表示されるようになっています。種類のアイコンが並ぶ表示の下に「トリガー」「アクション」というリンクが見えますね。これらをクリックして、トリガーとアクションを切り替えるようになっています、

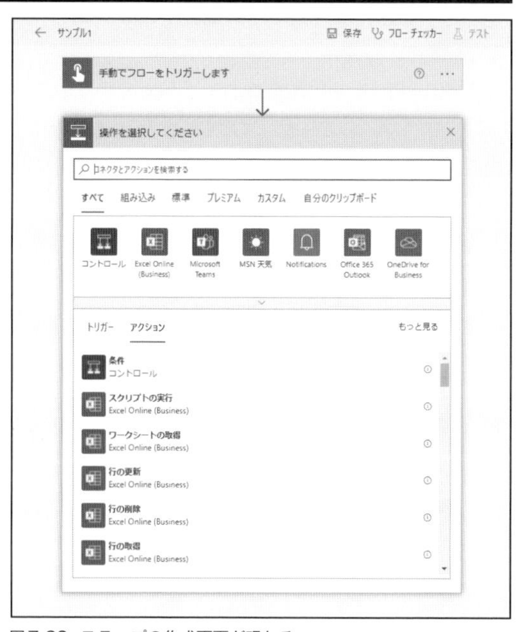

図7-32：ステップの作成画面が現れる。

Notificationsを利用する

アイコンの中から「Notifications」というものをクリックしてください。これは各種の情報をスマートフォンやメールで送って表示するためのものです。クリックすると、「トリガー」という表示の下に2つのアクションが表示されます。

「Send me a mobile notification」	モバイルアプリに通知を送る（モバイル版Power Automateが必要）。
「Send me an email notification」	メールで通知を送る。

ここでは、扱いが簡単なメールでの通知を使いましょう。「Send me an email notification」をクリックして選択してください。

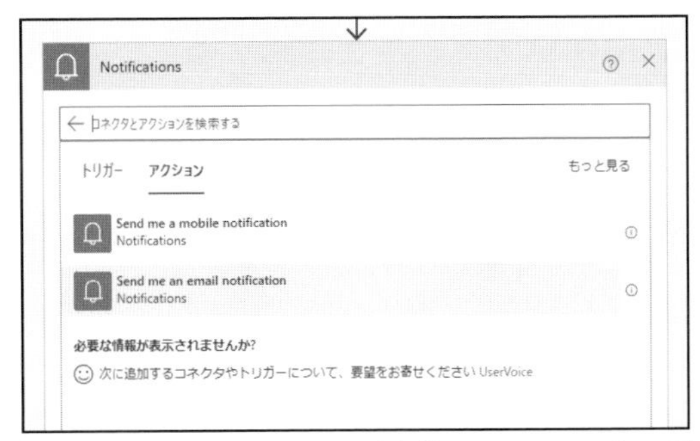

図7-33:「Notifications」アイコンから「Send me an email notification」を選択する。

メールのタイトルと本文を用意する

「Send me an email notification」の設定項目が表示されます。ここでは「Subject」と「Body」という2つのフィールドが用意されます。これらは送信するメールのタイトルと本文です。

これらをクリックして適当に送信内容を作成しましょう。フィールドをクリックすると利用可能な値の一覧が下に表示されるので、そこから項目をクリックして書き出すこともできます。

作成したら、「保存」ボタンをクリックして保存してください。

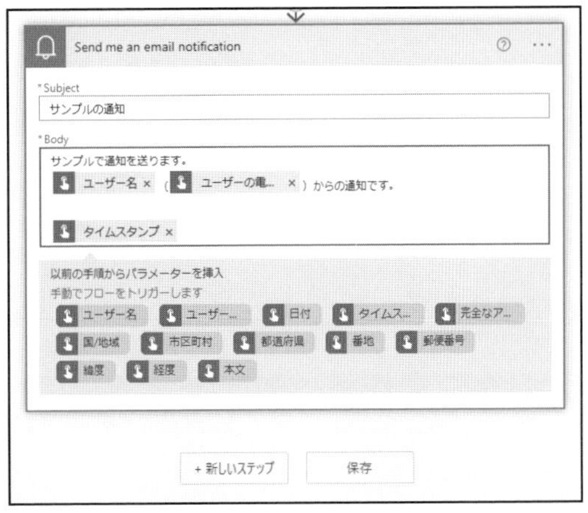

図7-34:タイトルと本文を作成し保存する。

フローを実行する

作成したフローをテストしましょう。右上の「テスト」をクリックし、手動でテストを実行してください。テスト実行の手順はすでに説明済みですからわかりますね。

実行すると、フローの実行結果の表示画面に変わります。ここですべてのステップに緑のチェックマークが表示されていれば問題なく動いています。

図7-35:フローを手動で実行する。実実行結果の画面ですべてにチェックマークが表示されていればOKだ。

Outlookでメールを確認する

ちゃんとメールが届いているか確認をしましょう。Power Automateの左上にあるアプリ起動ツールのアイコンをクリックし、現れたサイドバーから「Outlook」を選んで開いてください。このときOutlookの「⋮」をクリックすると新しいタブで開くメニューが現れます。なお、直接Outlookのサイトにアクセスしてもかまいません(https://outlook.office.com/)。

アクセスすると、Microsoft Flowという差出人からメールが届いているでしょう。先ほど「Send me an email notification」で設定したタイトルと内容が送られているのを確認してください。

図7-36：Outlookを開くと、メールで通知が届いている。

Excelのデータを送信する

値の送信ができるようになったので、Excelからデータを取り出して送信する、ということをやってみましょう。

「マイフロー」を選択し、「新しいフロー」から「インスタントクラウドフロー」メニューを選びます。そしてフロー名に「サンプル2」、トリガーに「手動でフローをトリガーします」を設定してフローを作成してください。

図7-37：新しいフローを作成する。

Excel Onlineのアクションを選ぶ

フローの編集画面が現れたら、「新しいステップ」ボタンをクリックしてステップを作成してください。そして種類のアイコンから「Excel Online」を選択します。

下の「アクション」というところにExcelで利用可能なアクションがリスト表示されます。

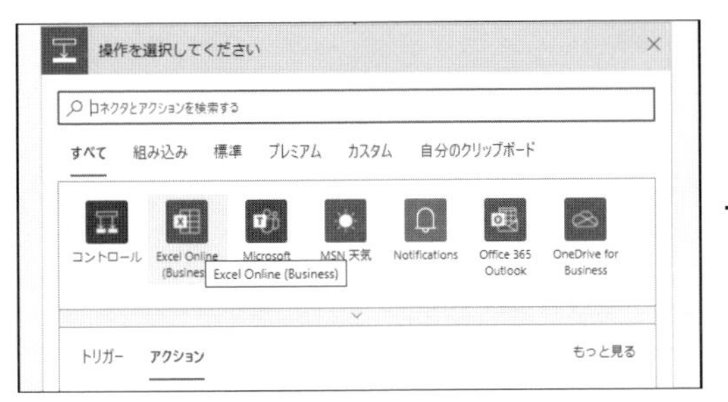

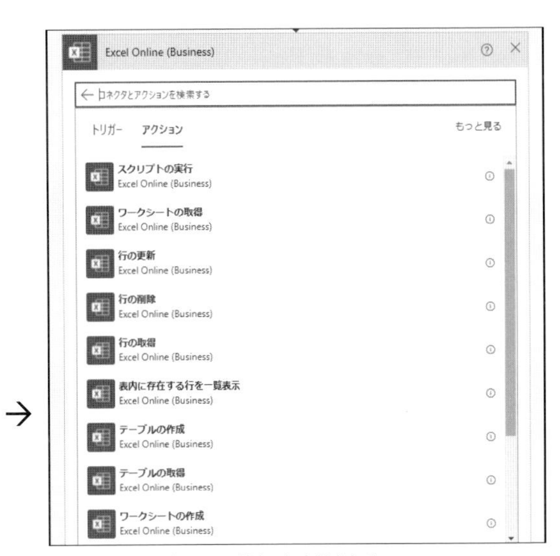

図7-38：新しいステップで「Excel Online」アイコンを選ぶと、Excelに用意されているアクションがリスト表示される。

「行の取得」アクション

一覧から「行の取得」をクリックして選択してください。テーブルから特定の行のデータを取り出すアクションです。選択するとアクションの設定が現れるので、値を順に入力していきます。

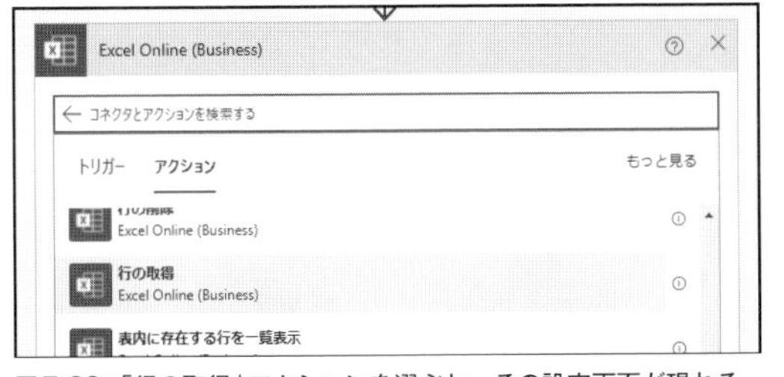

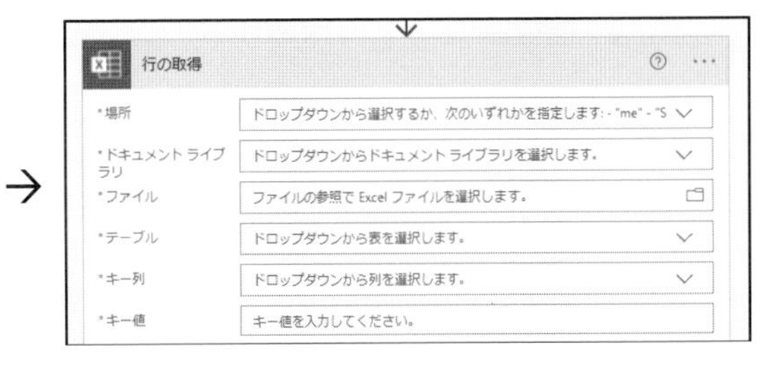

図7-39：「行の取得」アクションを選ぶと、その設定画面が現れる。

場所	OneDrive for Business。
ドキュメントライブラリ	OneDrive。
ファイル	サンプルに用意したワークブックを選択。
テーブル	timetable。
キー列	Name。
キー値	動的なコンテンツから「ユーザー名」を選択。

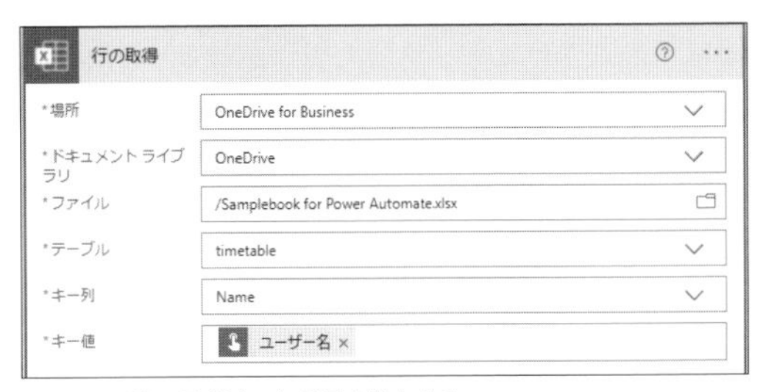

図7-40：「行の取得」の各項目を設定する。

「Send me an email notification」を追加する

設定できたら、取得した行のデータをメールで送りましょう。

「新しいステップ」ボタンをクリックし、種類のアイコンから「Notifications」を選んで「Send me an email notification」アクションを選びます。

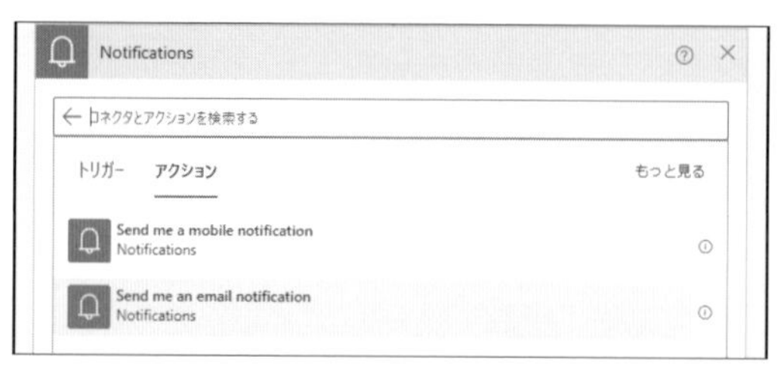

図7-41：「Notifications」から「Send me an email notification」を選ぶ。

アクションの設定が現れるので、フィールドに値を設定していきます。それぞれ以下のように設定しておきましょう。なお「」の表示は、ポップアップ表示される「動的なコンテンツ」に用意されている項目です。

Subjectの内容	「Name」のデータ
Bodyの内容	名前：「Name」 メール：「Email」 住所：「Address」 日付：「Date」 タイムスタンプ：「Timestamp」

（※動的なコンテンツに用意されるシステム関連の変数は、環境によって日本語名で表示される場合もあります。例えば「Name」は「ユーザー名」と表示されることがあります。）

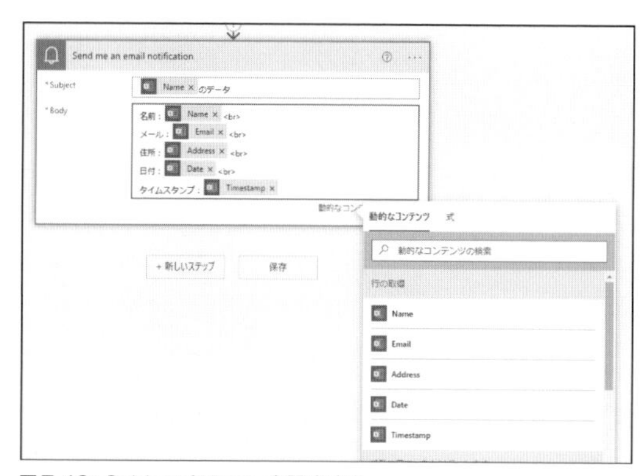

図7-42：SubjectとBodyを設定する。

テスト実行しよう

これでフローは完成です。出来上がったら保存し、右上の「テスト」をクリックしてテスト実行してみましょう。

今回は「フローの実行」の際に「Excel Online」と「Notification」の2つの項目が表示されます。2つの異なる機能を組み合わせて動かしていることがわかります。

図7-43：テスト実行すると、Excel OnlineとNotifiationsの2つの項目が使われていることが確認できる。

問題なく実行できたらOutlookを開き、届いたメールを確認しましょう。SubjectとBodyに設定した内容が正常に表示されたでしょうか。メールをチェックするとわかりますが、Bodyの
で改行されて表示されています。送信されるメールはHTMLメールであるため、このようにHTMのタグを記述しておくとそれがきちんと認識されて表示されます。

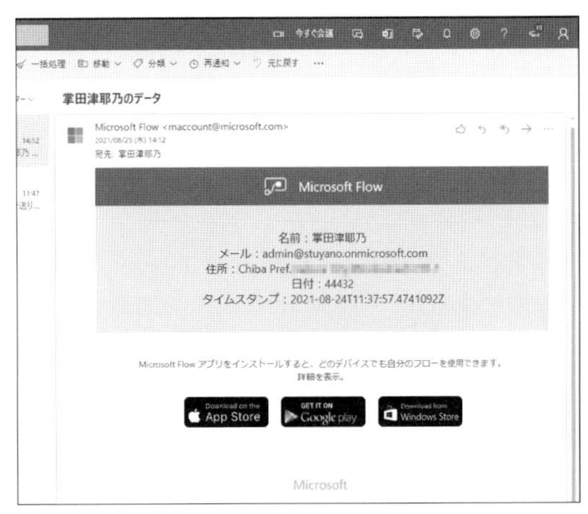

図7-44：Outlookで届いたメールの内容を確認する。

C O L U M N

Date が数字になる?

確認してみると、日付の「Date」の値がなぜか整数になっている人もいたかもしれません。現状では、Excel に入力された日付の値を Power Automate で取り込む際に日時の値がうまく渡せないようです。

これは、Excel 側での数値フォーマットに原因があります。日時の列に数値フォーマットを設定せず、記述されたテキストがそのまま使われるようにしておけば、日時の値もそのまま表示されるようになります。

「Date」の列(A 列)を選択し、右クリックして「表示形式」メニューを選んで表示形式の設定ダイアログを呼び出してください。そこで「文字列」を選択し OK すれば日付をテキストとして扱うようになります。なお、すでにあるデータは数字に変わるので、手作業で日付の値に書き直してください。

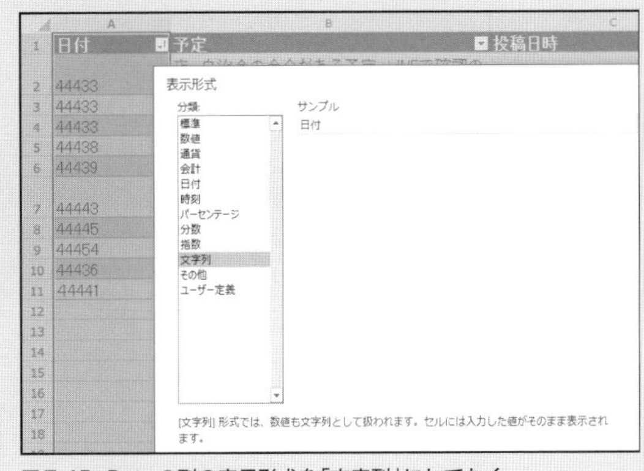

図7-45：Dateの列の表示形式を「文字列」にしておく。

入力したテキストを投稿する

では、実行する際にテキストなどを入力して処理を行わせたいときはどうするのでしょう？　例えばフローを実行する際にメッセージをその場で入力して実行し、それをテーブルに保管するようなことができれば、ちょっとしたメモ書きフローのようなものが作れますね。

これは「手動でフローをトリガーします」トリガーに入力の項目を用意しておくことで可能になります。では、やってみましょう。

「予定メモ」テーブルを用意する

まず、サンプルで用意したワークブックにテーブルを作成します。新しいワークシートを作り、そこにA1セルから以下のように項目名を記入しましょう。

- 日付
- 予定
- 投稿日時

これらを選択し、「挿入」メニューから「テーブル」をクリックしてテーブルを作成します。「先頭行をテーブルの見出しとして使用する」はチェックをONにしておいてください。

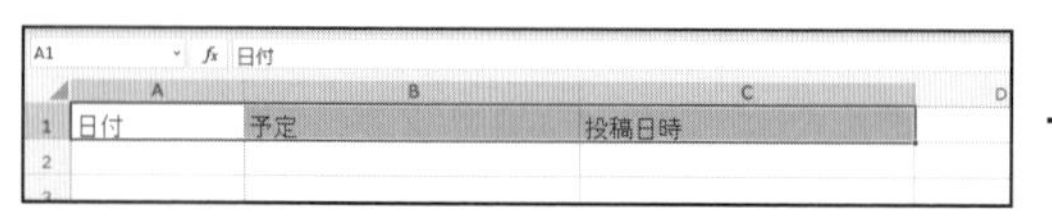

→

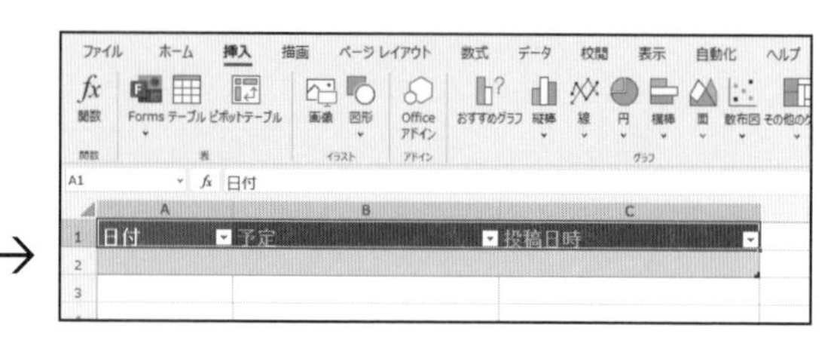

図7-46：「日付」「予定」「投稿日時」のテーブルを作る。

作成後「テーブルデザイン」メニューを選び、テーブル名を「posttable」と設定しておきましょう。これでテーブルは完成です。

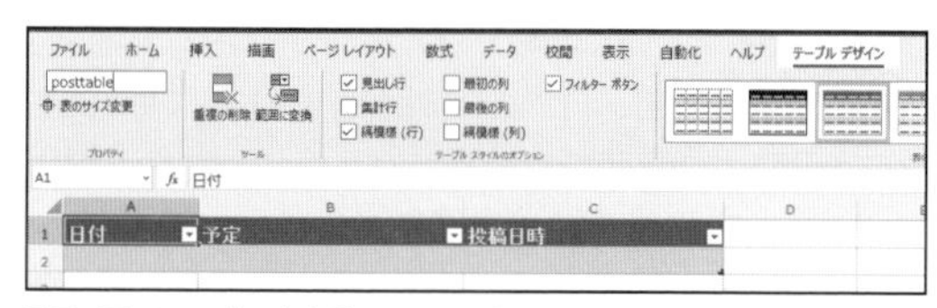

図7-47：テーブル名を「posttable」としておく。

新しいフローを作成する

では、テーブルを利用するフローを作成しましょう。「マイフロー」から新しいインスタントクラウドフローを作成してください。名前は「サンプル3」、トリガーは「手動でフローをトリガーします」を選択します。

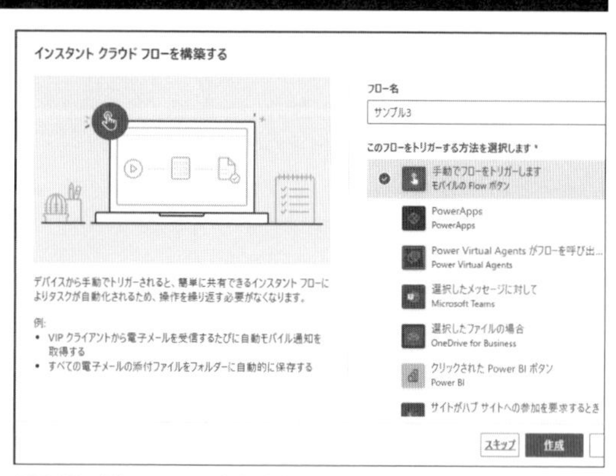

図7-48：新しいフローを作成する。

トリガーに入力を用意する

フローの編集画面になります。ここには「手動でフローをトリガーします」トリガーが1つだけ用意されています。

クリックして展開すると、「入力の追加」というリンクが表示されます。クリックすると、入力の種類の一覧が表示されます。ここから入力する値の種類を選びます。

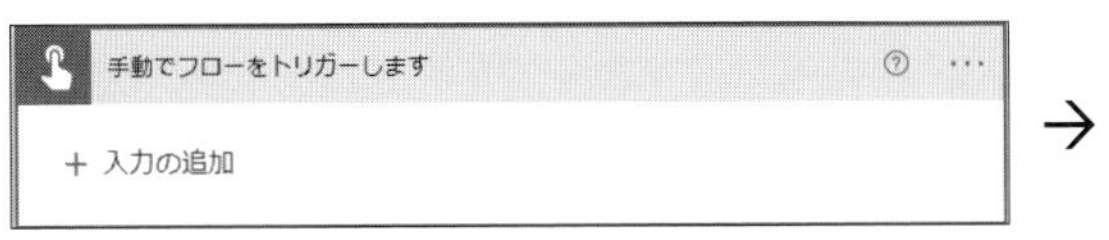

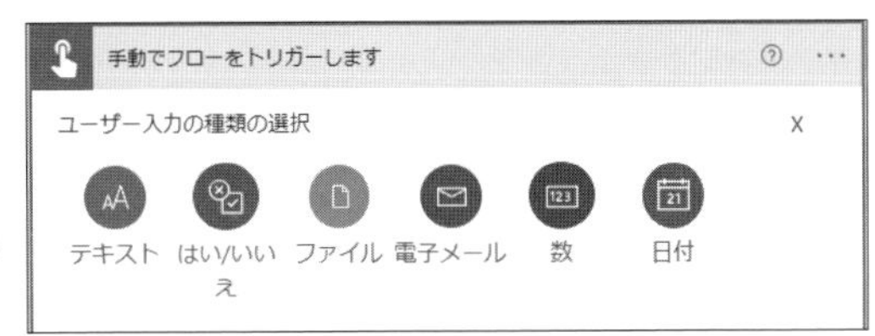

図7-49：「入力の追加」をクリックすると、入力の種類が現れる。

「日付」の項目をクリックしてください。これで日付の入力が追加されます。入力は2つのフィールドで構成されています。1つ目は入力の名前、2つ目は入力項目に表示されるテキストです。デフォルトでは「トリガーの日付」となっています。とりあえずここではこのままでいいでしょう。

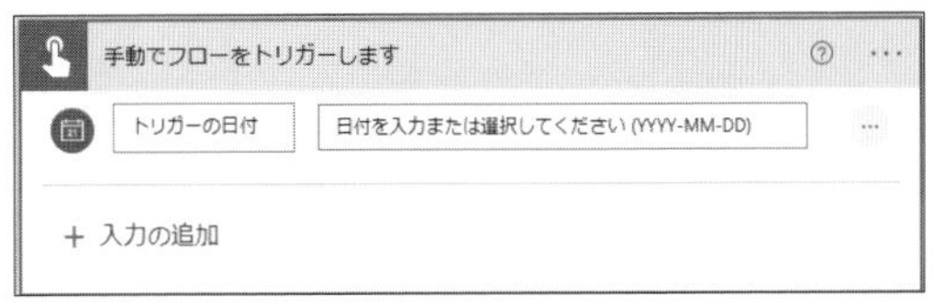

図7-50：日付の入力が追加される。名前とテキストはデフォルトのままにしておく。

もう1つ、入力を作成しましょう。「入力の追加」をクリックして「テキスト」を選択してください。名前に「メッセージ」、入力項目のテキストには「メッセージを入力して下さい。」と設定しておきます。これで2つの入力が用意できました。

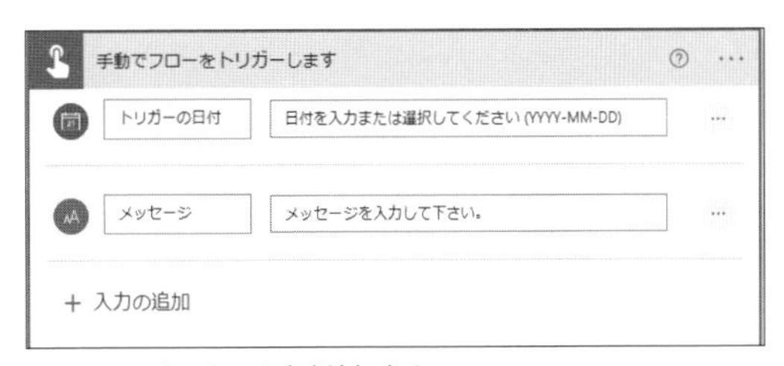

図7-51：テキストの入力を追加する。

テーブルに行を追加する

入力された値を元に、テーブルにデータを追加するアクションを作成しましょう。「新しいステップ」をクリックし、「Excel Online」から「表に行を追加」を選択します。

図7-52：「表に行を追加」アクションを選ぶ。

テーブルの設定を行う項目が表示されます。以下のように項目を設定していきましょう。

場所	OneDrive for Business
ドキュメントライブラリ	OneDrive
ファイル	サンプルに用意したワークブックを選択
テーブル	posttable

ここまで選ぶと、その下にテーブルの項目（「日付」「予定」「投稿日時」）が追加されます。これらに以下のように値を設定していきます。

日付	「トリガーの日付」
予定	「メッセージ」
投稿日時	「タイムスタンプ」

これらはいずれも動的なコンテンツから選んで入力をします。「トリガーの日付」と「メッセージ」は先ほど入力項目に用意したものです。こんな具合に、入力項目の値は動的なコンテンツとして使えるようになります。

図7-53：アクションの項目に値を設定する。

フローを実行する

これでフローは完成です。できたら保存して、右上の「テスト」でテストを実行しましょう。手動でフローを実行すると、「トリガーの日付」「メッセージ」といった入力フィールドが表示されます。ここで日付とメッセージを記入します。日付はフィールド右端のアイコンをクリックするとカレンダーがポップアップして現れるので、そこから選べます。

図7-54：トリガーの日付とメッセージを入力する。

使い方がわかったら、フローを実行してみましょう。実行時には必ずトリガーの日付とメッセージを入力する画面が現れます。これらを入力して送信すると、フローからExcelにデータが書き出されるのです。

実際に何度かフローを実行してから、ワークブックの「posttable」の表示を確認してみてください。投稿した内容がテーブルに保管されているのがわかるでしょう。

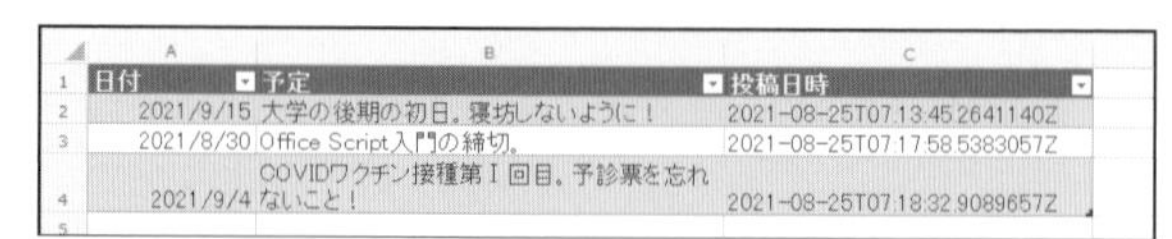

日付	予定	投稿日時
2021/9/15	大学の後期の初日。寝坊しないように！	2021-08-25T07:13:45.2641140Z
2021/8/30	Office Script入門の締切。	2021-08-25T07:17:58.5383057Z
2021/9/4	COVIDワクチン接種第Ｉ回目。予診票を忘れないこと！	2021-08-25T07:18:32.9089657Z

図7-55：posttableには投稿したデータが追加されていく。

Chapter 7

7.3. フローとマクロの連携

フローからマクロを実行する

フローからExcelを利用するやり方がだいぶわかってきましたね。では、そろそろOffice Scriptのマクロと連携する処理について考えていきましょう。まずは「フローからマクロを実行する」ということから行っていきます。これにはExcel側に実行するマクロが用意されていないといけませんね。

ワークブックを開いて新しいワークシートを作成しましょう。名前は「data」としておきます。「自動化」メニューを選び、「新しいスクリプト」ボタンをクリックしてください。新しいマクロファイルが用意されます。マクロファイルの名前を「get now」と変更し、以下のようにスクリプトを記述しましょう。

▼リスト7-1

```
function main(workbook: ExcelScript.Workbook)
{
  const sheet = workbook.getWorksheet('data')
  const d = new Date()
  sheet.getCell(0, 0).setValue(d.toLocaleDateString())
  sheet.getCell(1,0).setValue(d.toLocaleTimeString())
  sheet.getCell(2,0).setValue(d.toLocaleString())
}
```

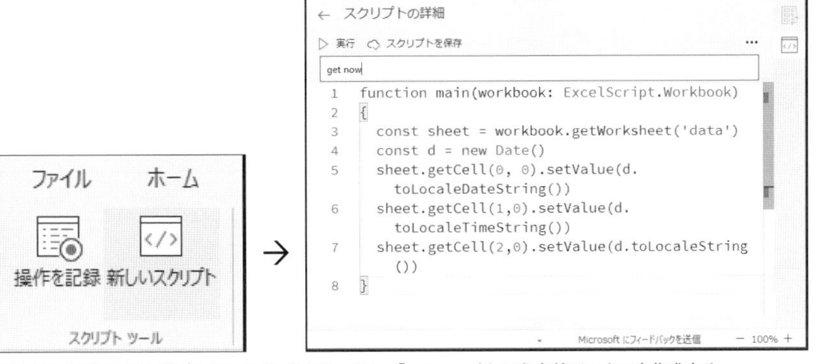

図7-56：「新しいスクリプト」アイコンをクリックし、「get now」という名前でマクロを作成する。

見ての通り、「data」シートに現在の日付と時刻を書き出すというものです。単純ですが、マクロの動作を確認するには十分でしょう。

フローを作成する

Power Automateに戻り、フローを作成しましょう。「マイフロー」から「インスタントクラウドフロー」を新たに作成します。名前は「サンプル4」、トリガーは「手動でフローをトリガーします」を選んでおきます。

図7-57：新しいフローを作成する。

フローの編集画面になったら、「新しいステップ」ボタンをクリックしてステップを作成します。そして「Excel Online」から「スクリプトの実行」を選んでください。これがマクロを実行するためのアクションです。

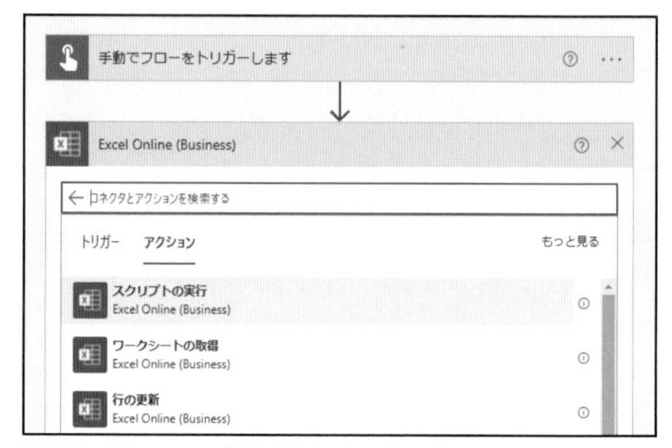

図7-58：新しいステップを作成し「スクリプトの実行」を選ぶ。

アクションを選んだら、実行するスクリプトを指定するための設定項目のフィールドが現れます。以下のように選択していきましょう。

場所	OneDrive for Business
ドキュメントライブラリ	OneDrive
ファイル	サンプルに用意したワークブックを選択
スクリプト	get now

図7-59：ワークブックを指定し、「get now」スクリプトを指定する。

フローを実行する

作成したら保存し、テスト実行してみましょう。入力など特別なことは何もしていませんから、ただフローを実行するだけです。問題なく実行できたら、ワークブックを開き、「data」シートの内容を確認しましょう。A1 ～ C1に日付、時刻、両方の値が書き出されているのがわかります。フローから「get now」マクロが確かに実行できています。

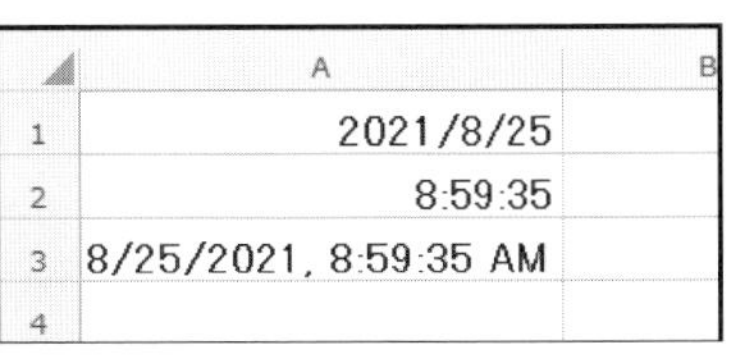

	A	B
1	2021/8/25	
2	8:59:35	
3	8/25/2021, 8:59:35 AM	
4		

図7-60:「data」シートのA1 ～ A3セルに日時の値が書き出されている。

指定の番号のデータを取得する

基本がわかったら、次は「フローからマクロに必要な情報を渡して実行する」ということを行いましょう。

これは実は簡単です。実行するマクロに値を受け取るための引数を用意すればいいのです。デフォルトでは、マクロのmain関数はWorkbookの引数が1つだけ用意されています。この後に引数を追加するとフローから呼び出す際に、それらの引数に値を渡せるようになります。

ではやってみましょう。Excelで新しいマクロを作成してください。名前は「get row data」としておきます。スクリプトは以下のように記述してください。

▼リスト7-2

```
function main(workbook: ExcelScript.Workbook, row: number)
{
  const table = workbook.getTable('posttable')
  const range = table.getRange()
  const data = range.getRow(row).getValues()[0]
  const sheet = workbook.getWorksheet('data')
  sheet.getCell(4,0).setValue(data[0])
  sheet.getCell(5, 0).setValue(data[1])
  sheet.getCell(6, 0).setValue(data[2])
  sheet.getCell(4, 0).setNumberFormat('yyyy/mm/dd')
}
```

main関数に「row: number」という引数が追加されていますね。これでフローからこのmain関数に整数の値を渡せるようになります。ここではposttableテーブルのRangeを取り出し、そこから引数rowの行にあるデータを取り出しています。この部分ですね。

```
const table = workbook.getTable('posttable')
const range = table.getRange()
const data = range.getRow(row).getValues()[0]
```

テーブルのデータはテーブルからgetRangeでRangeを取り出し、そこからさらにgetRowすれば、指定の行のRangeが取り出せます。後はgetValuesでデータをすべて取り出し、配列の最初の要素を取り出して利用するだけです。

ここでは「data」シートのセル[4,0]から[6,0]までに取り出した値を書き出しています。それからセル[4,0]の数値フォーマットを'yyyy/mm/dd'に設定しています。日付の値は取り出して、そのままセルに値として設定すると数字になってしまいます。そこで数値フォーマットを指定し、日付として表示されるようにしてあります。

get row dataを実行するフローの作成

では、作成した「get row data」マクロを呼び出して実行するフローを作成しましょう。「マイフロー」から新たにインスタントクラウドフローを作成してください。名前は「サンプル6」、トリガーは「手動でフローをトリガーします」を選択します。

図7-61：新しいフロー「サンプル6」を作る。

フローの編集画面になったら、「手動でフローをトリガーします」をクリックして展開し、入力として「数」を追加します。名前は「行番号」としておいてください。

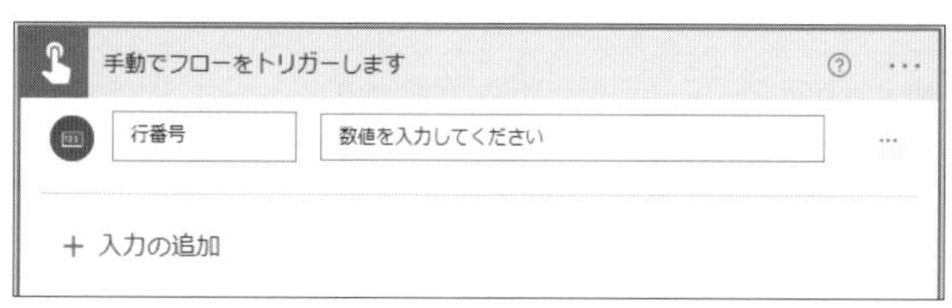

図7-62：数の入力を追加する。

「ステップの作成」をクリックして新しいステップを用意し、「Excel Online」から「スクリプトの実行」を選びます。現れたスクリプトで以下のように設定を行ってください。

場所	OneDrive for Business
ドキュメントライブラリ	OneDrive
ファイル	サンプルに用意したワークブックを選択
スクリプト	get row data
row	「行番号」

最後のrowには動的なコンテンツから「行番号」を選択します。これで、入力された番号の行番号データをマクロの引数に渡すようになります。

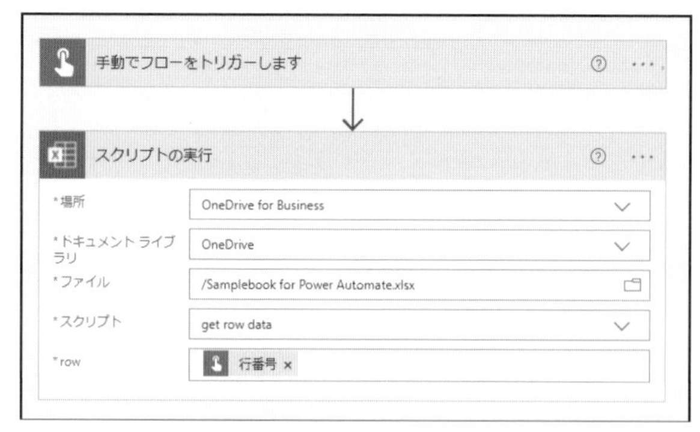

図7-63：スクリプトの実行の設定を行う。

フローをテスト実行する

フローを保存してテスト実行しましょう。すると「行番号」の入力が表示されるので、数字を入力してください。この番号はposttableの行数以内でなければいけません。

図7-64:「行番号」に整数を入力する。

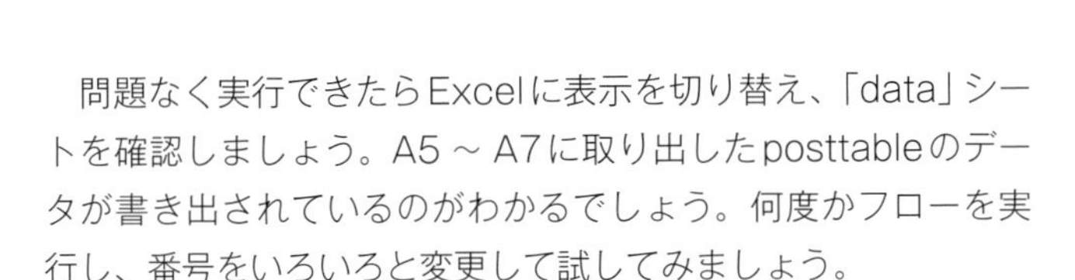

問題なく実行できたらExcelに表示を切り替え、「data」シートを確認しましょう。A5 ~ A7に取り出したposttableのデータが書き出されているのがわかるでしょう。何度かフローを実行し、番号をいろいろと変更して試してみましょう。

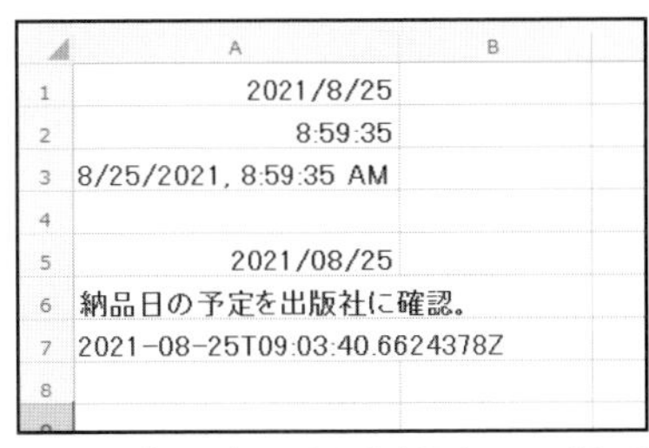

	A	B
1	2021/8/25	
2	8:59:35	
3	8/25/2021, 8:59:35 AM	
4		
5	2021/08/25	
6	納品日の予定を出版社に確認。	
7	2021-08-25T09:03:40.6624378Z	
8		

図7-65:「data」シートに取得したposttableのデータが書き出されている。

エラーになったら?

ここではテーブルの行番号を入力して実行しています。では、もし入力した行番号のデータがない場合はどうなるのでしょうか?

実際に試してみると、実行に失敗しても特に問題などは起こりません。ただし、「マイフロー」から「サンプル6」の名前のリンクをクリックして内容のページに移動すると、実行履歴のところで「状況」に「失敗」と表示されるのが確認できます。

開始	時間	状況
8月25日 21:11 (1 分 前)	00:00:10	失敗

図7-66:「サンプル6」のページで実行履歴に失敗が表示されている。

履歴のリンクをクリックして開くと、実行結果の表示に移動し、「スクリプトの実行」のところに赤い「!」マークが表示されるのが確認できます。右側には「エラーの詳細というパネルが表示されます。ここで発生したエラーの情報が得られます。エラーが起きたときは、その内容をよく確認しましょう。

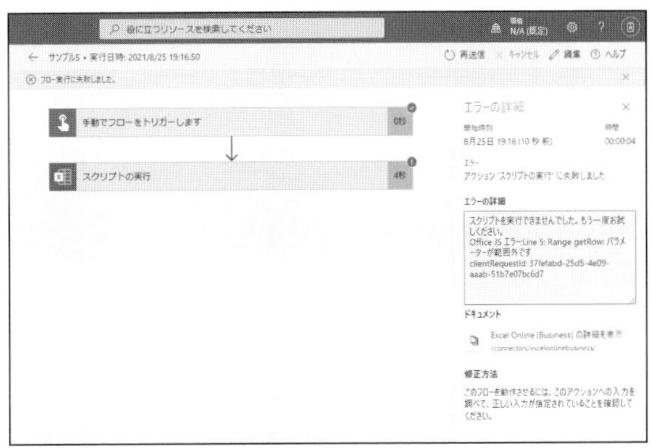

図7-67:履歴から実行結果の表示に移動する。エラーの詳細が表示される。

スクリプトからデータを受け取る

今度は、実行したマクロからフローに値を返して受け取り処理を行いましょう。今作成したサンプルを修正しフローから行番号を入力すると、posttableテーブルからデータを取り出してフローに返し、その内容をメールで送信するようにしてみます。

まずExcel側でマクロを用意します。先ほどの「get row data」マクロを修正してもいいですが、新たにマクロを作成することにします。「自動化」メニューで「新しいスクリプト」を選んでスクリプトファイルを作成し、名前を「get row data 2」と設定しておきましょう。そしてマクロの内容を以下に書き換えます。

▼リスト7-3

```
type post = { date: string, message: string, timestamp: string }

function main(workbook: ExcelScript.Workbook, num: number): post {
  const range = workbook.getTable('posttable').getRange()
  const data = range.getRow(num).getValues()[0]
  return {
    date: String(data[0]),
    message: String(data[1]),
    timestamp: String(data[2])
  }
}
```

posttableテーブルを取り出し、引数で渡されたnumを使ってgetRowで指定行を取り出し、そこからgetValuesで値を取り出しています。後はその値を元にpostオブジェクトを作成してreturnするだけです。

フローで戻り値を受け取るには?

マクロからフローに結果を返す場合、重要なのは「関数の戻り値のタイプ」です。どのような値が返されるのか、正確に記述しておく必要があります。

これが数値やテキストといった単純な値ならば、例えばfunction main(○○):numberというように戻り値のタイプを指定しておけば済みます。しかし、今回はテーブルから取り出した値を返します。このような値は、いくつもの値からなるオブジェクトを返すことになります。したがって、返すオブジェクトがどのような内容になっているかを正確に指定しなければいけません。

こうした複雑な値の場合、フローでは「配列かオブジェクト」の形で渡す必要があります。つまり、「すべて同じタイプの値がまとめられた配列」か、「1つ1つの値に名前が付けられているオブジェクト」か、ということです。タプルのように「名前が付いておらず、すべての値のタイプが同じではないもの」は受け取ってもうまく利用することができないので注意してください。

戻り値をstring配列にすると?

posttableテーブルから取り出すデータは、「日付」「予定」「投稿日時」といった値をまとめたものになります。これらの1つ1つの値を取り出して利用できるようにするためには、戻り値としてこのオブジェクトの内容を正確に記す必要があります。

```
function main( 略 ):string[]
```

ぱっと思い浮かぶのはこのような形でしょう。値はすべてテキストですから、string配列として戻り値を指定すればOKと考えるかもしれません。

これでもちゃんと値はフローに渡すことはできます。ただし、その後の処理が問題です。

後述しますが配列が返された場合、フローでは繰り返し処理を使って配列から1つずつ順に値を取り出し処理するようになっています。したがって、配列にある3つの値を同時に取り出すような利用には向きません。

戻り値をオブジェクトにする

そこで配列ではなく、これらを1つのオブジェクトにまとめて返すことになります。オブジェクトを戻り値にする場合は、そのオブジェクトの内容を正確に記す必要があります。

```
function main( 略 ): { date: string, message: string, timestamp: string }
```

ざっとこのようになるでしょう。ここではdate、message、timestampという値からなるオブジェクトを戻り値に指定しました。

このように、オブジェクトリテラルで「キー:型」という形で1つ1つの値の名前と型を記していきます。こうすることで、どのような内容のオブジェクトが渡されるかが正確にわかります。

typeでタイプを定義する

しかし、戻り値にいちいちこのように書くのはけっこう面倒ですね。また、オブジェクトを作成したり変数に代入したりするときに型の指定を書くときも、これを全部書かなければいけなくなります。

このようなとき便利なのが「タイプの定義」です。TypeScriptでは値のタイプを独自に定義できるのです。以下のように記述します。

▼タイプの定義

```
type 名前 = {……タイプの内容……}
```

これで指定した名前のタイプが作成されます。以後はこの名前でタイプを指定すればいいのです。

先ほど作成したサンプルリストを見てください。冒頭に以下のような文があります。

```
type post = { date: string, message: string, timestamp: string }
```

postというタイプが定義されています。後はこれを使って型を指定すればいいのです。main関数を見ると、このように記述されていますね。

```
function main(workbook: ExcelScript.Workbook, num: number): post {……}
```

post型の値が返されるようになります。このtypeによる型の定義はフローとオブジェクトをやり取りする際に多用することになるので、ぜひここで覚えておきましょう。

取得した行データを返す

main関数でどのように値を返しているのか見てみましょう。getTableでテーブルを取り出したら、そこから引数で指定した行のデータを取り出します。

```
const data = range.getRow(num).getValues()[0]
```

これでdataに行データが配列の形で取り出されました。後はこの値を元にpostオブジェクトを作成し返すだけです。

```
return {
  date: String(data[0]),
  message: String(data[1]),
  timestamp: String(data[2])
}
```

オブジェクトリテラルでpostオブジェクトを正確に作成しreturnします。値が足りなかったりするとフロー側で値を得られなくなるので注意しましょう。

行データを受け取るフローを作成する

では、作成したマクロを利用するフローを作りましょう。「マイフロー」から新しいインスタントクラウドフローを作成してください。名前は「サンプル7」とし、トリガーは「手動でフローをトリガーします」を指定します。

図7-68:「サンプル7」を作成する。

前半は先ほど作成したフロー（サンプル6）と同じです。まず「手動でフローをトリガーします」をクリックし、「数」の入力を追加します。名前は同じく「行番号」としておきましょう。

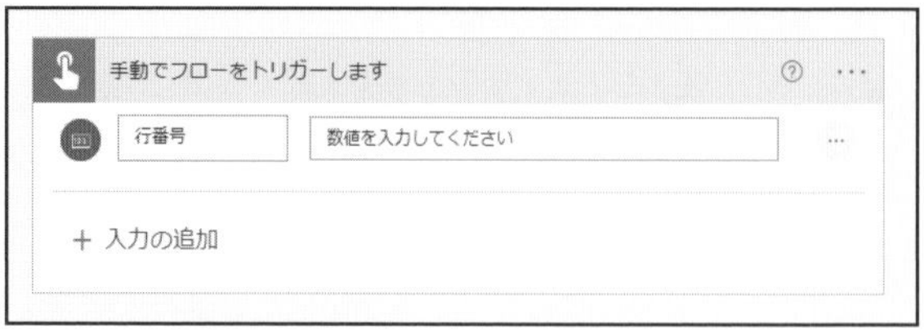

図7-69:入力に「数」を追加する。

続いて「新しいステップ」ボタンをクリックし、「Excel Online」にある「スクリプトの実行」アクションを追加します。

アクションの設定は先ほどと同じです。ただ、実行するマクロが違う(「get row data」を「get row data 2」に変更)だけです。

場所	OneDrive for Business
ドキュメントライブラリ	OneDrive
ファイル	サンプルに用意したワークブックを選択
スクリプト	get row data 2
row	「行番号」

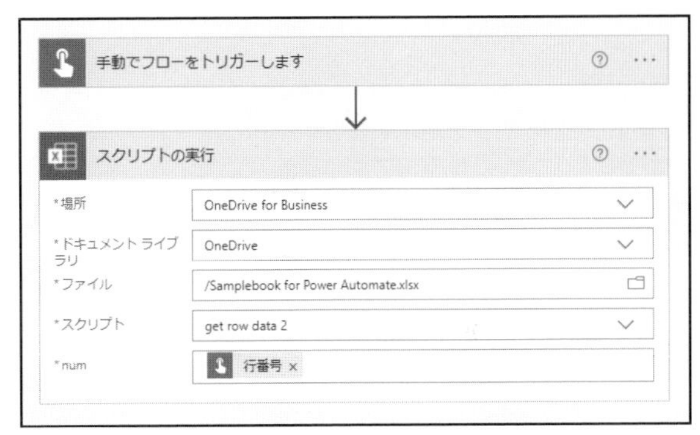

図7-70:「スクリプトの実行」を作成する。呼び出すマクロは「get row data 2」に変更する。

サンプル6はこれで完成でしたが、今回はさらにもう1つステップを追加します。「新しいステップ」ボタンをクリックし、「Notifications」から「Send an email notification」を選択してください。そしてSubjectとBodyに動的なコンテンツを追加していきます。

Subject	「行番号」のデータ
Body	「date」「message」「timestamp」

「行番号」は入力として用意されたものですね。「date」「message」「timestamp」は「スクリプトの実行」でExcelのマクロから受け取った値です。マクロからの戻り値オブジェクトにある値が、このように動的なコンテンツとして使えるようになっていることがわかるでしょう。

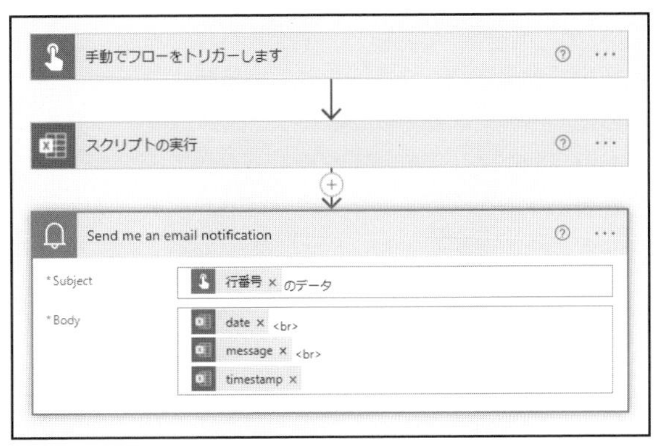

図7-71:Notification, Send an email notificationを作成。

テスト実行で動作を確認する

これでフローは完成です。保存したら、テスト実行しましょう。実行すると行番号の入力画面が現れるので、番号を入力します。

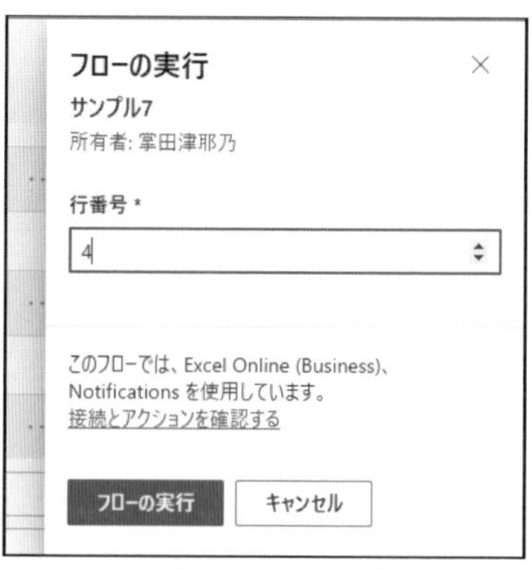

図7-72：行番号を入力し、実行する。

問題なくフローが実行できたら、Outlookを開いてメールが届いているか確認しましょう。入力した行番号のデータがメールで送られてきます。

図7-73：メールで指定した行番号のデータが届く。

Excelから受け取った内容を確認する

Excelのマクロを呼び出した際、どのような形でデータが受け渡されているのか確かめてみましょう。

Power Automateでは、テスト実行の実行結果が表示される画面になっていますか？ もし他のページに移動してしまった人は、「マイページ」の「サンプル7」をクリックして内容を表示するページを開き、実行履歴からテスト実行の履歴を開いてください。

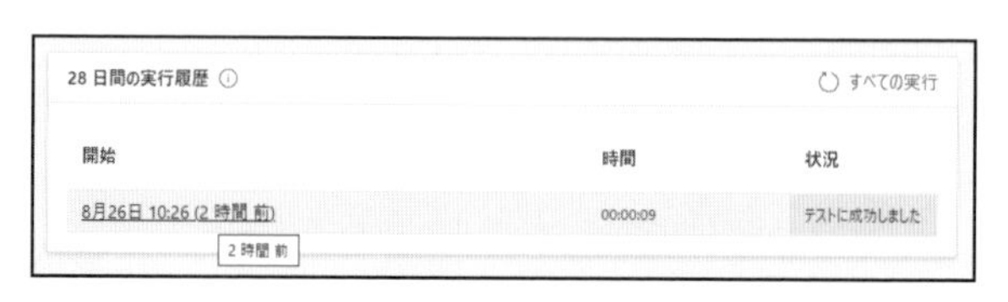

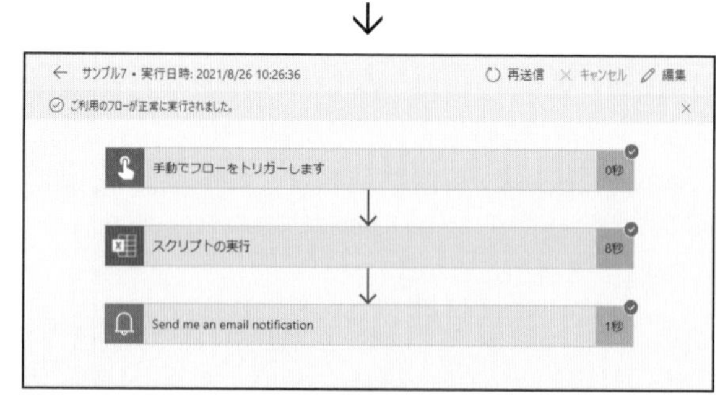

図7-74：実行履歴から実行結果の内容を表示する画面を開く。

ここで「スクリプトの実行」をクリックしましょう。すると、このアクションの実行に関する詳細情報が表示されます。「入力」のところには、このアクションを実行するために必要な入力情報が表示されます。これは、ステップの作成を行う際に各フィールドに設定した内容の実値です。動的なコンテンツなどの値が実際にはどのような値になっているかが確認できます。

図7-75：アクションを展開し、「入力」を確認する。

その下には「出力」の詳細があります。これが「スクリプトの実行」で実行されたマクロから受け取った内容です。「date」「message」「timestamp」には受け取ったオブジェクトから取り出されたそれぞれの値が設定されています。

そして「result」と「body」では、Excel側から受け取った生データが確認できます。「body」というのが相手側から返送されたデータそのもので、その中の「result」という項目に、マクロの戻り値として返された値が割り当てられているのがわかります。

ここで送られてくるデータを調べれば、考えていた通りの値が返送されているかどうかがわかります。もし予想してなかったデータが返されたなら、マクロがどこか間違っているのです。

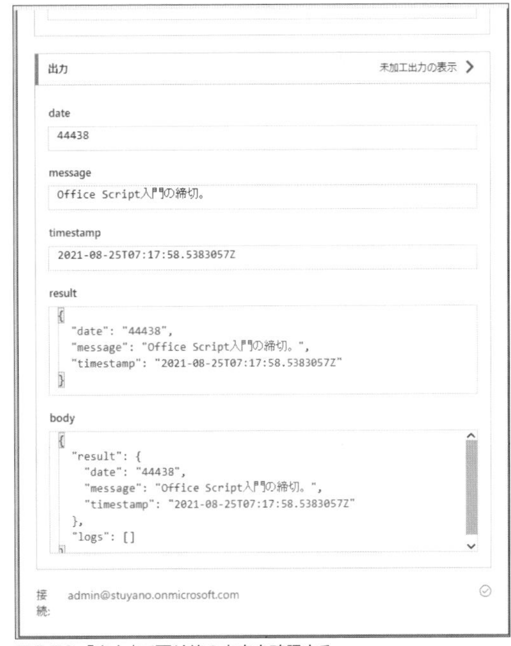

図7-76：「出力」で戻り値の内容を確認する。

Excelから直接フローを実行したい！

これで「行番号を入力して実行するとそのデータがメールで送られてくる」というフローが完成しました。しかし、ここまでできたらあと一歩、使いやすいものにしたいところです。フローで行番号を入力するのではなくExcelで行を選択し、その場でフローを実行できたらさらに便利ですね。

これは、実は可能なのです。マイクロソフトが提供するOfficeアドイン（追加プログラム）を利用することで、Excel内からPower Automateのフローを実行することができます。

Officeアドインをインストールする

では、Officeアドインをインストールしましょう。Excelで「挿入」メニューを選び、リボンビューから「Officeアドイン」という項目を探してクリックしてください。これがアドイン追加のためのものです。

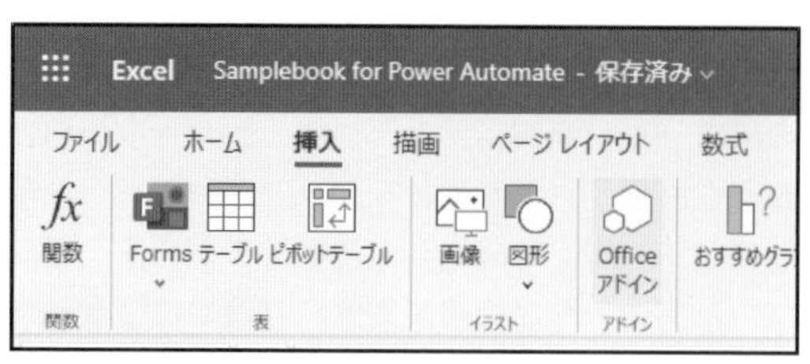

図7-77:「Officeアドイン」をクリックする。

Microsoft Flow of Excelを追加する

画面にダイアログが開かれます。Officeアドインの管理ダイアログです。環境によっては何の項目も表示されないかもしれません。これは「管理者による管理」が選択されているためです。

「Office アドイン」というタイトルのすぐ下にある「ストア」というリンクをクリックしてください。Officeアドインの専用ストアが表示されます。ここから使いたいアドインを選択してインストールすることができます。

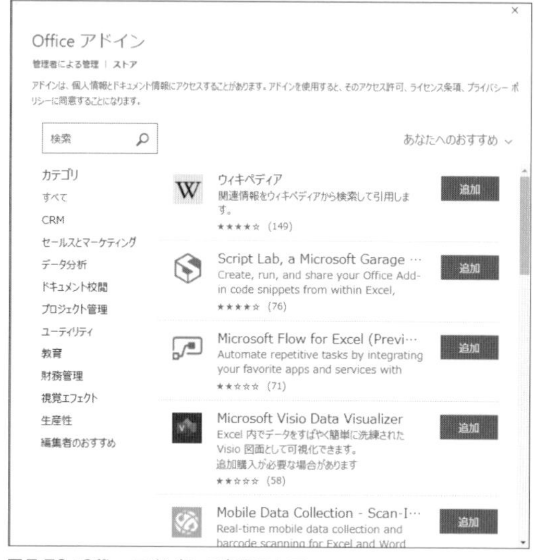

図7-78:Officeアドインの専用ストア。

左上にある検索フィールドに「excel flow」と記入し、検索しましょう。これでexcel flowといった単語が含まれる項目が検索されます。ここから「Microsoft Flow for Excel」というアドインを探してください。これが今回利用するアドインです。

図7-79:「excel flow」で検索すると、「Microsoft Flow for Excel」という項目が見つかる。

この項目をクリックすると、Microsoft Flow for Excelの詳細情報が表示されます。ここにある「追加」ボタンをクリックしてください。

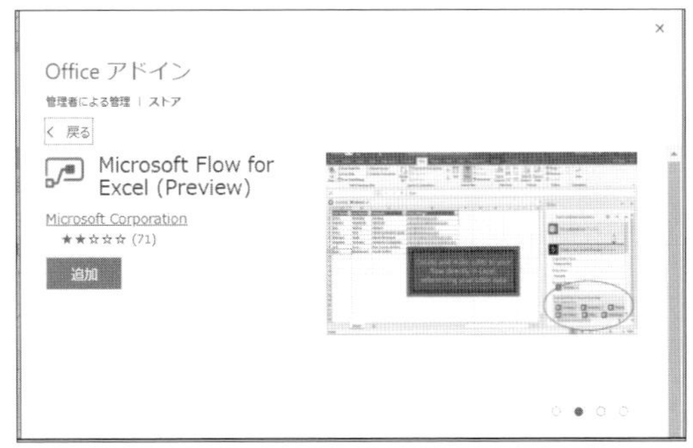

図7-80：「Microsoft Flow for Excel」のページ。「追加」ボタンをクリックするとExcelに追加される。

画面にアラートが現れ、ライセンス条項とライセンスポリシーが表示されます。内容を確認し、「続行」ボタンをクリックしてください。これでアドインがExcelにインストールされます。

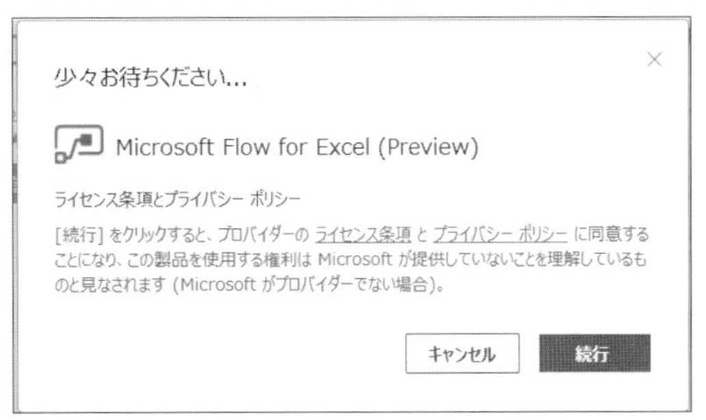

図7-81：ライセンス条項とライセンスポリシーを確認し、続行する。

Excelから実行するフローを作る

では、Excelから実行できるフローを作成しましょう。「マイフロー」から新しいインスタントクラウドフローを作成します。今回はわかりやすい名前を付けておきます。「選択した行をメールで送信」としておくことにしましょう。

トリガーは「選択した行」というものを使います。トリガー名の下に小さく「Excel Online for Business」と表示されているものです。これを選択し、フローを作成してください。

図7-82：「選択した行」トリガーを使ってフローを作成する。

「選択した行」を設定する

フローが作成され編集画面になると、「選択した行」トリガーが表示されます。ここには、このフローが実行されるExcelのテーブルを指定するための項目が表示されます。これらを以下のように設定しましょう。

場所	OneDrive for Business
ドキュメントライブラリ	OneDrive
ファイル	サンプルに用意したワークブックを選択
テーブル	posttable

「新しいステップ」ボタンをクリックしてください。「Notifications」から「Send an email notification」を選択し、SubjectとBodyに動的なコンテンツを追加します。

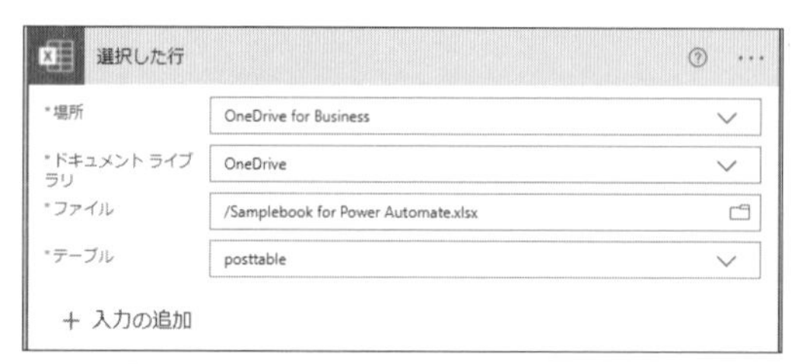

図7-83：「選択した行」を設定する。

Subject	（適当なタイトルを入力する）
Body	「date」「message」「timestamp」

「選択した行」により、テーブルから取得したデータの「date」「message」「timestamp」といった値が動的なコンテンツで利用できるようになっているのがわかるでしょう。

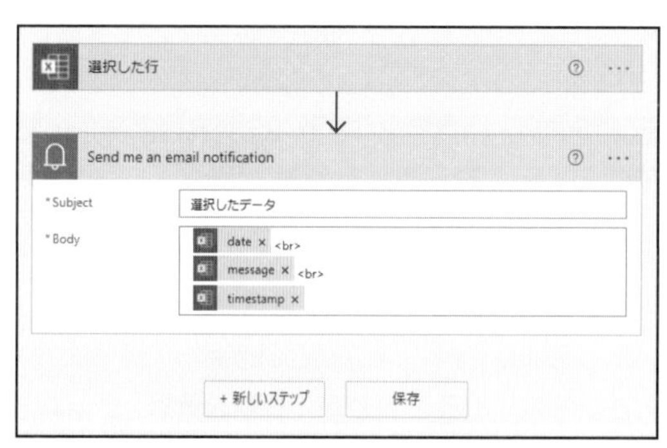

図7-84：「Send an email notification」の設定を行う。

Excelからフローを実行する

これで準備は整いました。作成したフローをExcelから実行しましょう。まずExcelでワークブックのposttableテーブルを開き、適当な行を選択してください。そして「データ」メニューを選択すると、リボンビューの右端に「Flow」という項目が追加されているのがわかります。これが、インストールしたOfficeアドインです。

図7-85：「データ」メニューに「Flow」が追加されている。

これをクリックするとワークシートの右側にパネルが現れ、Flowの内容が表示されます。

図7-86：「Flow」をクリックするとパネルが現れる。

サインインをクリックしてFlowアドインのサービスにサインインします。新しいウインドウを開く確認の表示が現れるので「許可」を選択し、現れたアカウントの選択画面で、Excelと同じアカウントを選択してサインインします。

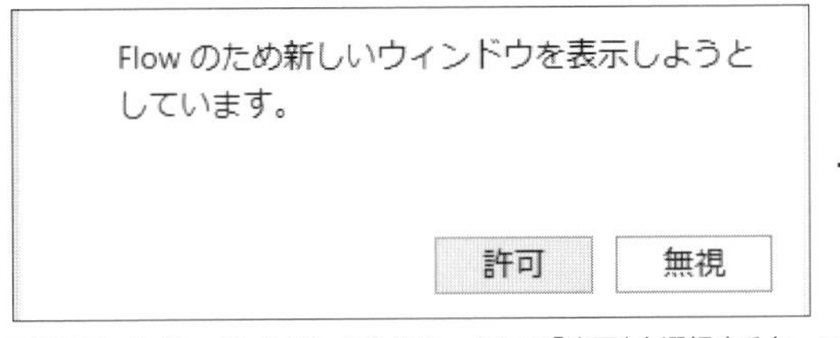

図7-87：サインインのリンクをクリックして「許可」を選択すると、アカウント選択のウインドウが現れる。

アカウントを選ぶと、必要なアクセス許可が一覧表示されます。「承諾」ボタンをクリックするとすべてのアクセスが許可され、Flowアドインが利用可能になります。

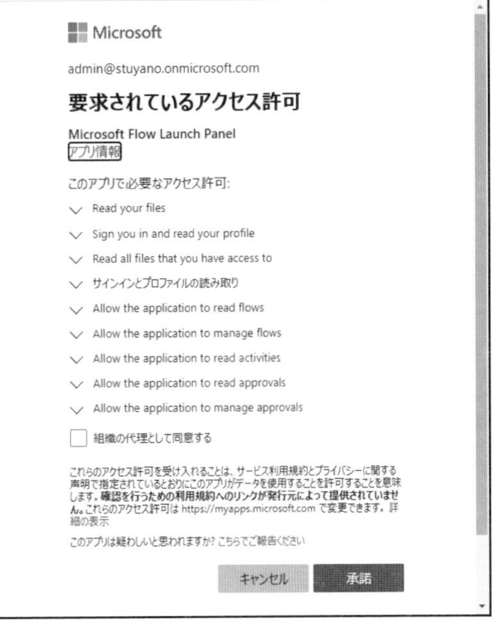

図7-88：アクセス許可のリストが表示される。「承諾」ボタンをクリックして承諾する。

Flowを開く

サインインすると、Flowのパネルに利用可能なフローが表示されます。ただしこちらで確認したところ、サインインした直後では、利用可能なフローが表示されない現象が確認できました。同様の場合は、一度パネルを閉じて再度リボンビューの「Flow」をクリックしてFlowのパネルを開き直してください。先ほど作成した「選択した行をメールで送信」フローが表示されるようになります。

図7-89：利用可能なフローが表示される。

フローを実行する

posttableで適当な行を選択し、Flowパネルの「選択した行をメールで送信」にある実行アイコンをクリックしてください。フローが実行されます。

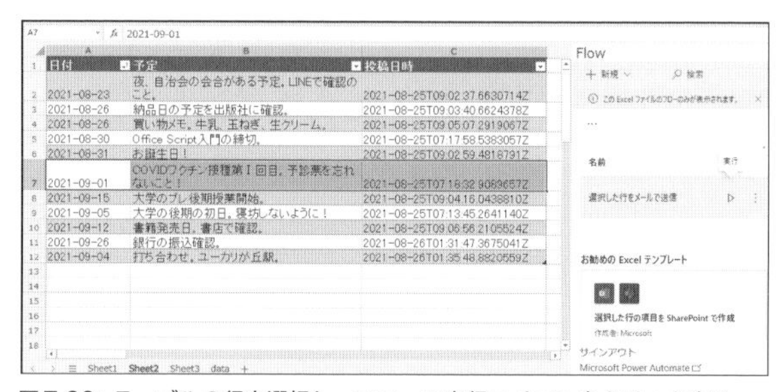

図7-90：テーブルの行を選択し、フローの実行アイコンをクリックする。

初めて実行する際は利用するアプリの一覧が表示されます。このまま「続行」ボタンをクリックし、「フローの実行」ボタンをクリックすると、フローが実行されます。

図7-91：利用アプリの一覧で「続行」をクリックし、続けて「フローの実行」ボタンをクリックする。

Outlookでメールを確認する

Outlookを開いて送られてくるメールの内容を確認しましょう。選択した行の内容が送られているのがわかるでしょう。

このようにFlowアドインを利用すれば、Excel内からフローを実行できるようになります。そのためには、フローのトリガーでExcelの「選択した行」を指定する必要があります。現時点では、Excelのトリガーはこれ1つしか用意されていないため、「行を選択する」以外のフロー開始はできません。この点、注意が必要でしょう。

図7-92：Outlookに届いたメール。選択した行の内容が送られてくる。

Chapter 7

7.4. 多数のデータを処理する

配列データを処理する

ここまで、データのやり取りは基本的に1つの値（オブジェクト）のみを扱ってきました。しかし多数のデータを利用する場合には、複数データを配列としてやり取りすることもあります。こうした「多数のデータ処理」についても考えてみましょう。

例として、「posttableで今日の予定をすべてメールで送信する」というフローを作成してみることにします。先に、1つのデータをメールで送るサンプルを作成しました（サンプル6）。この応用として「日付」の値をチェックし、今日の日付の項目をすべて取り出しメールで送る処理を作ってみます。

これはマクロ側とフロー側で処理の切り分けをはっきりとしておく必要があるでしょう。ここでは以下のように考えます。

マクロ側	今日の日付を使い、posttableから同じ値のデータをすべて配列にまとめて返す。
フロー側	マクロから受け取った配列を使い、その中の1つ1つのデータをメールで送信する。

なお、「今日の日付でデータを取り出す」ためには、今日の日付がどのような値になっているかを理解しておく必要があります。ここではposttableの「日付」列の表示形式が「文字列」に設定されており、日付は「2021-09-01」というように、「年-月-日」というフォーマットのテキストとして保管されている前提で作成します。もし、保管されている日付のフォーマットが異なっている場合は、それに合わせてマクロを修正してください。

「get today's data」マクロを作る

では、今日の予定をまとめてフローに返すマクロを作成しましょう。Excelで「自動化」メニューを選び、「新しいスクリプト」でスクリプトを作成します。名前は「get today's data」としておきましょう。そして以下のようにスクリプトを記述します。

▼リスト7-4

```
type post = { date: string, message: string, timestamp: string }

function main(workbook: ExcelScript.Workbook):post[] {
  const table = workbook.getTable('posttable')
  const values = table.getRange().getValues()
  const today = getToday()
```

```
  const result:post[] = []
  values.forEach(val=> {
    if (val[0] == today) {
      const data:post = {
        date:String(val[0]),
        message:String(val[1]),
        timestamp:String(val[2])
      }
      result.push(data)
    }
  })
  return result
}

function getToday():string {
  var d = new Date()
  var dd = String(d.getDate()).padStart(2, '0')
  var mm = String(d.getMonth() + 1).padStart(2, '0')
  var yyyy = d.getFullYear()
  return yyyy + '-' + mm + '-' + dd //☆
}
```

ここでは先のマクロと同様、postというタイプを用意してあります。戻り値はpost[]になっていますね。つまり、postの配列が返されることになります。

行っていることはそれほど複雑なものではありません。getToday関数で今日の日付のテキストを取得し、テーブルのRangeの値を取り出してforEachで日付の値と今日の日付が同じかチェックしていきます。同じであれば、postオブジェクトを配列resultに追加します。すべてのテーブルの値をチェックしたら、resultを返します。

後はこのresultを受け取ったフロー側の処理になります。返す日付の形式は☆の部分でどのように値を用意するかで決まります。

フローを作成する

では、フローを作成しましょう。インスタントクラウドフローを新しく作ってください。名前は「今日の予定をメール送信」、トリガーは「手動でフローをトリガーします」を選択します。

図7-93：新しいフローを作成する。

「マクロの実行」を追加

フローの編集画面になったら「新しいステップ」ボタンをクリックし、Excel Onlineの「マクロの実行」アクションを追加します。そして以下のように設定をしましょう。

場所	OneDrive for Business
ドキュメントライブラリ	OneDrive
ファイル	サンプルに用意したワ　クブックを選択
スクリプト	get today's data

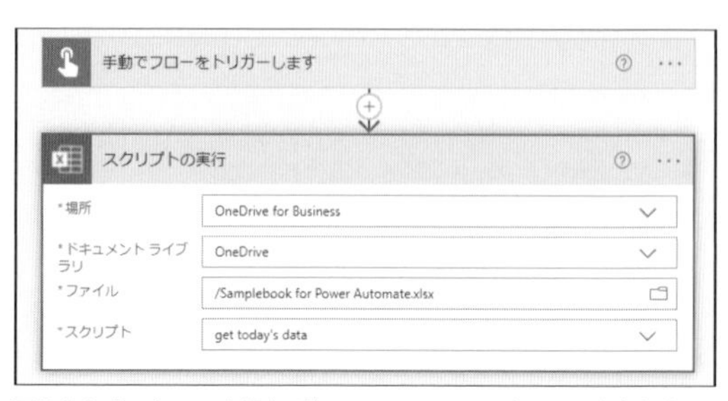

図7-94:「マクロの実行」で「get today's data」マクロを実行する。

「Apply to each」による繰り返し

「新しいステップ」ボタンをクリックし、次のステップを作ります。「コントロール」という種類を選択してください。ステップの処理を制御するためのものです。ここから「Apply to each」という項目を選択します。これは配列から順に要素を取り出して処理していくものです。

→

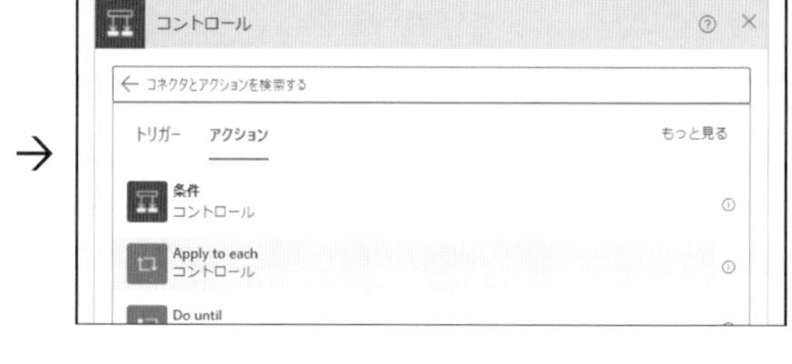

図7-95:「コントロール」から「Apply to each」を選ぶ。

「result」を指定する

「Apply to each」では、「以下の手順から出力を選択」という入力フィールドが用意されます。これに配列の値を設定すれば、その各要素ごとに内部に用意したアクションを実行するようになります。

では、ここに動的なコンテンツから「result」を選択しましょう。このresultは「マクロの実行」の戻り値で受け取った値です。マクロの実行結果全体は「body」という値にまとめてあり、その中の「result」に戻り値としてreturnされた値が格納されます。これを使ってApply to eachすれば、配列の各値ごとに処理を実行できます。

図7-96:Apply to eachのフィールドに「result」を指定する。

Send an mail notificationを追加する

この「Apply to each」にある「アクションの追加」ボタンをクリックして、Apply to each内にアクションを追加しましょう。作成するのは「Notificationsの「Send an email notification」です。

作成したら、SubjectとBodyに動的なコンテンツを追加していきましょう。「date」「message」「timestamp」といったものを追加して、データの内容がわかるようにしておきます。

この「date」「message」「timestamp」といった値は、Apply to eachで取り出す配列の値に用意されていたものです。配列から順に値を取り出し、動的なコンテンツとして使えるようになっているのですね。

図7-97：Send an email notificationのフィールドに値を用意する。

フローを実行する

フローが完成したら、保存してテスト実行しましょう。今日の予定が複数あるときは、それらすべてが1つずつメールで送られてきます。Outlookを開き、メールの着信状態をチェックしてください。

図7-98：実行すると、今日の予定が複数ある場合は1つ1つがメールで送られてくる。

自動的に実行させるには？

これで今日の予定をすべて送るフローが完成しました。これはけっこう役に立ちそうですね。けれど、いちいち自分でフローを実行しないといけないのが面倒です。こういうものは、例えば「毎日、午前0時に自動的に実行する」というようなことができればもっと便利になりますね。

では、やってみましょう。フローの編集画面に切り替えてください。そして、一番上の「手動でフローをトリガーします」トリガーの右端に見える「：」をクリックし、現れたメニューから「削除」を選びます。

図7-99：「削除」メニューを選ぶ。

スケジュールのトリガーを設定

トリガーが一削除され、新しいトリガーを選択する表示になります。「組み込み」リンクをクリックして現れる「スケジュール」アイコンをクリックし、「繰り返し」トリガーを選択しましょう。

もし、「スケジュール」アイコンが見つからない場合は、上の検索フィールドで「スケジュール」と入力し検索してください。

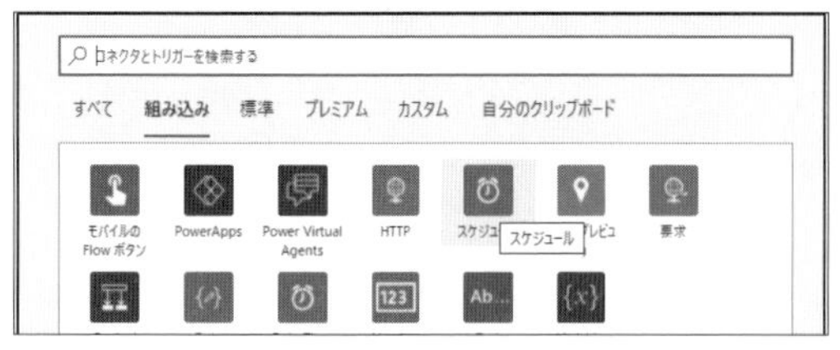

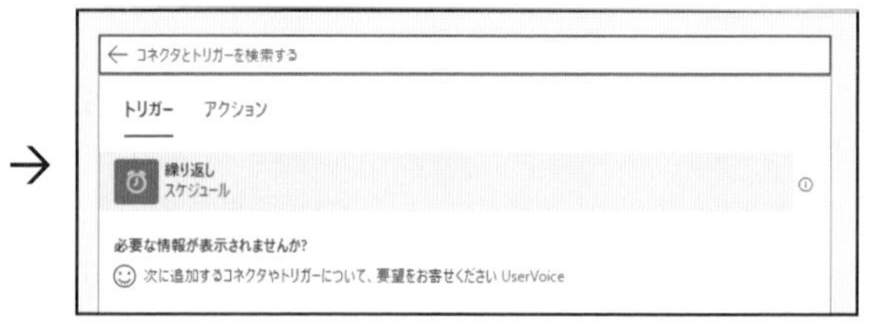

図7-100：「スケジュール」の「繰り返し」を選択する。

「繰り返し」を設定する

「繰り返し」アクションの設定画面になります。ここで繰り返しの設定を行います。今回は毎日午前3時に実行されるようにしておきます（細かな設定は「詳細オプションを表示する」をクリックすると現れます）。

間隔	1
頻度	日
タイムゾーン	(UTC+09:00) 大阪、札幌、東京
開始時刻	任意に設定（2021-08-26T00:00:00Zといった形式で）
設定時刻（時間）	3
設定時刻（分）	0

「タイムゾーン」や「開始時刻」は、よくわからなければ設定しなくとも問題ありません。「間隔」「頻度」さえ設定してあれば問題なく動作します。

これでフローが毎日定期的に実行されるようになりました。トリガーを変更すれば、手動で実行する以外の実行方法を設定することができます。

図7-101：「繰り返し」の内容を設定する。

OneDriveのファイルリストをExcelで管理する

多数のデータをまとめた配列が扱えるようになると、さまざまな用途にフローを利用できるようになります。例えばOneDriveのファイルの管理などもフローとExcelで行えます。

サンプルとして、作成したマクロファイルの一覧をExcelのテーブルに書き出す処理を作成してみましょう。Power AutomateにはOneDriveのファイルリストを取得するアクションがあります。これを使って一覧データを取得し、処理するのです。

取得したデータはそのままExcelの「表に行を追加」アクションを使ってテーブルに追加していくこともできますが、今回はマクロを用意して、それに配列ごと渡して処理させることにします。

この方式だとフローはただデータを取り出してマクロに渡すだけですので、データの利用はすべてマクロで管理できます。テーブルに追加するだけでなく、データを分析したりグラフ化したり、いろいろな使い方ができるでしょう。

OneDriveのファイルデータについて

フローでファイルリストを取得し、マクロに渡して処理をするためには、「どのようなデータが取り出されるのか」がわからないといけません。具体的なフローの作成はこの後で行いますが、フローのアクションで取り出されるファイルの情報は以下のような形になっています。

▼取り出されるファイルの情報

```
[
  {
    "Id": "ID値",
    "Name": "名前",
    "NameNoExt": "ファイルの種類名",
    "DisplayName": "表示名",
    "Path": "ファイルのパス",
    "LastModified": "最終更新日",
    "Size": サイルサイズ,
    "MediaType": "メディアの種類",
    "IsFolder": 真偽値,
    "ETag": "Eタグ",
    "FileLocator": "ファイルロケーター情報",
    "LastModifiedBy": "最終更新者"
  },
  ……必要なだけ続く……
]
```

1つのデータに全部で12種類の値が用意されており、これがファイルの数だけ配列にまとめられます。したがって、マクロ側ではこれらの値をタイプとして定義し、受け取れるようにしておく必要があるでしょう。

Excel側の準備

では、Excel側から準備をしていきましょう。まずはデータを保管するテーブルを用意します。適当なシート（新たに用意してもかまいません）に以下の項目を記述してください。

- ファイル名
- 表示名
- 種類
- パス
- サイズ
- 更新日時

ファイルの情報をすべてテーブル化するとかなりな項目になるので、ここでは6個のデータだけをピックアップし出力することにしました。

これら記述したセルを選択し、「挿入」メニューから「テーブル」をクリックしてテーブルを作成しましょう。「先頭行をテーブルの見出しとして使用する」はONにしておきます。

作成したら、「テーブルデザイン」メニューの左上にあるテーブル名を「macrotable」に変更してください。

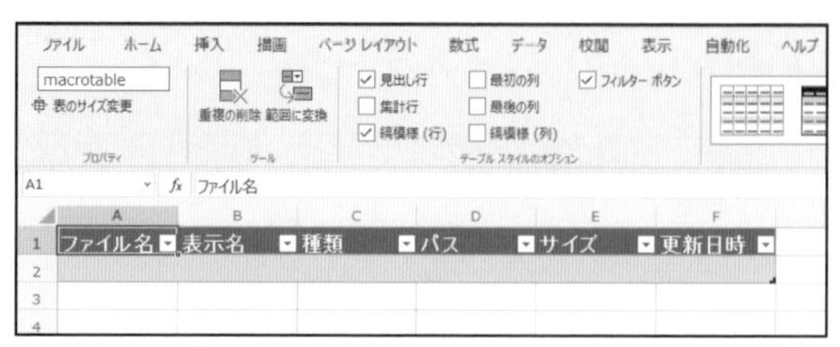

図7-102：テーブルを作成し、名前を「macrotable」としておく。

マクロの作成

続いて、マクロを作成します。「自動化」メニューで「新しいスクリプト」を選択し、名前を「add table list」と設定しておきます。そして以下のようにスクリプトを記述してください。

▼リスト7-5

```
type file = {
  Id: string,
  Name: string,
  NameNoExt: string,
  DisplayName: string,
  Path: string,
  LastModified: string,
  Size: number,
  MediaType: string,
  IsFolder: string,
  ETag: string,
  FileLocator: string,
  LastModifiedBy: string
}
type fdata = [string, string, string, string, number, string]

function main(workbook: ExcelScript.Workbook, files: file[]) {
  const table = workbook.getTable('macrotable')
  files.forEach(val => {
    const f: fdata = [
      val.Name,
      val.DisplayName,
      val.MediaType,
      val.Path,
      val.Size,
      val.LastModified
    ]
    table.addRow(table.getRowCount(), f)
  })
}
```

ここではまずfileというタイプを定義しています。これがフロー側から渡されるファイルのデータになります。また、ここからテーブルに値を設定するのにfdataというタイプも用意しておきました。macrotableの行データの構造となるものです。

実行している処理はそう難しいものではありません。引数として用意したfile配列をforEachで繰り返し処理しています。配列のfileから値を取り出してfdataの値を作成し、これをaddRowでテーブルの最下行に追加します。

これを繰り返していけば、引数のfile配列の情報がすべてテーブルに追加されます。

ファイルリスト取得のフローを作成する

では、フローを作成しましょう。「マイフロー」から新しいインスタントクラウドフローを作成してください。名前は「マクロファイルの一覧表示」としておきました。トリガーはいつもの通り「手動でフローをトリガーします」を選択します。

図7-103：新しいフローを作る。

「フォルダー内のファイルのリスト」を追加

フローの編集画面になったら、「新しいステップ」ボタンでステップを作成します。今回は「OneDrive for Business」アイコンをクリックし、そこにある「フォルダー内のファイルのリスト」アクションを選択します。

OneDrive for Businessには、OneDriveを操作するためのアクションがまとめられています。「フォルダー内のファイルのリスト」で、文字通りフォルダーの中にあるファイルをすべて取り出します。

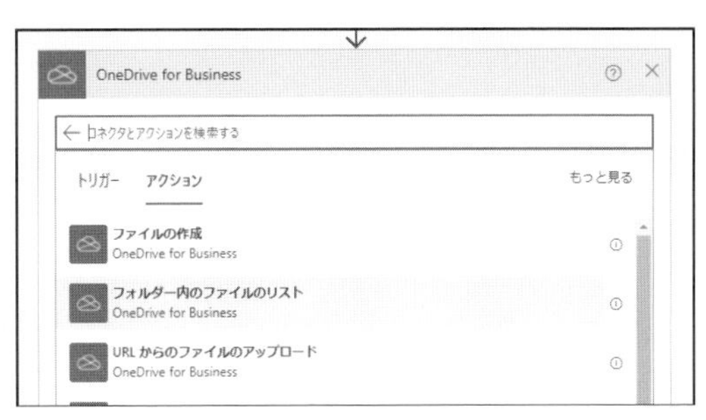

図7-104：「OneDrive for Business」から「フォルダー内のファイルのリスト」を選ぶ。

このアクションでは「フォルダー」という入力フィールドが用意されます。このフィールドの右端にあるフォルダーのアイコンをクリックして、「ROOT」→「ドキュメント」→「Office Script」とフォルダーを選択してください。それぞれのフォルダーは右端にある「>」をクリックすると、さらにその中にあるフォルダーの一覧に移動します。そうやって「Office Script」フォルダーを選択します。

この「Office Script」フォルダーに、マクロファイルがまとめて保管されています。

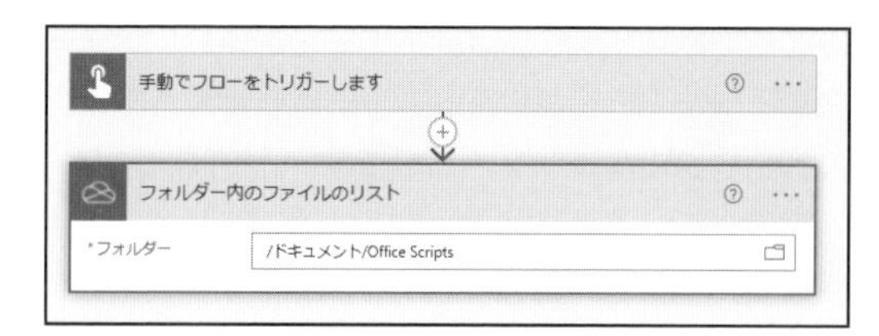

図7-105:「フォルダー」に「Office Script」フォルダーを設定する。

「スクリプトの実行」を追加

さらに「新しいステップ」ボタンでステップを追加します。Excelの「スクリプトの実行」アクションを選択し、以下のように設定を行います。

場所	OneDrive for Business
ドキュメントライブラリ	OneDrive
ファイル	サンプルに用意したワークブックを選択
スクリプト	add table list

「add table list」を選択すると、その下にズラッと多数の入力フィールドが現れます。これはadd table listの引数にfile配列が設定されているため、fileの内容を入力するために用意されるのです。これらは今回は使いません。

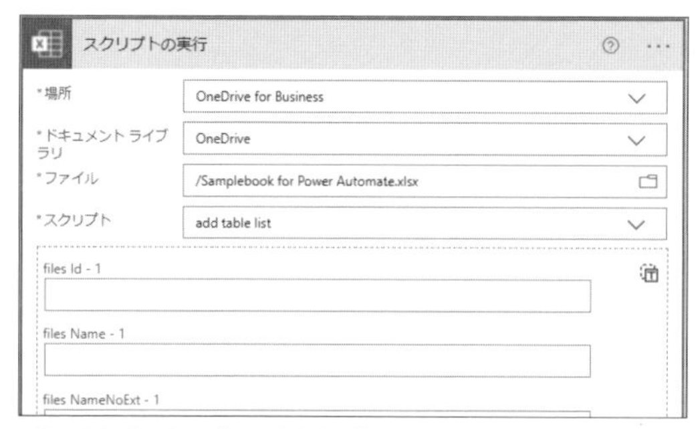

図7-106:「スクリプトの実行」で「add table list」を選択する。

filesにフォルダーのリストを設定する

多数のフィールドが並ぶ部分の右上に小さなアイコンがあります(「アレイ全体の入力に切り替える」というアイコン)。これをクリックしてください。表示が1つのフィールドに変わります。

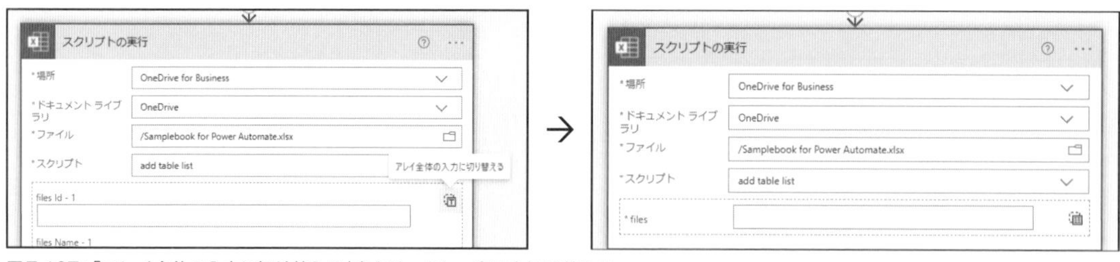

図7-107:「アレイ全体の入力に切り替える」をクリックし、表示を切り替える。

新たに表示された「files」のフィールドをクリックし、動的なコンテンツから「value」をクリックして入力します。これはフォルダー内のファイルのリスト」で取得したデータです。これを引数に渡してスクリプトを呼び出せばいいのです。

図7-108：「files」フィールドに「value」を設定する。

テスト実行する

これでフローは完成です。保存してテスト実行してみましょう。問題なく実行できたらExcelに戻り、「macrotable」テーブルの表示を確認してください。Office Scriptのマクロファイルの情報がテーブルに書き出されています。ファイルの操作も、フローと連携すれば意外と簡単に扱えることがわかりますね。

ファイル名	表示名	種類	パス	サイズ	更新日時
add table list.osts	add table list.osts	application/octet-stream	/drives/b!UrS_yJeFbUK1ul	1498	2021-08-26T08:46:05Z
create COVID-Data.osts	create COVID-Data.osts	application/octet-stream	/drives/b!UrS_yJeFbUK1ul	793	2021-08-25T08:27:13Z
get now.osts	get now.osts	application/octet-stream	/drives/b!UrS_yJeFbUK1ul	590	2021-08-25T08:59:18Z
get row data 2.osts	get row data 2.osts	application/octet-stream	/drives/b!UrS_yJeFbUK1ul	863	2021-08-26T01:18:56Z
get row data.osts	get row data.osts	application/octet-stream	/drives/b!UrS_yJeFbUK1ul	776	2021-08-26T01:15:25Z
get today's data.osts	get today's data.osts	application/octet-stream	/drives/b!UrS_yJeFbUK1ul	1290	2021-08-26T07:36:25Z
update COVID-Data.osts	update COVID-Data.osts	application/octet-stream	/drives/b!UrS_yJeFbUK1ul	922	2021-08-25T08:35:15Z
スクリプト 1.osts	スクリプト 1.osts	application/octet-stream	/drives/b!UrS_yJeFbUK1ul	689	2021-08-23T03:08:05Z

図7-109：macrotableにマクロファイルの情報が書き出される。

RSSデータを受け取る

多数の複雑なデータとしてもう1つ覚えておきたいのが「RSS」です。RSSのデータを取得する機能を使ってサイトの更新情報を取得しExcelに渡して処理すれば、さまざまな利用ができそうです。例としてGoogleニュースから更新情報を取得し、Excelのテーブルに書き出してみましょう。

RSSのデータ構造

RSSをフローとマクロで利用するためには、RSSのデータ構造がわかっていなければいけません。RSSにはいくつかのバージョンがあり、それによって構造が異なります。今回利用するGoogleニュースのRSSは以下のような形になっています。

▼GoogleニュースのRSSデータ構造

```
[
  {
    "id": "ID番号",
    "title": "タイトル",
    "primaryLink": "リンク",
    "links": [
      "リンク"
    ],
    "updatedOn": "アップデート",
    "publishDate": "公開日時",
    "summary": "コンテンツの内容",
    "copyright": "個ぽいーライト",
    "categories": [ カテゴリ ]
  },
  ……必要なだけ続く……
]
```

RSSのデータはXMLで作成されています。これをPower AutomateのRSS機能で取り込むと、前記のようなデータの配列として取り出されます。RSSデータにはこの他にも多数の情報が盛り込まれているのですが、Power Automateでは必要な更新情報だけを取り出し、シンプルな形にまとめて渡すようになっています。

この構造のタイプをマクロ側に用意しておき、それを使って値を渡すようにすれば、RSSデータをマクロで処理できるようになります。

Excel側の処理を行う

では、Excel側の処理から行いましょう。まずはテーブルの準備です。適当なワークシートに以下の項目を記述してください。

- タイトル
- 公開日時
- 要約
- リンク

これらの項目を選択して、「挿入」メニューから「テーブル」を選んでテーブルを作成します。そして「テーブルデザイン」メニューを選び、左上のテーブル名を「newstable」と変更します。

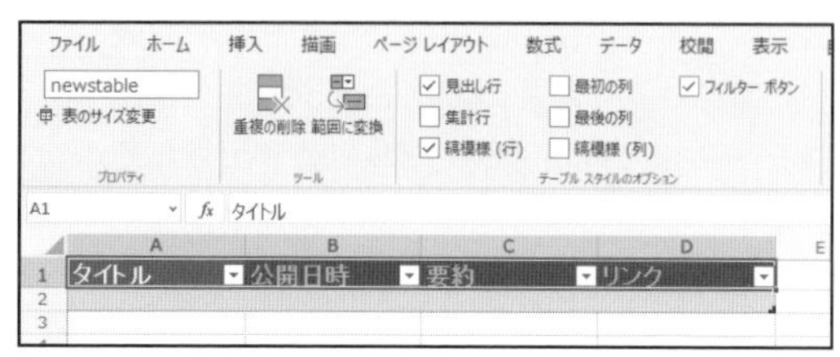

図7-110:「newstable」テーブルを作成する。

マクロを作成する

続いてマクロを作ります。「自動化」メニューを選んで「新しいスクリプト」からスクリプトを作成します。名前は「add news list」として、以下のようにスクリプトを作成します。

▼リスト7-6

```
type RSS = {
  id: string,
  title: string,
  primaryLink: string,
  links: string[],
  updatedOn: string,
  publishDate: string,
  summary: string,
  copyright: string,
  categories: string[]
}

function main(workbook: ExcelScript.Workbook, news: RSS[]) {
  const table = workbook.getTable('newstable')
  news.forEach(val => {
    table.addRow(table.getRowCount(), [
      val.title,
      val.publishDate,
      val.summary.replace(/(<([^>]+)>)/g, ''),
      val.primaryLink
    ])
  })
}
```

今回もまずRSSというタイプを定義し、RSS配列を引数として受け取るようにmain関数を定義しています。そしてforEachを使い、RSSから値を取り出してstring配列を作り、addRowでテーブルに追加をします。今回は、テーブルの列はすべてstring値であり追加する値はただのstring配列なので、特にテーブル用のタイプは定義していません。

正規表現について

今回、特に難しいことはしていませんが、summaryの利用だけ少しテクニックを使っています。ここではval.summary.replace(/(<([^>]+)>)/g, '')というように記述していますね。この「replace」はテキストの置換を行うメソッドです。引数に記述されている「/(<([^>]+)>)/g」は、「正規表現パターン」と呼ばれるものです。

正規表現はテキストをパターンで検索し処理するためのもので、非常に複雑なテキストの検索置換が行えます。正規表現はとても複雑な機能なので、ここで詳しく説明はしません。興味のある人は別途学習してください。

RSS受信フローを作成する

では、フローを作成しましょう。「マイフロー」から新しいインスタントクラウドフローを作成してください。名前は「Googleニュースの RSS保存」で、トリガーはいつもの「手動でフローをトリガーします」を選択します。

図7-111:「Googleニュースの RSS保存」という名前でフローを作成する。

「RSS」アクションを追加する

編集画面が表示されたら、RSSデータを取得するアクションを追加します。「新しいステップ」ボタンをクリックし、現れた設定画面の上部にある検索フィールドに「rss」と入力して検索すると、「RSS」のアイコンと、その下に「すべてのRSSフィード項目を一覧表示します」というアクションが見つかります。このアクションを選択してください。

図7-112:「rss」で検索し、アクションを選択する。

アクションの設定画面が現れたら、表示されるフィールドに以下のように値を入力します。

RSSフィードのURL	https://news.google.com/rss?hl=ja&gl=JP&ceid=JP:ja
以降	(空白のまま)
選択した……	(空白のまま)

「RSSフィードのURL」に入力したのがGoogleニュースのRSSのアドレスです。基本的にはこれだけ入力すれば問題なくRSSのデータを取得できます。

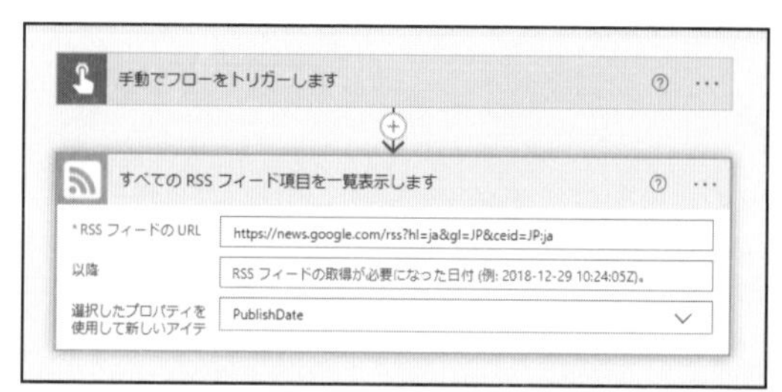

図7-113：「すべてのRSSフィード項目を一覧表示します」にRSSフィードのURLを記入する。

「add news list」マクロを実行する

もう1つステップを追加しましょう。次はExcelの「スクリプトの実行」アクションです。設定後、以下のように項目を設定します。

場所	OneDrive for Business
ドキュメントライブラリ	OneDrive
ファイル	サンプルに用意したワークブックを選択
スクリプト	add news list

スクリプトを設定すると、下にリストの一覧がずらっと現れます。右上にあるアイコンをクリックして「news」というフィールド1つだけが表示されるようにしてください。そしてフィールドに動的なコンテンツから「body」を選択して設定します。このbodyが、「すべてのRSSフィード項目を一覧表示します」で取得したRSSのデータになります。

これでRSSのデータを「add news list」マクロに渡すフローができました。

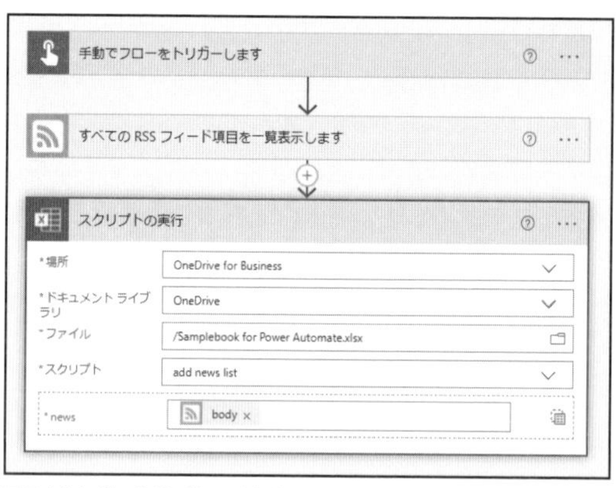

図7-114：「スクリプトの実行」でadd news listを呼び出す。

テスト実行しよう

ではフローを保存し、テスト実行してください。問題なく実行が終了したら、Excelのnewstableテーブルの表示を確認しましょう。Googleニュースの更新情報がテーブルにずらっと書き出されています。

フロー側はRSSにアクセスしてデータをマクロに渡すだけです。具体的な処理はすべてマクロ側でやっていますから、受け取ったデータをどう利用するかはマクロ次第です。とりあえずデーブルに追記していく処理はできました。この他にどんな使い道があるか、いろいろ考えてみましょう。

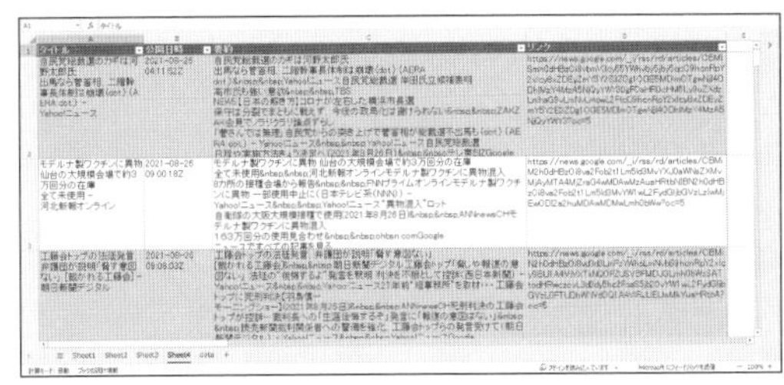

図7-115：newstableにGoogleニュースの更新情報が追加される。

フローはマクロ次第でパワフルになる

以上、Power AutomateとExcelを連携した処理の作成について説明をしました。Power Automateにはまだまだ多くの機能が用意されています。今回取り上げたのは、そのごく一部に過ぎません。興味が湧いた人は、ぜひ別途学習してみてください。

Power AutomateはExcelにさまざまな形でアクセスできますが、Excelのパワーをうまく引き出すには「必要なデータをオブジェクトにまとめてマクロに送り、マクロ側ですべての処理を行う」というやり方でしょう。Power Automateのフローは、あらかじめ用意されているアクションを組み合わせるだけしかできません。したがって、できることにも制約があります。マクロならば、それより遥かに自由に処理を行えます。

すでに皆さんはOffice Scriptをかなり書けるようになっています。作成したマクロをPower Automateでさらに幅広く活用できるようにしていきましょう。

Index

●記号・数字

●英語

●あ

●な

●は

●ま

●ら

●わ

掌田津耶乃（しょうだ つやの）

日本初のMac専門月刊誌「Mac+」の頃から主にMac系雑誌に寄稿する。ハイパーカードの登場により「ビギナーのためのプログラミング」に開眼。以後、Mac、Windows、Web、Android、iOSとあらゆるプラットフォームのプログラミングビギナーに向けた書籍を執筆し続ける。

最近の著作本：

「TypeScriptハンズオン」（秀和システム）
「Google Appsheetではじめるノーコード開発入門」（ラトルズ）
「Kotlinハンズオン」（秀和システム）
「Power Appsではじめるローコード開発入門 Power FX対応」（ラトルズ）
「ブラウザだけで学べる Googleスプレッドシート プログラミング入門」（マイナビ）
「Go言語 ハンズオン」（秀和システム）
「React.js&Next.js超入門 第2版」（秀和システム）

著書一覧：

http://www.amazon.co.jp/-/e/B004L5AED8/

ご意見・ご感想：

syoda@tuyano.com

本書のサポートサイト：
http://www.rutles.net/download/522/index.html

装丁　米本　哲
編集　うすや

Office ScriptによるExcel on the web開発入門

2021年10月31日　初版第1刷発行

著　者　掌田津耶乃
発行者　山本正豊
発行所　株式会社ラトルズ
〒115-0055　東京都北区赤羽西4-52-6
電話 03-5901-0220　FAX 03-5901-0221
http://www.rutles.net

印刷・製本　株式会社ルナテック

ISBN978-4-89977-522-5　